高职高专"工学结合"规划教材

十四五

计算机绘图
——AutoCAD 2025 实用教程

（第二版·富媒体）

主　编　鲁改欣
副主编　郭恒伟

石油工业出版社
Petroleum Industry Press

内容提要

本书图文并茂、易教易学、实用性强，按模块化、任务驱动式教学的要求编写，并全面贯彻党的教育方针，落实立德树人根本任务，有机融入党的二十大精神。全书共分六个模块，每个模块又包含了若干个任务，每一个任务都是以 AutoCAD 典型的应用为操作实例，通过对操作过程的详细介绍，使读者在实际操作中熟练地掌握 AutoCAD 的使用。在每一个教学任务中，设置有知识点和技能点、任务描述、任务实施、知识链接以及思考与练习五个环节，以便引导读者学习、总结和强化所学知识。

本书既可作为高职高专院校学生 AutoCAD 实训的上机实践指导教材，还可作为 AutoCAD 培训教材或工程技术人员学习 AutoCAD 技术的参考指导书。

图书在版编目(CIP)数据

计算机绘图：AutoCAD 2025 实用教程：富媒体 / 鲁改欣主编. -- 2 版. -- 北京：石油工业出版社，2024.9. -- (高职高专"工学结合"规划教材). ISBN 978-7-5183-6907-2

Ⅰ．TP391.72

中国国家版本馆 CIP 数据核字第 2024WJ5053 号

出版发行：石油工业出版社
（北京朝阳区安华里 2 区 1 号楼　100011）
网　　址：www.petropub.com
编辑部：(010)64256990
图书营销中心：(010)64523633　(010)64523731
经　　销：全国新华书店
排　　版：北京密东文创科技有限公司
印　　刷：北京中石油彩色印刷有限责任公司

2024 年 9 月第 2 版　2024 年 9 月第 1 次印刷
787 毫米×1092 毫米　开本：1/16　印张：13
字数：333 千字
定价：35.00 元
（如出现印装质量问题，我社图书营销中心负责调换）
版权所有，翻印必究

第二版前言

AutoCAD 是广泛应用于各类工程领域的设计绘图软件，是工程技术人员需要掌握的主要设计绘图工具，也是当前我国许多高等院校工科相关专业学生必须学习的一门课程。

《计算机绘图——AutoCAD 2019 实用教程》自 2020 年出版第一版以来，受到了广大高职高专院校师生的普遍赞誉和好评。根据最新的人才培养方案及教学要求，在总结了近几年的教学经验及取得教学成果的基础上，认真听取了多所同类兄弟院校的建议，对第一版教材进行了修订，并使软件版本更新为 AutoCAD 2025。

此次修订按照突出立德树人导向、简明、易读和突出实用性的原则，贯彻落实《中共中央关于认真学习宣传贯彻党的二十大精神的决定》，推动党的二十大精神进教材、进课堂、进头脑，聚焦为党育人、为国育才，全面贯彻党的教育方针，落实立德树人根本任务，培养德智体美劳全面发展的社会主义建设者和接班人。修订后内容能满足本课程教学基本要求，并采用最新颁布的有关国家标准，使用了最新术语。修订后的教材具有如下特色：

(1) 丰富的视频资源。打造职业教育新形态融媒体教材，将数字化教学资源通过二维码方式融入纸质教材中，利用不同媒体的互补优势，充分展示教材内容，服务教学过程，满足信息化和个性化的教学需要。

(2) 融入课程思政。将学科教育与思政教育结合，把思政元素融入课程教学，提升育人水平，强调工匠精神，旨在提高读者职业能力和综合素养。

(3) 体现工学结合。教材编写体现培养复合型技术技能人才的需要，教材内容反映新知识新技术、新标准、新工艺。

本书编者均是 AutoCAD 教学方面的优秀教师，他们将多年积累的经验与技术融入到本书中，帮助读者掌握技术精髓并提升专业技能。全书采用模块化、任务驱动式教学方法，选取的典型任务和练习题涵盖了 AutoCAD 的大部分功能。每当在教程的引导下完成一个任务以后，读者会觉得 AutoCAD 绘图是如此通俗易懂。

本书的每个模块既是一个知识单元，也是一项具体的工作。根据 AutoCAD 在实际中的应用，本书精心组织了初识 AutoCAD 2025、绘制平面图形、绘制零件图、绘制装配图、绘制三维对象和输出图形六个模块，各个模块又包含了若干个任务，每一个任务都是以 AutoCAD 典型的应用为操作实例,通过对操作过程的详细介绍,使读者在实际操作中熟练地掌握 AutoCAD 的使用。

在每一个教学任务中,设置有"知识点和技能点""任务描述""任务实施""知识链接"和"思考与练习"几个环节,具体结构如下:

知识点和技能点　让读者充分了解每个任务所需的知识点,了解学习每个任务后应该达到的技能目标,做到目的明确,心中有数。

任务描述　简要概述任务内容及要求。

任务实施　详尽介绍具体任务操作过程,在操作过程中,既有简洁提示也有关键说明,这些都是编者根据自己多年的使用和教学经验而总结归纳出来的,以使读者掌握要领,少走弯路,尽快上手。

知识链接　"任务驱动法"虽然有针对性强的优点,但系统性相对要差一些,为此本书在操作实例之外还安排了知识链接,对相关知识进行系统介绍。

思考与练习　针对具体任务的知识点,设置了思考与练习题,可帮助读者进一步熟悉相关功能的使用,应用所学知识分析和解决具体问题。其效果不同于一般的练习册,读者可以根据自己的实际情况,对其中的内容进行有选择的练习。

本书参考学时为 50~60 学时,由于本书采用了模块式的组织方式,读者在学习时可根据各自专业和学时的不同,进行灵活的选择。

本书由鲁改欣担任主编,郭恒伟担任副主编,具体编写分工如下:模块一、模块二由天津石油职业技术学院裴玉红和山东交通技师学院郭恒伟编写;模块三、模块四由天津石油职业技术学院鲁改欣编写;模块五由山东胜利职业学院王月娥编写;模块六由濮阳石油化工职业技术学院明秀杰编写。全书由鲁改欣统稿。中海油石化工程有限公司的郭振国高级工程师提出了许多宝贵的建议,在此一并表示感谢。

由于编者水平所限,虽然在编写过程中认真核查、反复校对,但难免存在不足和欠妥之处,恳请读者批评指正。

本书使用符号的说明:

(1)"→"表示操作顺序。

(2)"✓"表示按 Enter 键。

(3)单击代表点击鼠标左键。

(4)按机械制图标准,本书中所有尺寸单位均为 mm。

编　者

2024 年 6 月

第一版前言

AutoCAD 是广泛应用于各类工程领域的设计绘图软件,是工程技术人员需要掌握的主要设计绘图工具,也是当前我国许多高等院校工科相关专业学生必须学习的一门课程。

本书编者均是 AutoCAD 教学方面的优秀教师,他们将多年积累的经验与技术融入到了本书中,帮助读者掌握技术精髓并提升专业技能。全书采用模块化、任务驱动式教学方法,选取的典型任务和练习题涵盖了 AutoCAD 的大部分功能。每当在教程的引导下完成一个任务以后,读者会觉得 AutoCAD 绘图是如此通俗易懂。

本书的每个模块既是一个知识单元,也是一项具体的工作。根据 AutoCAD 在实际中的应用,本书精心组织了初识 AutoCAD 2019、绘制平面图形、绘制零件图、绘制装配图、绘制三维对象和输出图形六个模块,各个模块又包含了若干个任务,每一个任务都是以 AutoCAD 典型的应用为操作实例,通过对操作过程的详细介绍,使读者在实际操作中熟练地掌握 AutoCAD 的使用。

在每一个教学任务中,设置有"知识点和技能点""任务描述""任务实施""知识链接"和"思考与练习"几个环节,具体结构如下:

知识点和技能点　让读者充分了解每个任务所需的知识点,了解学习每个任务后应该达到的技能目标,做到目的明确,心中有数。

任务描述　简要概述任务内容及要求。

任务实施　详尽介绍具体任务操作过程,在操作过程中,既有简洁提示也有关键说明,这些都是编者根据自己多年的使用和教学经验而总结归纳出来的,以使读者掌握要领,少走弯路,尽快上手。

知识链接　"任务驱动法"虽然有针对性强的优点,但系统性相对要差一些,为此本书在操作实例之外还安排了知识链接,对相关知识进行系统介绍。

思考与练习　针对具体任务的知识点,设置了思考与练习题,可帮助读者进一步熟悉相关功能的使用,应用所学知识分析和解决具体问题。其效果不同于一般的练习册,读者可以根据自己的实际情况,对其中的内容进行有选择的练习。

本书参考学时为 50~60 学时,由于本书采用了模块式的组织方式,读者在学习时可根据各自专业和学时的不同,进行灵活的选择。

本书由鲁改欣主编,具体编写分工如下:模块一和模块二由天津石油职业技术学院裴玉红编写,模块三、模块四、模块五和模块六由天津石油职业技术学院鲁改欣编写,全书由鲁改欣统稿。在此也对编写本书时所参考书籍的作者表示由衷的谢意。

　　由于编者水平所限,虽然在编写过程中认真核查、反复校对,但难免存在不足和欠妥之处,恩请读者批评指正。

本书使用符号的说明:

(1)"→"表示操作顺序。

(2)"↙"表示按 Enter 键。

(3)单击代表点击鼠标左键。

(4)按机械制图标准,本书中所有尺寸单位均为 mm。

编　者

2020 年 2 月

目　　录

模块一　初识 AutoCAD 2025 ·· 1
 任务 1　AutoCAD 2025 的启动及工作界面介绍 ································ 1
 任务 2　AutoCAD 2025 经典空间界面的创建 ···································· 6
 任务 3　AutoCAD 2025 图形文件的管理 ·· 10
 任务 4　AutoCAD 命令的输入 ·· 11
 任务 5　绘图环境的设置 ··· 13

模块二　绘制平面图形 ·· 19
 任务 1　简单直线图形的绘制 ··· 19
 任务 2　摇杆的绘制 ··· 27
 任务 3　手柄的绘制 ··· 34
 任务 4　扳手的绘制 ··· 41
 任务 5　垫片的绘制 ··· 48
 任务 6　模板的绘制 ··· 56
 综合练习 ·· 65

模块三　绘制零件图 ·· 69
 任务 1　三视图的绘制 ·· 69
 任务 2　剖视图的绘制 ·· 76
 任务 3　零件图中文字的注写 ··· 85
 任务 4　尺寸标注 ··· 95
 任务 5　引线标注 ··· 113
 任务 6　图块的创建与应用 ··· 124
 任务 7　零件图样板图的创建与调用 ··· 132
 任务 8　轴零件图的绘制 ·· 138
 综合练习 ·· 141

模块四　绘制装配图 ·································· 145
　任务　凸缘联轴器装配图的绘制 ······················· 145

模块五　绘制三维对象 ·································· 160
　任务1　轴承座正等轴测图的绘制 ······················ 160
　任务2　基本几何体的创建及三维观察 ················ 163
　任务3　简单三维实体的创建 ···························· 170
　任务4　复杂三维实体的创建 ···························· 175
　任务5　三维实体的编辑 ································· 182

模块六　输出图形 ··· 191
　任务1　模型空间图形的输出 ···························· 191
　任务2　图纸空间图形的输出 ···························· 194

参考文献 ·· 200

模块一

初识 AutoCAD 2025

模块导入

"必须坚持科技是第一生产力、人才是第一资源、创新是第一动力,深入实施科教兴国战略、人才强国战略、创新驱动发展战略,开辟发展新领域新赛道,不断塑造发展新动能新优势。"

高速动车组是个庞大的系统工程,零部件就有 50 多万个,几万张图纸需要设计。"复兴号"从样车下线到最终定型,一共做了 2300 多项线路试验,从铁科院环形试验基地到大同线、哈大线、郑徐线,试验里程达到 61 万公里,相当于绕着地球赤道跑了 15 圈,耗时整整一年半。拿"复兴号"车头来说,为实现最佳技术性能,通过海量的仿真设计、计算和试验,才最终确定设计方案。当性能最优的"飞龙"头型出炉时,打印出的 A4 纸数据足足堆了 1 米多高。因此利用计算机绘图软件开展工程图纸的绘图使得工程设计过程变得愈加高效快捷,已经成为工程设计中不可或缺的一项基本技能和方法。正所谓"工欲善其事,必先利其器",科技发展也需要学生们去积极开拓、研发学习新型绘图手段。

任务 1　AutoCAD 2025 的启动及工作界面介绍

知识点

- 启动、退出 AutoCAD 2025。
- 认识 AutoCAD 2025 的界面。

任务 1　AutoCAD 2025 的启动及工作界面介绍

技能点

- 熟悉 AutoCAD 2025 的界面。

一、任务描述

手工绘图时需要使用各种绘图工具,而用计算机绘图时则需要使用软件所提供的各种绘图命令代替绘图工具来绘制图形,因此学习计算机绘图首先要学习打开 AutoCAD 2025 软件并熟悉它的操作界面。

二、任务实施

方法 1:双击桌面上的 AutoCAD 2025 图标 A 。

方法2：鼠标单击开始→程序→Autodesk→AutoCAD 2025 – Simplified – chinese→AutoCAD 2025。

三、知识链接

1. AutoCAD 2025 的工作界面

启动 AutoCAD 2025 后，进入其工作界面，如图 1 – 1 所示。在该界面有"打开""新建""最近使用的文档"等内容，点击"新特性"可以了解 AutoCAD 2025 的新增功能，如图 1 – 2 所示。

图 1 – 1　AutoCAD 2025 工作界面

图 1 – 2　AutoCAD 2025 新增功能

2. AutoCAD 2025 的新增功能

AutoCAD 2025 新增了许多新功能，可以打开 AutoCAD 2025 新功能概述学习了解主要增强功能，下面对其进行简单介绍。

1）活动见解

使用"活动见解"（一个用于记录活动并按活动类型、用户和日期对事件进行过滤的选项板），跟踪图形的演变并比较图形历史记录。

2）从 Autodesk Docs 输入标记

除了"标记输入"功能外，PDF 标记文件现在可以从 Autodesk Docs 连接到 AutoCAD，以帮助绘图人员查看和合并修订。

3)智能块:搜索和转换

AutoCAD 2025 提供了更多智能块解决方案,可用于简化设计过程。在此版本中,可以轻松将选定几何图形的多个实例转换为块。

4)智能块:对象检测技术预览

AutoCAD 2025 包含一项技术预览,可使用机器学习来扫描图形以查找可转换为块的对象。

5)填充图案改进

HATCH 命令现在提供了一个便捷选项,可用于在不需要预先存在边界几何图形的情况下绘制填充图案。

6)Esri 地图

有五种新的 Esri 地图,可用于将地理位置信息指定给图形。

7)跟踪更新

"跟踪"的更新包括改进的工具栏和在"编辑图形"模式下编辑外部参照。

8)标记输入和标记辅助

标记输入和标记辅助不断改进,从而使将标记文件中的图形修订引入图形变得更容易。

3. AutoCAD 2025 的工作空间

点击图 1-1 中"新建",进入其工作空间,AutoCAD 2025 为用户提供了三种工作空间模式,分别是草图与注释、三维基础、三维建模,用户可以根据需要初始设置任何一个工作空间。启动 AutoCAD 2025 后,系统默认显示"草图与注释"工作空间(软件默认背景色为黑色,更改背景色后面有介绍),如图 1-3 所示。

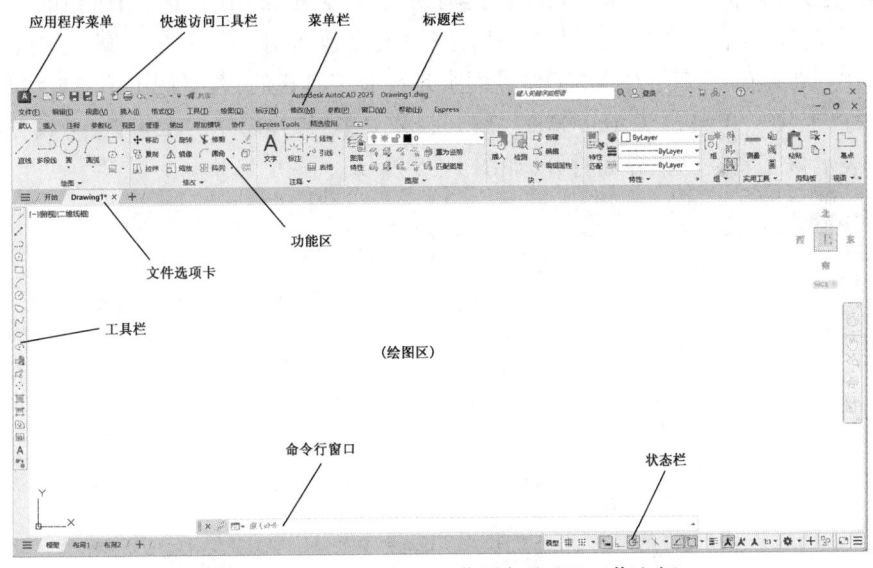

图 1-3　AutoCAD 2025"草图与注释"工作空间

1)标题栏与快速访问工具栏

标题栏位于工作界面最上方,显示软件名称、版本号及打开的图形文件名称,如 AutoCAD 2025 Drawing1.dwg,dwg 为图形文件名称的后缀,是 drawing 这个单词的缩写。

快速访问工具栏位于标题栏的左边,它显示和收集了常用工具,如"新建""打开""保存"等。

2）菜单栏与应用程序菜单

菜单栏位于标题栏下方，包含了 AutoCAD 中几乎全部的功能和命令，通常包括"文件""编辑""视图"等12个菜单。默认情况下，在"草图与注释""三维基础""三维建模"工作界面中是不显示菜单栏的，若要显示菜单栏，可以在快速访问工具栏单击 ▼ 按钮选择显示菜单栏，出现菜单栏完整工具，如图1-4所示。

图1-4　显示菜单栏

单击 ▲ （应用程序菜单）按钮，可以搜索命令及访问用于创建、打开和发布文件的工具。

3）工具栏

工具栏是计算机绘图时经常用到的快捷辅助工具，它把常用的命令用按钮的形式显示出来，方便用户查找，操作时单击工具栏中相关按钮就会执行对应的命令。默认情况下，在"草图与注释""三维基础""三维建模"工作界面中是没有工具栏的，若要调出工具栏，可依次单击菜单栏中的"工具""工具栏""AutoCAD"，展开级联菜单，选择需要的工具栏，工具栏名称前面打"√"的表示该工具栏已在界面打开，如图1-5所示。

图1-5　调出工具栏

关闭工具栏：单击工具栏右侧"×"按钮，如图1-6所示。

移动工具栏：鼠标指向工具栏左侧双线处按住左键拖动至合适位置松开，如图1-6所示。

图1-6 关闭或移动工具栏

4）状态栏

状态栏位于界面底部，用来显示或设置当前的绘图状态。如图1-7所示，状态栏最左端显示当前光标的坐标值，其后是模型或图纸空间、显示图形栅格、捕捉模式、动态输入、正交限制光标、极轴追踪、对象捕捉追踪等具有绘图辅助功能的控制按钮，还可以自定义显示某些控制按钮。单击这些按钮可以进行开关状态切换，灰色表示关，蓝色表示开。

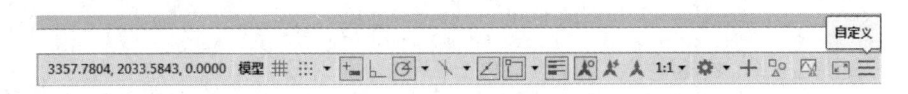

图1-7 状态栏

5）命令行窗口

命令行窗口用于输入命令、显示命令执行的过程并提示下一步允许的操作（输入数值或选择完成该命令的方式）。对某一命令不熟悉时要多看命令行的提示，通过多次操作可熟练掌握。

6）绘图区

绘图区为用户绘图的主要工作区域，通常在 XY 平面上绘图，左下角显示直角坐标系。
WCS：世界坐标系，位置固定，原点为图形左下角，X、Y 坐标为(0,0)。
UCS：用户坐标系，位置可移动，原点根据需要确定。

7）功能区

功能区代替了 AutoCAD 众多的工具栏，以面板的形式将各工具按钮分门别类地集合在选项卡内。用户在调用工具时，只需在功能区中展开相应选项卡，然后在所需面板上单击工具按钮即可。由于面板空间有限，有的工具按钮需要单击面板中 ▼（下拉按钮），展开下拉列表才能找到。

4. AutoCAD 2025 的工作空间切换

单击状态栏中的"切换工作空间"按钮 ✿，即可进行三种空间的随意切换，如图1-8所示。

四、思考与练习

（1）AutoCAD 2025 的工作界面包括哪几部分？主要功能是什么？
（2）熟悉工作界面，练习打开、关闭工具栏。

图 1-8　工作空间切换

任务 2　AutoCAD 2025 经典空间界面的创建

知识点

- AutoCAD 2025 经典空间界面的创建。

任务 2　AutoCAD 2025 经典空间界面的创建

技能点

- 掌握 AutoCAD 2025 经典空间界面的创建。

一、任务描述

AutoCAD 2025 工作空间没有传统的经典模式,但是 AutoCAD 老用户已经非常习惯此模式,因此为了提高绘图效率,可以创建一个适合自己的经典模式空间,并保存起来以便于以后使用。

二、任务实施

第 1 步:双击桌面上的 AutoCAD 2025 图标,启动软件,点击图 1-1 中"新建",进入其工作空间。

第 2 步:显示菜单栏。单击快速访问工具栏 按钮,选择显示菜单栏,如图 1-4 所示。

第 3 步:调出工具栏。依次单击菜单栏中的"工具""工具栏""AutoCAD",展开级联菜单,选择需要显示的工具栏,如"标准""绘图""修改""样式""图层""特性"等,如图 1-5 所示。

第 4 步:最小化选项卡。在选项卡的最右边的 按钮上单击,选择"最小化选项卡",如图 1-9 和图 1-10 所示。

第 5 步:关闭部分选项卡。关闭功能区选项卡"默认、插入、注释、参数化、视图、管理、输出、附加模块、协作、精选应用"工具条,在该行任意位置点鼠标右键,弹出快捷菜单,点击"关闭",如图 1-11 所示。

图 1-9　最小化选项卡

图 1-10　最小化选项卡效果

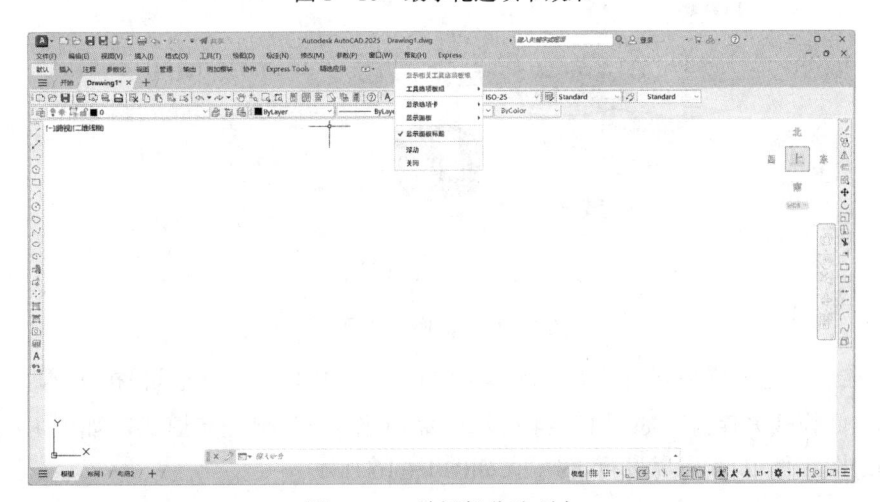

图 1-11　关闭部分选项卡

第6步:关闭文件选项卡和更换背景颜色。在菜单栏依次单击"工具""选项",调出选项对话框,不勾选"文件选项卡(S)",配色方案选择"浅色",如图1-12所示。点击图1-12中"颜色"按钮,调出图形窗口颜色对话框,统一背景颜色,选白色,最后点"应用并关闭"按钮,如图1-13所示。

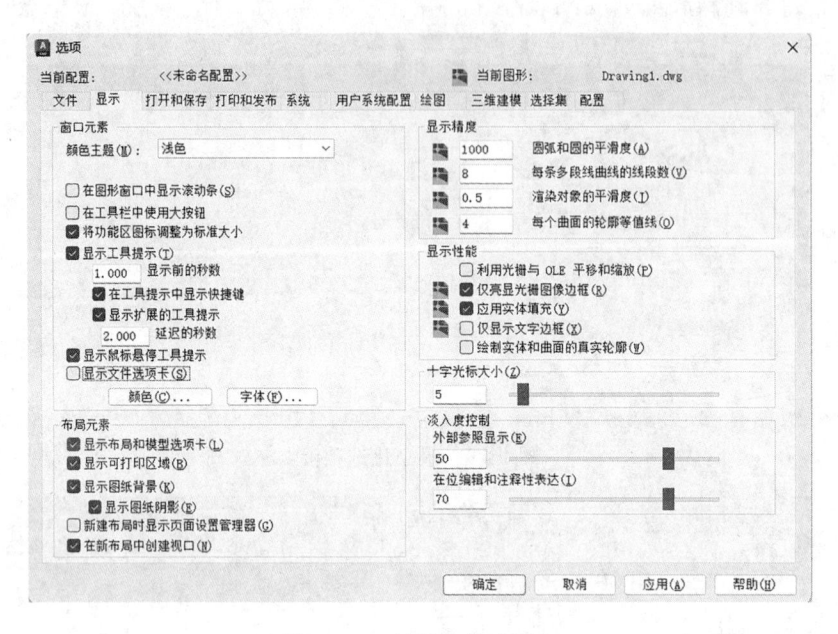

图1-12 关闭文件选项卡

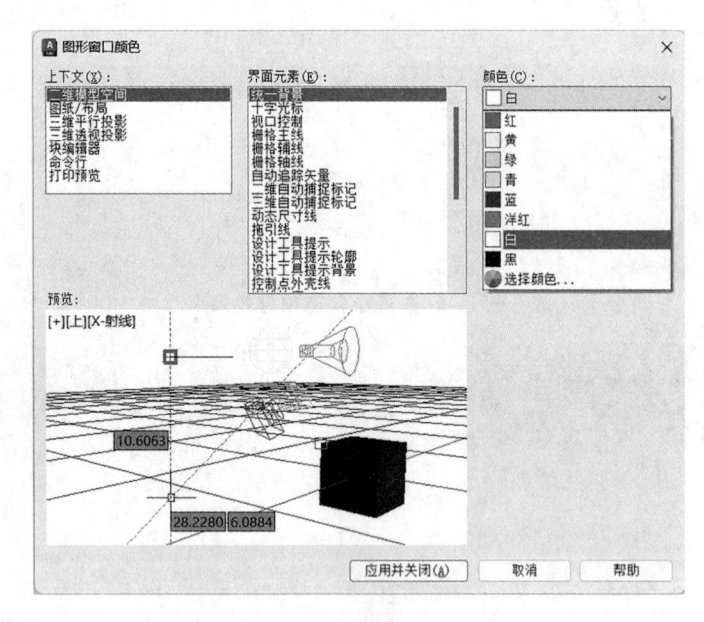

图1-13 更换背景颜色

至此,传统的经典界面就设置好了。单击状态栏中的"切换工作空间"按钮 ⚙ ,点击"将当前工作空间模式另存为",如图1-14所示;保存工作空间为"经典模式",如图1-15所示;在以后的绘图工作中,就可以进行选择了,如图1-16所示。

图 1-14　经典模式保存

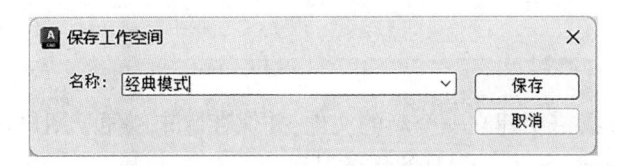

图 1-15　经典模式保存

图 1-16　经典模式选择

三、思考与练习

将四种空间模式进行切换练习。

任务3　AutoCAD 2025 图形文件的管理

知识点

- 图形文件的新建。
- 图形文件的打开。
- 图形文件的保存。
- 图形文件的关闭。

技能点

- 掌握图形文件的管理。

一、任务描述

在绘制新的图形时,需要建立一个新的文件,并保存起来以便于用户查找,因此学会新建、打开和保存图形文件是学习 AutoCAD 绘图的基础。

二、任务实施

1. 文件的新建

调用命令的方式如下：

(1)工具栏:标准→ ▢ 按钮。

(2)下拉菜单:文件→新建,快捷键 Ctrl + N。

(3)键盘命令:NEW。

(4)快速访问工具栏: ▢ 按钮。

执行上述命令后,AutoCAD 弹出"选择样板"对话框,选择合适的样板打开,或选择"打开→无样板打开 – 公制",如图 1 – 17 所示。

2. 文件的保存

调用命令的方式如下：

(1)工具栏:标准→ 💾 按钮。

(2)下拉菜单:文件→保存,快捷键 Ctrl + S。

(3)键盘命令:QSAVE。

(4)快速访问工具栏: 💾 按钮。

如果对当前图形没有命名保存过,AutoCAD 会弹出"图形另存为"对话框。通过该对话框指定文件的保存位置、保存类型(通常保存为后缀为. dwg 的图形文件,若以此文件为样板文件,则保存为后缀为. dwt 的样板文件)及文件名称后,单击"保存"按钮,即可实现保存。

图 1-17　文件的新建

3. 文件的打开

调用命令的方式如下：

(1)工具栏：标准→ 📁 按钮。

(2)下拉菜单：文件→打开，快捷键 Ctrl + O。

(3)键盘命令：OPEN。

(4)快速访问工具栏： 📁 按钮。

AutoCAD 弹出"选择文件"对话框，可通过此对话框确定要打开的文件并打开它。

4. 文件的关闭

单击"标准"工具栏右侧的"×"按钮，即可关闭文件。

三、思考与练习

新建一图形文件，保存在桌面，文件名称为"我的练习"，关闭后再打开。

任务 4　AutoCAD 命令的输入

知识点

- 输入命令的方式。
- 命令的放弃、重做、中止与重复。

任务 4 AutoCAD 命令的输入

技能点

- 掌握命令的输入方式。

一、任务描述

在绘制任何图形时,都要先输入命令,掌握 AutoCAD 输入命令的方式才能正确绘图。

二、任务实施

1. 输入 AutoCAD 命令

输入 AutoCAD 命令的方式有四种:
(1)使用命令行,如在命令行输入 LINE 或 L,即可调用"直线"命令。
(2)使用菜单栏,如单击菜单"绘图"→"直线",即可调用"直线"命令。
(3)使用工具栏,如单击"绘图"工具栏 ╱ 直线按钮,即可调用"直线"命令。
(4)使用功能区,如单击"默认"→"绘图"→ ╱ 直线按钮,即可调用"直线"命令。
第一种方法需记住命令的英文名称,第二种、第三种方法比较直观,可根据个人习惯选择。

2. 撤销 AutoCAD 命令

当需要撤销上一命令时,可按以下四种方式操作:
(1)工具栏:标准→ ⤺ 按钮。
(2)下拉菜单:编辑→放弃。
(3)键盘命令:UNDO 或 U。
(4)快速访问工具栏: ⤺ 按钮。

3. 重做 AutoCAD 命令

当需要恢复刚被"U"命令撤销的命令时,可按以下四种方式操作:
(1)工具栏:标准→ ⤻ 按钮。
(2)下拉菜单:编辑→重做。
(3)键盘命令:REDO。
(4)快速访问工具栏: ⤻ 按钮。
命令执行后,恢复到上一次操作。

4. 终止 AutoCAD 命令

当需要结束该命令时,可按以下三种方式操作:
(1)按 Esc 键。
(2)右击,从弹出的快捷菜单中选择"取消"命令。
(3)执行另一命令。

5. 重复执行上一个命令

(1)按键盘上的 Enter 键或按 Space 键。
(2)在绘图区单击鼠标右键,在快捷菜单选择"重复×××命令",如图 1-18 所示(重复圆)。

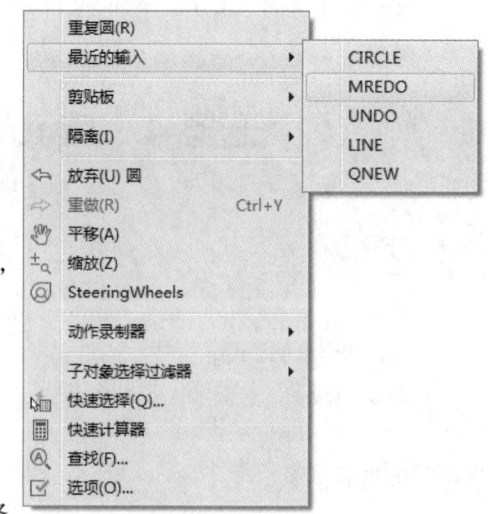

图 1-18　右键快捷菜单

(3)在绘图区单击鼠标右键,在快捷菜单选择"最近的输入"菜单项,在打开的子菜单中选择所需命令,如图 1-18 所示。

6.命令的选项

在执行命令的过程中,有时会出现多个选项供用户选择,例如画圆。

(1)用圆心、直径方式画圆。

```
命令:_circle                                              //调用"画圆"命令
指定圆的圆心或[三点(3P)/两点(2P)/切点、切点、半径(T)]:    //指定圆心
指定圆的半径或[直径(D)]:D↙或者用鼠标点击[直径(D)]          //用指定直径的方式画圆
指定圆的直径:400↙                                         //输入圆的直径400
```

(2)用圆心、半径方式画圆。

```
命令:_circle                                              //调用"画圆"命令
指定圆的圆心或[三点(3P)/两点(2P)/切点、切点、半径(T)]:    //指定圆心
指定圆的半径或[直径(D)]<200.0000>:150↙                    //输入圆的半径值画圆
```

说明:

(1)用键盘在命令行输入命令后一定要按 ENTER 键(用菜单栏或工具栏输入命令则不用按 ENTER 键)。

(2)在命令提示行中如果出现"[ ]"(中括号),则中括号外面为默认选项,直接执行即可,中括号内为可选选项,可以在命令行输入其选项代号(如直径选项代号为"D")后按 ENTER 键确认,也可以把鼠标移动到[ ],单击鼠标左键即可。

(3)在命令行中输入数值后必须按 ENTER 键确认。命令提示行中如果出现"< >"(尖括号),则尖括号内为缺省值(上一次操作中使用的值,如"<200.0000>"),使用该数值则直接按回车键即可。

三、思考与练习

练习用四种命令输入方式"画直线"。

任务5 绘图环境的设置

知识点

- 设置图形单位。
- 设置图形界限。
- 设置图层。

任务5 绘图环境的设置

技能点

- 学会设置绘图环境。

一、任务描述

选择"经典模式"作为初始工作空间,设置绘图环境,主要包括图形单位、绘图精度、图层等的设置。

二、任务实施

1. 设置图形单位

单击菜单:格式→单位,弹出"图形单位"对话框,设置长度和角度的类型及精度,如图 1 – 19 所示。

图 1 – 19 "图形单位"对话框

2. 设置图形界限

单击菜单:格式→图形界限,操作过程如下:

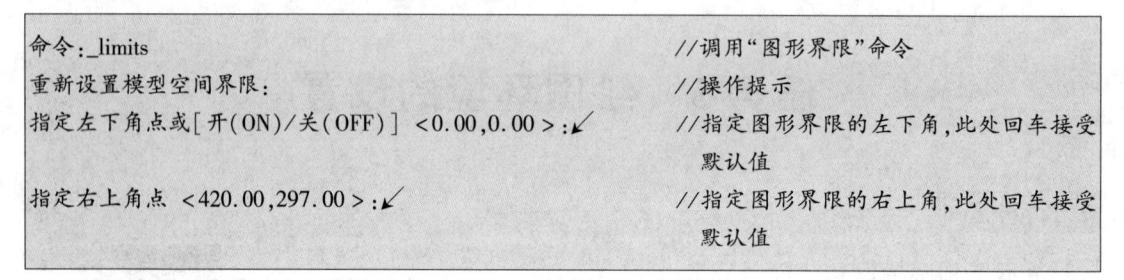

```
命令:_limits                                    //调用"图形界限"命令
重新设置模型空间界限:                            //操作提示
指定左下角点或[开(ON)/关(OFF)] <0.00,0.00>:↙    //指定图形界限的左下角,此处回车接受
                                                默认值
指定右上角点 <420.00,297.00>:↙                  //指定图形界限的右上角,此处回车接受
                                                默认值
```

图形界限可根据需要设置,此值为 A3 图纸大小,设置完成后双击一下鼠标中间的滚轮,使图形界限在整个屏幕上显示。或者单击菜单:视图→缩放→全部,将 A3 图形界限最大化。

3. 设置图层

绘图时可将具有不同特性的图形对象分层绘制,每一层都是透明的,把这些层放在一起就是一张完整的图形。例如,画平面图形时一般需建立粗实线层、细点画线层、细虚线层、细实线层、尺寸标注层等。下面介绍一下建立图层的过程。

1) 创建新图层

单击图层工具栏的"图层特性管理器" 按钮，或单击菜单"格式"/"图层"，弹出"图层特性管理器"对话框，单击 按钮，建立两个新图层，将图层1和图层2的名称改为"粗实线"层和"细点画线"层，如图1-20所示。

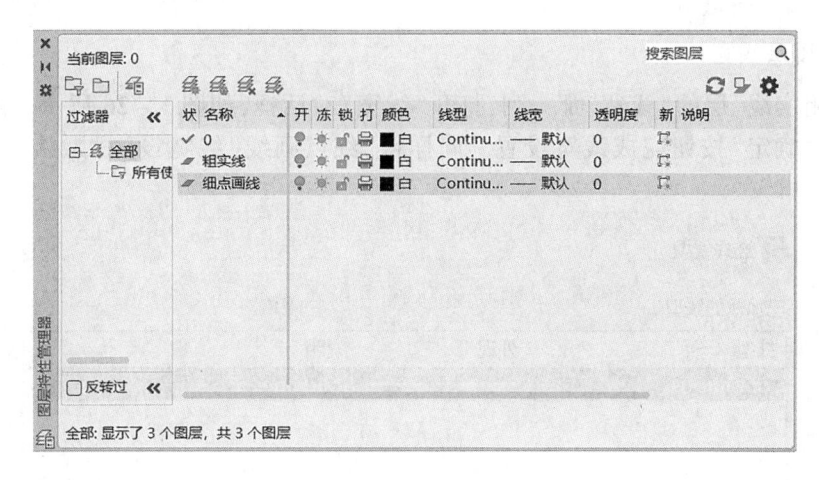

图1-20 创建新图层

2) 设置图层颜色

打开"图层特性管理器"，单击要改颜色图层的"颜色"那一列，打开"选择颜色"对话框，选择合适的颜色，如图1-21所示。将"粗实线"层设为黑色，"细点画线"层设为"红色"。

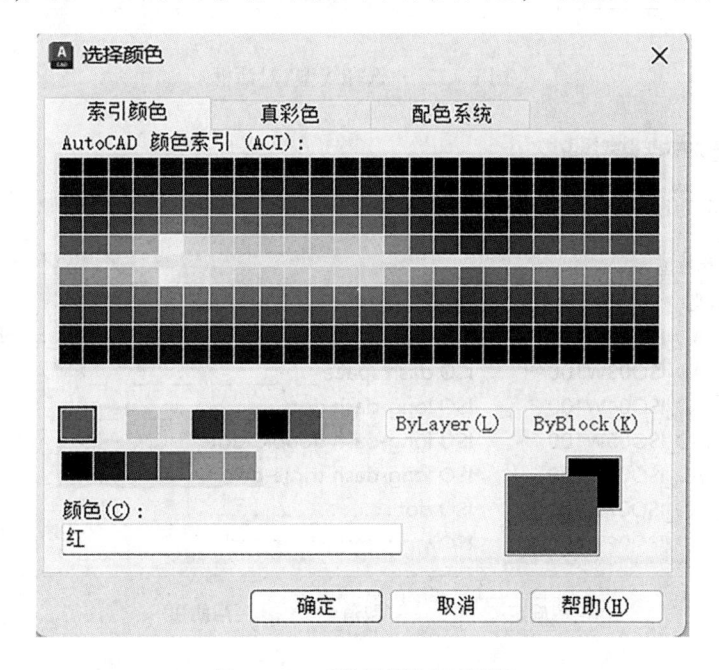

图1-21 "选择颜色"对话框

3）设置图层线型

"粗实线"层线型为连续线"Continuous"，"细点画线"层的线型为"CENTER"。单击"细点画线"层的线型，打开"选择线型"对话框，如图 1-22 所示。单击"加载"按钮，打开"加载或重载线型"对话框，如图 1-23 所示。选择线型 CENTER，点"确定"按钮完成线型加载，如图 1-24 所示。选择需要使用的线型，单击"确定"按钮，完成设置，如图 1-25 所示。

4）设置图层线宽

单击"粗实线"层的"线宽"那一列，打开"线宽"对话框，如图 1-26 所示。设置线宽为 0.30mm，点"确定"按钮完成线宽设置。同样将"细点画线"线宽设为"默认"。图层设置完成。

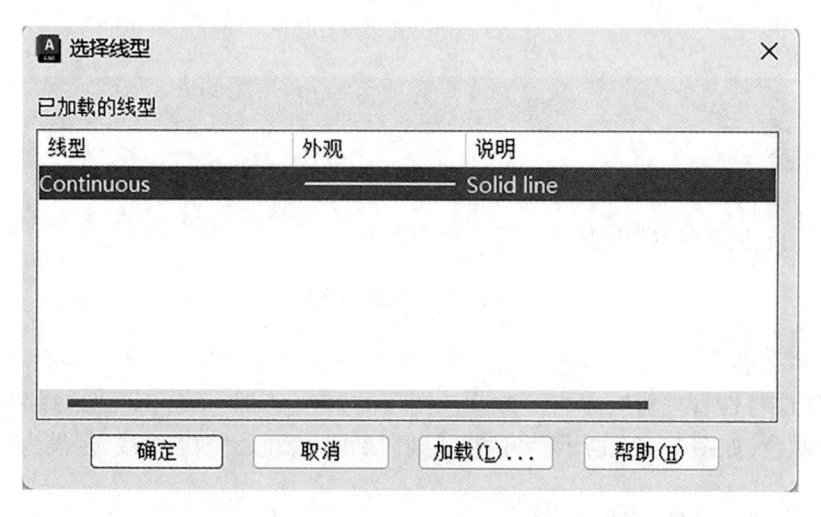

图 1-22 "选择线型"对话框

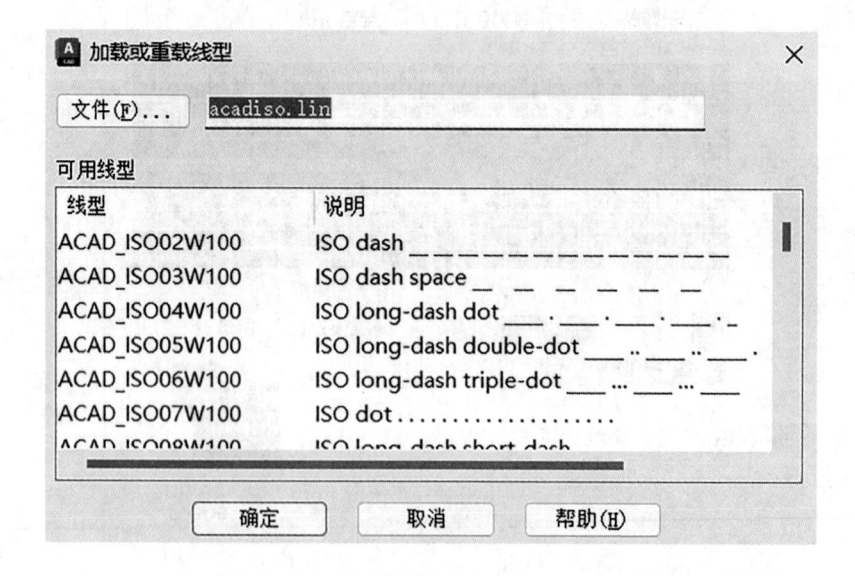

图 1-23 "加载或重载线型"对话框

图1-24 完成线型加载

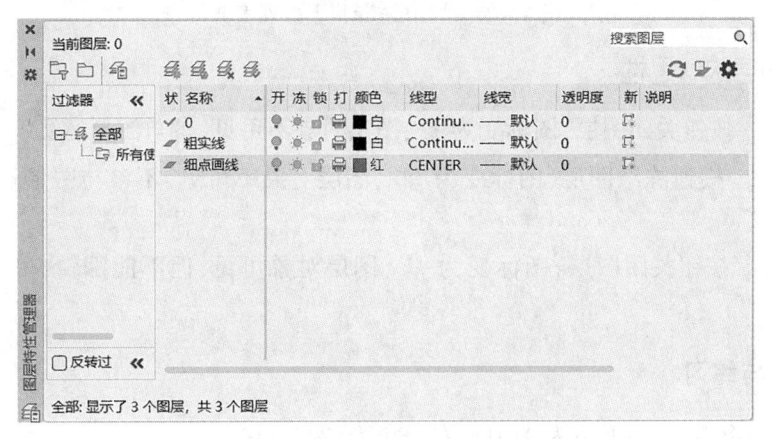

图1-25 "图层特性管理器"对话框

图1-26 "线宽"对话框

三、知识链接

1. 切换当前图层

画不同的对象要使用不同的图层,如画粗实线要使用"粗实线"层,画中心线要使用"细点画线"层。只能有一个层作为当前层,使用某一层时可在"图层"工具栏中进行切换,如图 1-27 所示。也可在图形中选择相应层的图形对象,然后单击 按钮,或在"图层特性管理器"中选择某一图层,单击 按钮。

图 1-27 "图层控制"下拉列表框

2. 控制图层的可见性

(1)单击 按钮关闭图层,图标变为 ,图层对象不可见,参与图形运算。

(2)单击 按钮冻结图层,图标变为 ,图层对象不可见,不参与图形运算,当前层不能被冻结。

(3)单击 按钮关闭图层,图标变为 ,图层对象可见,但不能编辑,可在该层绘制新对象。

四、思考与练习

(1)设置图形界限,左下角为(0,0),右上角为(297,210)。

(2)按表 1-1 所示要求创建图层。

表 1-1 图层的设置

图层名称	颜 色	线 型	线 宽
粗实线	白色	Continous	0.30mm
细实线	洋红色	Continous	默认
细点画线	红色	CENTER	默认
细虚线	蓝色	DASHED	默认

模块二

绘制平面图形

模块导入

"必须坚持问题导向。问题是时代的声音,回答并指导解决问题是理论的根本任务。"本模块在 AutoCAD 绘图实践中坚持问题导向,科学认识,准确把握,正确解决所面临的问题,以典型的应用为操作实例,在实际操作中熟练地掌握 AutoCAD 的常用的绘图与编辑命令的使用。应用 AutoCAD 软件可以精准绘图,因此要求学生在实践过程中严谨认真,以严谨求证、精益求精的工匠精神争取最佳制图效果。

任务1　简单直线图形的绘制

知识点

- 定点方式。
- 绘制直线方式。
- 极轴追踪、对象捕捉、对象捕捉追踪。
- 对象的选择。
- 对象的删除。
- 图形显示控制。

任务1　简单直线图形的绘制

技能点

- 了解 AutoCAD 软件的操作方式,掌握命令的输入方法及常用命令的操作。

一、任务描述

绘制完成图 2-1 所示简单直线图形,主要涉及"直线""对象追踪""对象捕捉""对象捕捉追踪""正交"等命令。

二、任务实施

第 1 步:新建图层"粗实线"层,并置为当前层。

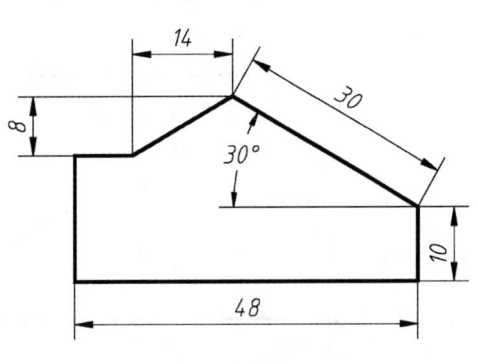

图 2-1　简单直线图形

第2步:打开状态栏中的 ◎（极轴追踪）、□（对象捕捉）、∠（对象捕捉追踪）、≡（显示/隐藏线宽）、+（动态输入）按钮。

第3步:依次绘制各条直线。

单击"绘图"工具栏 ∕ 按钮,操作步骤如下:

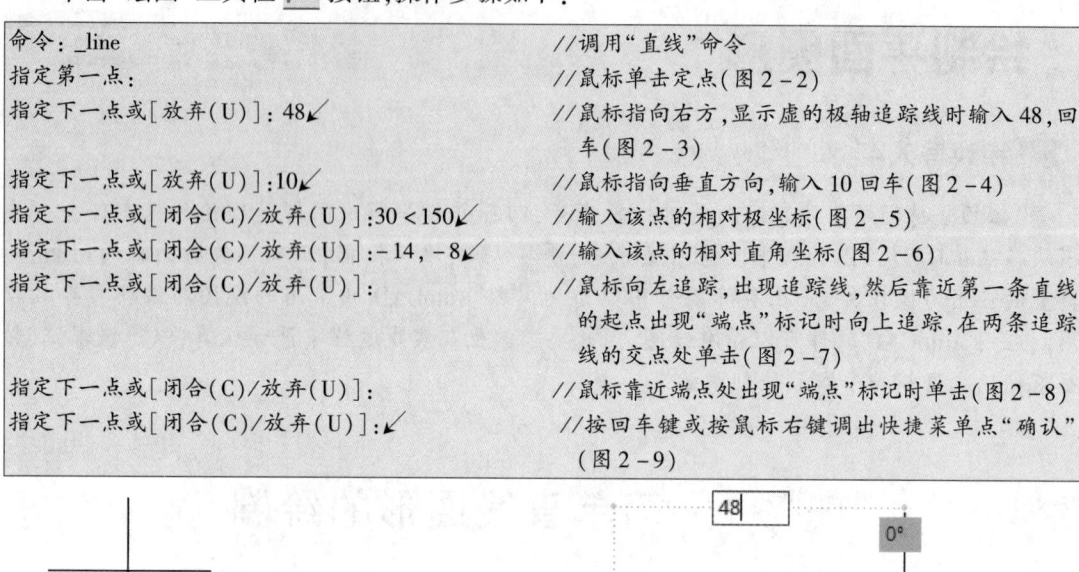

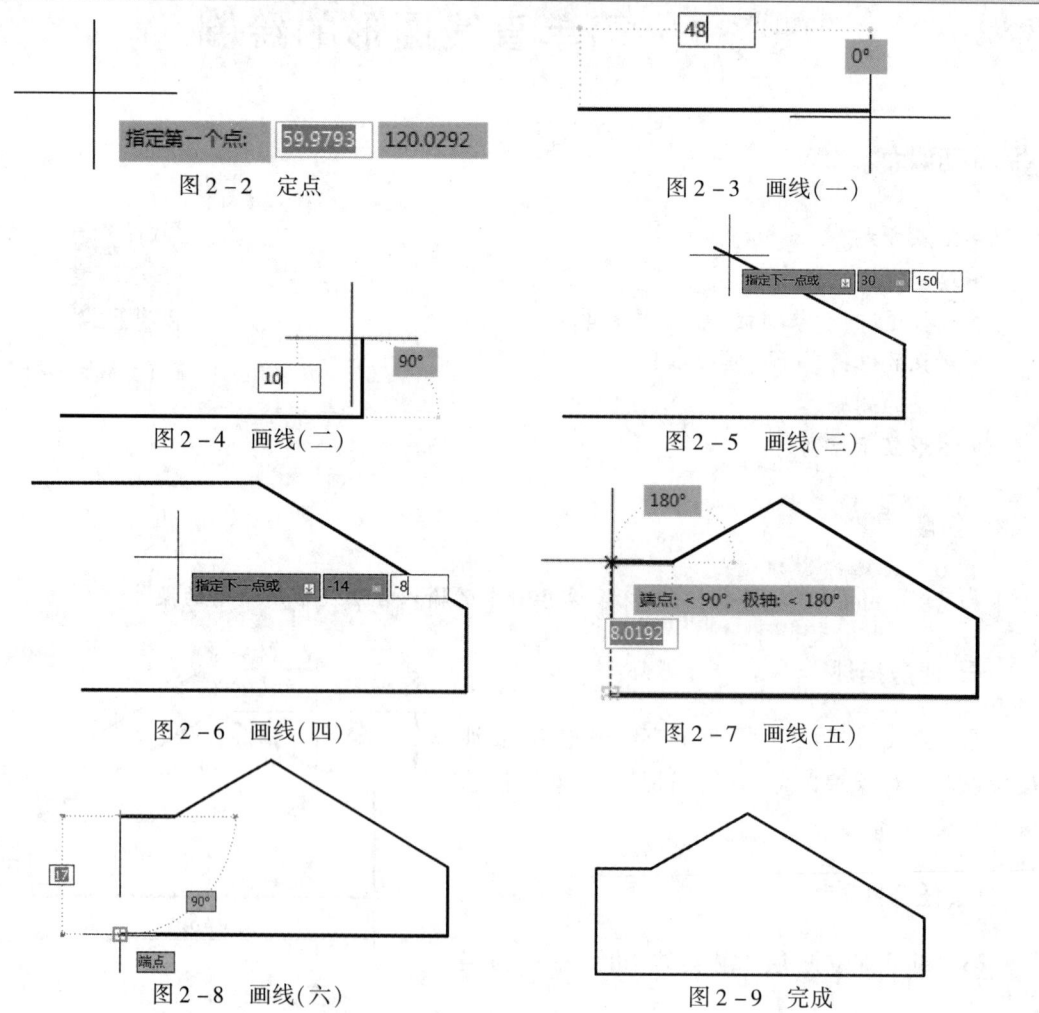

```
命令:_line                              //调用"直线"命令
指定第一点:                              //鼠标单击定点(图2-2)
指定下一点或[放弃(U)]:48↙               //鼠标指向右方,显示虚的极轴追踪线时输入48,回
                                        车(图2-3)
指定下一点或[放弃(U)]:10↙               //鼠标指向垂直方向,输入10回车(图2-4)
指定下一点或[闭合(C)/放弃(U)]:30<150↙   //输入该点的相对极坐标(图2-5)
指定下一点或[闭合(C)/放弃(U)]:-14,-8↙   //输入该点的相对直角坐标(图2-6)
指定下一点或[闭合(C)/放弃(U)]:           //鼠标向左追踪,出现追踪线,然后靠近第一条直线
                                        的起点出现"端点"标记时向上追踪,在两条追踪
                                        线的交点处单击(图2-7)
指定下一点或[闭合(C)/放弃(U)]:           //鼠标靠近端点处出现"端点"标记时单击(图2-8)
指定下一点或[闭合(C)/放弃(U)]:↙          //按回车键或按鼠标右键调出快捷菜单点"确认"
                                        (图2-9)
```

图2-2 定点

图2-3 画线(一)

图2-4 画线(二)

图2-5 画线(三)

图2-6 画线(四)

图2-7 画线(五)

图2-8 画线(六)

图2-9 完成

第 4 步:保存图形文件。

三、知识链接

1. 定点方式

在执行 AutoCAD 命令时,经常需要确定点的位置,如线段端点、圆心的位置等,了解点的输入方法是学习绘图的基础。

1) 鼠标定点法

鼠标定点法是指移动鼠标,直接在绘图区单击左键来拾取点坐标的一种方法。

2) 坐标定点法

坐标定点法是通过键盘在命令行输入点的坐标值来确定位置,如图 2 - 10 所示。坐标有两种形式,即直角坐标和极坐标。

图 2 - 10　命令行输入点的坐标值示例

(1) 直角坐标。

绝对直角坐标:是以当前坐标系原点(0,0,0)定位的坐标。输入格式:"X,Y,Z"。二维图形中 Z 坐标通常默认为 0,不用输入。

相对直角坐标:以上一点为坐标系原点,确定当前点的坐标。输入格式为"$@X,Y,Z$",若是状态栏"动态输入"按钮打开,则输入格式为"X,Y,Z"。

如果是已知 X、Y 两方向尺寸的线段,利用相对直角坐标法绘制较为方便,如图 2 - 11 所示。若 a 点为上一点,则 b 点的相对坐标为"@20,40";若 b 点为上一点,则 a 点的相对坐标为"@ - 20, - 40"。

(2) 极坐标。

绝对极坐标:用某点到当前坐标系原点的距离及该距离与零度的起始线(通常为 X 轴正向)之间的夹角表示。输入格式:"长度 < 角度",如 5 < 60。

相对极坐标:以上一点为坐标系原点,确定当前点到上一点的距离及该距离与零度的起始线之间的夹角。输入格式为"@ 长度 < 角度",若是状态栏"动态输入"按钮打开,则输入格式为"长度 < 角度"。

如果已知线段长度和角度尺寸,可以利用相对极坐标方便地绘制线段,如图 2 - 12 所示。如果 a 点为上一点,则 b 点的相对坐标为"@40 < 58";如果 b 点为前一点,则 a 点的相对坐标为"@40 < 238"。

输入坐标值时必须关闭中文输入法,否则输入无效。

说明:

AutoCAD 中关于长度、角度的正负有如下规定:

长度:与 X、Y 轴正向一致为正,相反为负。

角度:逆时针为正,顺时针为负。

图 2-11　相对直角坐标　　　　图 2-12　相对极坐标

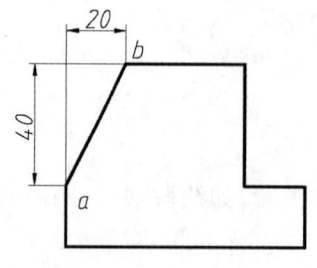

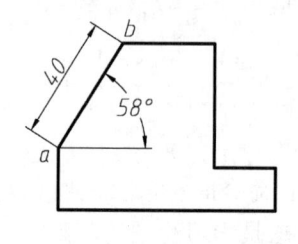

3) 用给定距离的方式定点

指定第一点后,移动光标指定方向,然后用键盘直接输入距离即可定点。用给定距离的方式定点是鼠标定点法和键盘输入法的结合。

2. 绘制直线方式

调用命令的方式如下:

(1) 工具栏:绘图→ ∕ 按钮。

(2) 下拉菜单:绘图→直线。

(3) 键盘命令:LINE 或 L。

(4) 功能区:默认→绘图→ ∕ 按钮。

绘制直线的步骤:

命令:_line	//调用"直线"命令
指定第一点:	//指定第一点
指定下一点或[放弃(U)]:	//指定第二点或放弃第一点重新指定
指定下一点或[放弃(U)]:	//指定第三点或按 Enter 键结束
指定下一点或[闭合(C)/放弃(U)]:	//指定第四点或输入"C"后按 Enter 键与第一点闭合

3. 绘图的辅助工具

为使绘图更为方便快捷和精确,AutoCAD 提供了很多绘图辅助工具供用户选择。常用的绘图辅助工具有极轴追踪、对象捕捉和对象捕捉追踪。

绘图的辅助工具

1) 极轴追踪

手工绘图时,经常用三角板从某一点画各方向的直线,极轴追踪可以起到相同的作用。

极轴角的设置:鼠标指向 ⌖▾,点后面下拉列表按钮 ▾,点"正在追踪设置",打开"草图设置"对话框,从"增量角"下拉列表框中选择所需追踪的角度(光标会在所有该角度的整数倍方向追踪)。在"对象捕捉追踪设置"选项中选择"用所有极轴角设置追踪",在"极轴角测量"选项中选择"绝对",点"确定"按钮,如图 2-13、图 2-14 所示。

2) 对象捕捉

使用对象捕捉可以精确地找到指定对象上的特殊位置点。

对象捕捉设置:鼠标指向 ▢▾,点下拉列表按钮,点"对象捕捉设置",打开"草图设置"对话框,选择"启用对象捕捉"。在"对象捕捉模式"选项中选择需要捕捉的点,单击"确定"按钮,如图 2-15、图 2-16 所示。常用的捕捉模式有端点、中点、圆心、象限点、交点。

图 2-13 极轴追踪快捷菜单

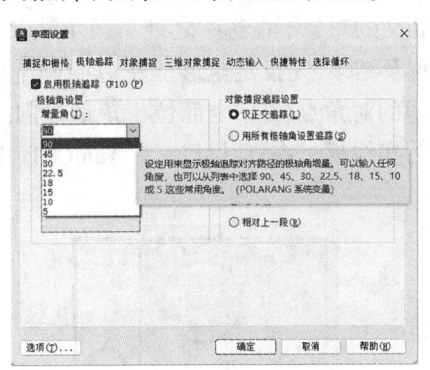

图 2-14 极轴追踪设置

图 2-15 对象捕捉快捷菜单

图 2-16 对象捕捉模式设置

当一个对象上同一位置有多个点重合或接近时(如中点和圆心重合),可以按"TAB"键在这些点中循环选择,直至选到所需的点。

3) 对象捕捉追踪

使用对象捕捉追踪可以从鼠标捕捉的点沿指定方向追踪。如图 2-14"对象捕捉追踪设置"选项中,若选"仅正交追踪",则只能从一点沿水平或垂直方向追踪;若选"用所有极轴角设置追踪",则能从一点沿所有极轴增量角的整数倍方向追踪。

打开对象捕捉追踪:按下 ∠ 按钮或按 F11 键,此时按钮呈蓝色。

4. 对象的选择

对图形进行编辑修改时都需要选择对象,命令行提示"选择对象:"时,鼠标变为一小正方形的拾取框,即可开始进行对象的选择。常用的选择对象的方法有点选方式、窗口方式、窗交方式、栏选方式、圈围方式、圈交方式等多种。

对象的选择

1) 点选方式

直接移动拾取框至被选对象后单击,即可逐个地拾取所需的对象,而被选择的对象将高亮显示,回车可结束对象的选择。点选方式是系统默认选择对象的方法。

2) 窗口方式

如果有较多对象需要选择,使用点选方式无疑很烦琐,但若这些对象比较集中,则可使用窗口方式,该方式通过指定两个角点确定一矩形窗口,完全包含在窗口内的所有对象将被选中,与窗口相交的对象不在选中之列。操作时应先拾取左侧角点,后拾取右侧角点,如图 2-17 所示,选择过程及结果,先指定矩形框左边的一个角点(A),从左向右设置矩形框的大小,再指定矩形框右边的对角点(B),全部位于矩形框内的对象被选中(该图中只有两个圆被选中),该矩形选择框为实线框。在默认状态下 AutoCAD 中使用窗口方式时其区域为蓝色。

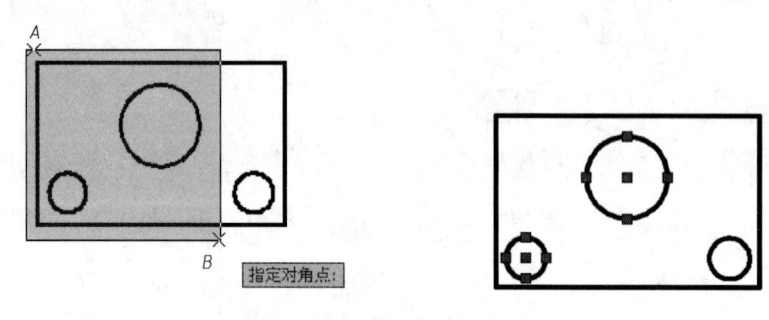

图 2-17 窗口方式及结果

3) 窗交方式

窗交方式也称交叉窗口方式,操作方法类似于窗口方式。不同之处是在窗交方式下,与窗口相交的对象和窗口内的所有对象都在选中之列。操作时应先拾取右侧角点,后拾取左侧角点。如图 2-18 所示,选择过程及结果,先指定矩形框右边的一个角点(B),从右向左设置矩形框的大小,再指定矩形框左边的对角点(A),在矩形框内或与矩形框相交的对象被选中(全部对象选中),该矩形选择框为虚线框。在默认状态下 AutoCAD 中使用窗交方式时其区域为绿色。

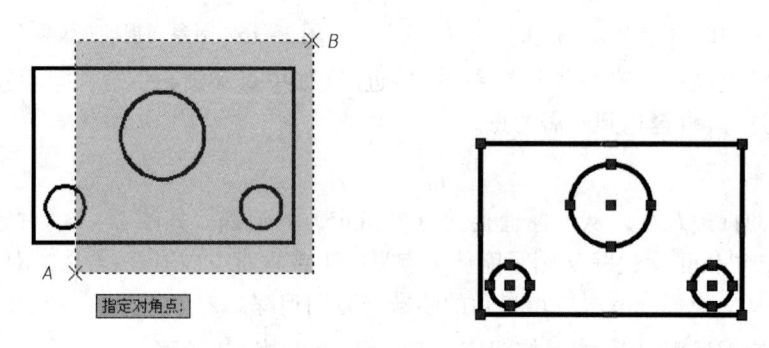

图 2-18 窗交方式及结果

4) 栏选方式

使用选择栏可以很容易地选择复杂图形中的对象,选择栏看起来像一条多段线,仅选择与它相交的对象。当命令行提示选择对象时输入 F,依次指定围栏的各个点,与围栏相交的对象被选中,如图 2-19 所示。

5) 圈围方式和圈交方式

当命令行提示为选择对象时,键入 WP 或 CP 将分别对应于圈围和圈交两种方式,这两种方式允许用户通过构建一个不规则的多边形的方式来选择对象。两者的区别与窗口方式和窗交方式一样,圈围方式只选中完全包含在其中的对象,而圈交方式则将与其相交的对象和包含其中的所有对象都选中。

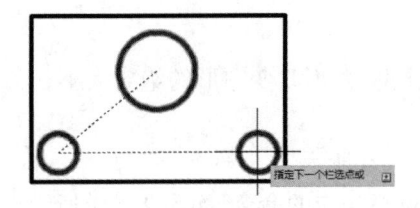

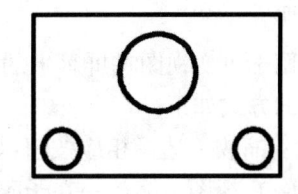

图 2-19　栏选方式及结果

除了以上常用选取图形的方式外,还可以使用其他一些方式进行选取。例如"上一个""全部""多个""自动"等。用户只需在命令行中输入"SELECT",然后按 Enter 键,再输入"?",即可显示多种选取方式,此时用户即可根据需要进行选取操作。

5. 对象的删除

图形中的对象绘制错误时经常需要把该对象从图中删除。

调用命令的方式如下:

(1)工具栏:修改→ 按钮。

(2)下拉菜单:修改→删除。

(3)键盘命令:ERASE 或 E。

(4)功能区:默认→修改→ 按钮。

输入命令后,选择要删除的对象,按 Enter 键确认,也可先选择对象再单击 按钮或按 Delete 键。

单击"修改"工具栏 按钮,操作过程如下:

```
命令:_erase              //调用"删除"命令
选择对象:                //选择要删除的对象
选择对象:                //按 Enter 键删除对象或继续选择对象
```

6. 图形显示控制

在画图时,经常需要让图形显示得大一些以看清图形全貌或小一些以看清局部细小结构,或需要移动图纸以查看图形,因此常用到图形的"平移"和"缩放"命令。

图形显示控制

1)平移

平移命令用于移动视图,而不对视图进行缩放。

调用命令的方式如下:

(1)工具栏:标准→ 按钮。

(2)下拉菜单:视图→平移。

(3)键盘命令:PAN 或 P。

平移分为实时平移与定点平移。实时平移可以平移视图以改变其在绘图区显示的位置,相当于拽着图纸移动而图形不动。当光标变成手形 时,按住鼠标左键移动,即可实现实时平移。或按住鼠标的滚轮,光标形状变为手形时,拖动鼠标拽着图形向同一方向移动也可实现实时平移。输入两个点后,视图即可按照两点的直线方向移动,实现定点平移。

25

2)缩放图形

缩放命令用于改变视图在屏幕上的显示比例,并不改变图形的绝对大小。
调用命令的方式如下:

(1)工具栏:缩放→选择相应按钮,如图2－20所示。

(2)下拉菜单:视图→缩放→在子菜单中选择相应的命令,如图2－21所示。

(3)键盘命令:ZOOM 或 Z。

图2－20 缩放工具栏　　图2－21 缩放子菜单

常用的缩放方式有:

(1)全部：在当前视口中缩放显示整个图形,最大范围显示栅格和全部图形对象。

(2)范围：缩放显示全部图形对象并使所有对象最大显示(可双击鼠标滚轮)。

(3)上一个：缩放显示上一个视图,最多可恢复此前的10个视图。

(4)窗口：缩放显示两个角点定义的矩形窗口内的区域,使其最大显示到整个屏幕。

四、思考与练习

绘制图2－22所示图形,不标尺寸。

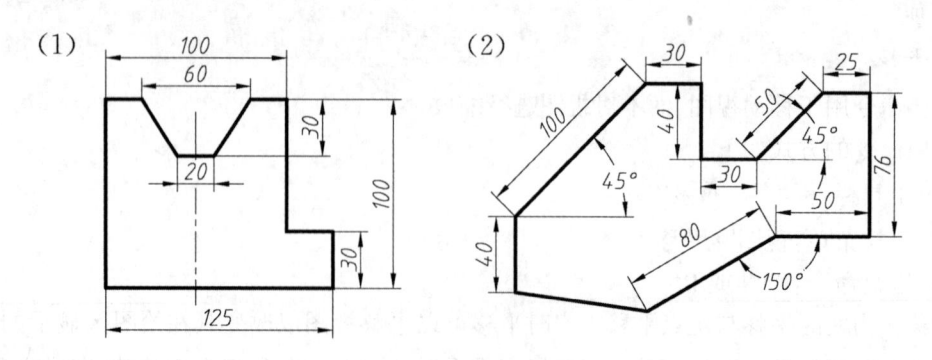

图2－22 图形练习

任务2 摇杆的绘制

知识点

- 画圆。
- 圆角。
- 偏移对象。
- 修剪对象。

任务2 摇杆的绘制

技能点

- 掌握这四个命令的操作方法。

一、任务描述

绘制完成如图2-23所示摇杆图形,主要涉及"画圆""圆角""偏移""修剪"等命令。

二、任务实施

第1步:新建图层"粗实线"层、"细点画线"层,并将"粗实线"层置为当前层。

第2步:打开状态栏中的 ⊙（极轴追踪）、□（对象捕捉）、∠（对象捕捉追踪）、≡（显示/隐藏线宽）、+（动态输入）按钮,对象捕捉模式设为端点、中点、圆心、象限点、交点捕捉。

第3步:画直径为 φ50 和 φ30 的两个同心圆,如图2-24所示。

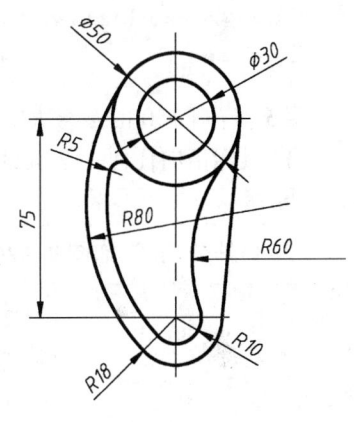

图2-23 摇杆

单击"绘图"工具栏 ⊙ 按钮,操作步骤如下:

命令:_circle	//调用"画圆"命令
指定圆的圆心或[三点(3P)/两点(2P)/切点、切点、半径(T)]:	//用鼠标单击一点为圆心
指定圆的半径或[直径(D)] <15.0561>:D✓	//选择指定直径方式
指定圆的直径:50✓	//指定直径值
命令:_circle	//调用画圆命令
指定圆的圆心或[三点(3P)/两点(2P)/切点、切点、半径(T)]:	//鼠标靠近第一个圆,出现 ⊕ 标记时单击
指定圆的半径或[直径(D)] <25.0000>:15✓	//指定半径值

第4步:画半径为 R10 和 R18 的两个同心圆,如图2-25所示。

图 2-24　φ50 和 φ30 的两个同心圆　　　　图 2-25　画 R10 和 R18 的两个同心圆

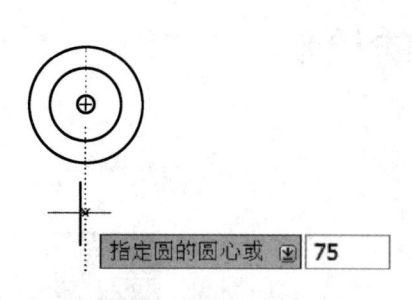

重复画圆命令,具体操作过程如下:

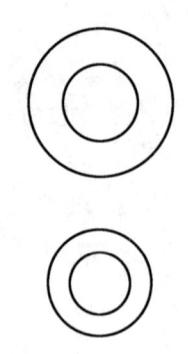

命令:_circle	//调用"画圆"命令
指定圆的圆心或[三点(3P)/两点(2P)/切点、切点、半径(T)]:	//用鼠标捕捉 φ30 圆的圆心,向下追踪,输入距离 75 定 R10 圆弧的圆心,如图 2-25 所示
指定圆的半径或[直径(D)]<15.0000>:10↙	//指定半径值
命令:_circle	//调用"画圆"命令
指定圆的圆心或[三点(3P)/两点(2P)/切点、切点、半径(T)]:	//鼠标单击 R10 圆弧的圆心
指定圆的半径或[直径(D)]<10.0000>:18↙	//指定半径值

第 5 步:画 φ50 的圆与 R18 圆的外公切线。

(1)鼠标指向任何一个工具栏,按鼠标右键,调出工具栏快捷菜单,选择"对象捕捉"工具栏:　　　　。

(2)画外公切线,如图 2-26 所示。具体操作过程如下:

命令:_line	//调用画"直线"命令
指定第一点:	//鼠标单击"对象捕捉"工具栏中切点　　按钮
Tan 到:	//靠近 φ50 的圆右侧切点附近,出现"切点"标记时单击
指定下一点或[放弃(U)]:	//鼠标再次单击"对象捕捉"工具栏中切点　　按钮
Tan 到:	//靠近 R18 的圆右侧切点附近,出现"切点"标记时单击

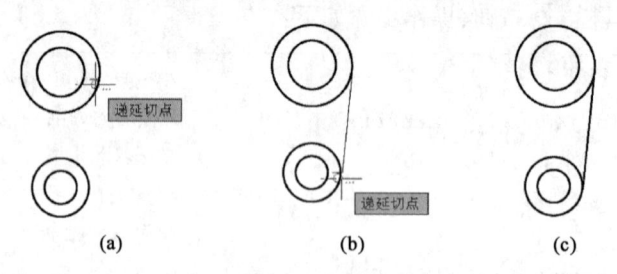

(a)　　　　(b)　　　　(c)

图 2-26　画外公切线

第 6 步:画 R80 的圆弧和与它同心的 R80-(R18-R10)=R72 的圆弧。

(1)画 R80 的圆弧,如图 2-27 所示。

单击"绘图"工具栏　　按钮,具体操作过程如下:

```
命令:_circle                                          //调用"画圆"命令
指定圆的圆心或[三点(3P)/两点(2P)/切点、切点、半径(T)]:T↵   //选择画圆方式
指定对象与圆的第一个切点:                               //鼠标靠近φ50的圆左侧切点附近,
                                                      出现"切点"标记时单击
指定对象与圆的第二个切点:                               //鼠标靠近R18的圆左侧切点附近,
                                                      出现"切点"标记时单击
指定圆的半径:80↵                                       //指定半径值
```

(2) 修剪多余线段,如图2-28所示。

单击"修改"工具栏 ✂ (修剪)按钮,具体操作过程如下:

```
命令:_trim                                             //调用"修剪"命令
当前设置:投影=UCS,边=无,模式=快速
选择要修剪的对象,或按住Shift键选择要
延伸的对象或[剪切边(T)/窗交(C)/模式(O)/投影(P)/
删除(R)]:                                              //单击R80的圆右侧要修剪的部分
选择要修剪的对象,或按住Shift键选择要
延伸的对象或[剪切边(T)/窗交(C)/模式(O)/投影(P)/
删除(R)/放弃(U)]:↵                                     //按回车键或鼠标右键点"确认"结束操作
```

(3) 向右偏移R80的圆弧,得到R72的圆弧,如图2-29所示。

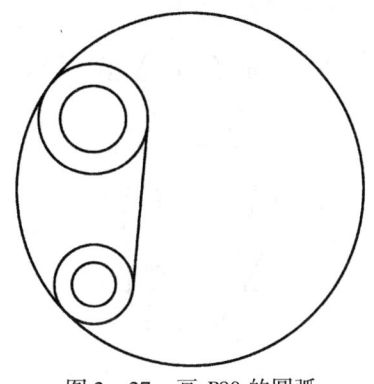

图2-27 画R80的圆弧 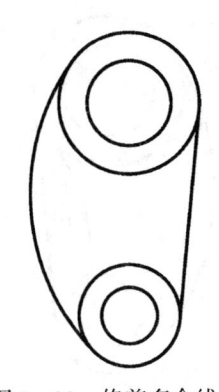　　图2-28 修剪多余线段 　　图2-29 向右偏移R80的圆弧得到R72的圆弧

单击"修改"工具栏 ⊂ (偏移)按钮,具体操作过程如下:

```
命令:_offset                                          //调用"偏移"命令
当前设置:删除源=否图层=源   OFFSETGAPTYPE=0
指定偏移距离或[通过(T)/删除(E)/图层(L)]<通过>:8↵      //R18-R10
选择要偏移的对象,或[退出(E)/放弃(U)]<退出>:            //单击R80的圆弧
指定要偏移的那一侧上的点,或[退出(E)/多个(M)/放弃(U)]<退出>:  //鼠标单击R80圆弧右侧
选择要偏移的对象,或[退出(E)/放弃(U)]<退出>:↵           //按回车键结束操作
```

第7步:画R60的圆弧、R5的圆角,画中心线完成全图。

(1) 画R60的圆弧,如图2-30所示。

单击"修改"工具栏 ⌒ (圆角)按钮,具体操作过程如下:

命令:_fillet	//调用"圆角"命令
当前设置:模式=修剪,半径=120.0000	
选择第一个对象或[放弃(U)/多段线(P)/半径(R)/修剪(T)/多个(M)]:R↙	//设置半径
指定圆角半径<5.0000>:60↙	//指定半径值
选择第一个对象或[放弃(U)/多段线(P)/半径(R)/修剪(T)/多个(M)]:	//单击φ50的圆
选择第二个对象,或按住Shift键选择要应用角点的对象:	//单击R10的圆弧

(2)画R5的圆角,如图2-30所示。具体操作过程如下:

命令:_fillet	//调用"圆角"命令
当前设置:模式=修剪,半径=5.0000	
选择第一个对象或[放弃(U)/多段线(P)/半径(R)/修剪(T)/多个(M)]:R↙	//设置半径
指定圆角半径<120.0000>:5↙	//指定半径值
选择第一个对象或[放弃(U)/多段线(P)/半径(R)/修剪(T)/多个(M)]:	//单击R72的圆弧
选择第二个对象,或按住Shift键选择要应用角点的对象:	//单击φ50的圆

(3)修剪多余的线,如图2-31所示。选择R80的圆弧和外公切线为修剪边,修剪R18的圆弧;选择R72的圆弧和R60的圆弧为修剪边,修剪R10的圆弧。

(4)把"细点画线"层置为当前图层画中心线(从圆的左侧象限点向左追踪约3~5mm为起点,向右画线到右象限点出头3~5mm左右为终点),依次作出其他另外两条中心线,如图2-32所示。

图2-30 画R60圆弧和R5圆角 　　图2-31 修剪多余的线 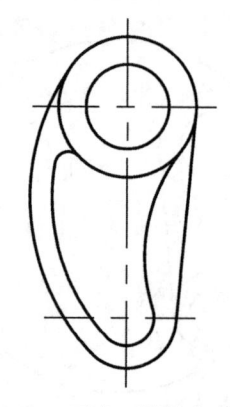　　图2-32 画中心线并完成图形

第8步:保存图形文件。

三、知识链接

1. 画圆

调用命令的方式如下:

(1)工具栏:绘图→◯按钮。

(2)下拉菜单:绘图→圆。

(3)键盘命令:CIRCLE(缩写C)。

(4)功能区:默认→绘图→◯按钮。

单击◯按钮后,命令行提示:

指定圆的圆心或[三点(3P)/两点(2P)/切点、切点、半径(T)]:

说明:根据所需要的画圆方式输入相应的字母,如两点方式输入2P。各种画圆方式如图2-33所示。"相切、相切、相切"方式只在"绘图"/"圆"菜单中有。

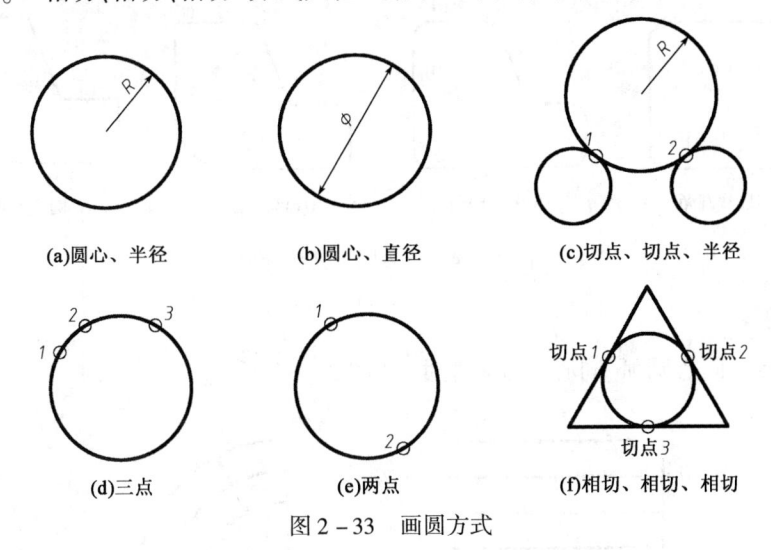

(a)圆心、半径　　(b)圆心、直径　　(c)切点、切点、半径

(d)三点　　(e)两点　　(f)相切、相切、相切

图2-33　画圆方式

2. 圆角

1）调用命令的方式

(1)工具栏:修改→⌐按钮。

(2)下拉菜单:修改→圆角。

(3)键盘命令:FILLET(缩写 F)。

(4)功能区:默认→修改→⌐按钮。

2）操作过程

单击"修改"工具栏⌐(圆角)按钮,具体操作过程如下:

```
命令:_fillet                                    //调用"圆角"命令
当前设置:模式=修剪,半径=20.0000
选择第一个对象或[放弃(U)/多段线(P)/半径(R)/
修剪(T)/多个(M)]:R↙                             //设置半径
指定圆角半径<20.0000>:30↙                        //输入半径值
选择第一个对象或[放弃(U)/多段线(P)/半径(R)/
修剪(T)/多个(M)]:                               //单击圆角的对象
选择第二个对象,或按住Shift键选择要应用角点的对象:    //单击圆角的另一个对象,若按住shift键后单
                                               击,则延长两条线相交
```

说明:

通常先设置圆角半径,再根据需要设置其他选项。

3）其他选项说明

放弃(U):恢复在命令中执行的上一个操作,命令行输入U。

多段线(P):对二维多段线中两条线段的交点均以圆角连接,如图2-34(a)所示,命令行输入P。

多个(M):给多个对象集加圆角(命令行会连续提示用户选择第一和第二个对象),命令行输入 M,如图 2-34(b)所示。

修剪(T):包括"修剪"和"不修剪"两种方式,如图 2-34(c)、(d)所示,命令行输入 T。

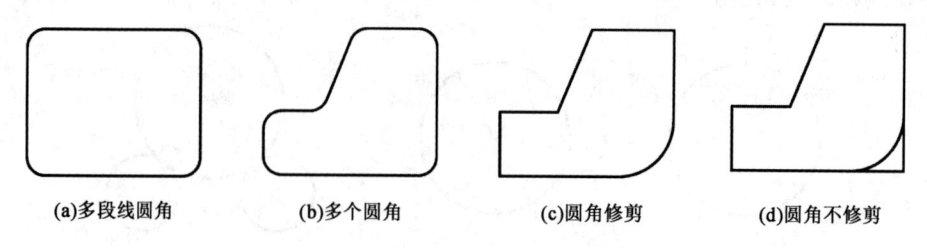

(a)多段线圆角　　(b)多个圆角　　(c)圆角修剪　　(d)圆角不修剪

图 2-34　设置圆角其他选项

3. 偏移对象

创建平行线、同心圆弧、同心圆或等距线,如图 2-35 所示。

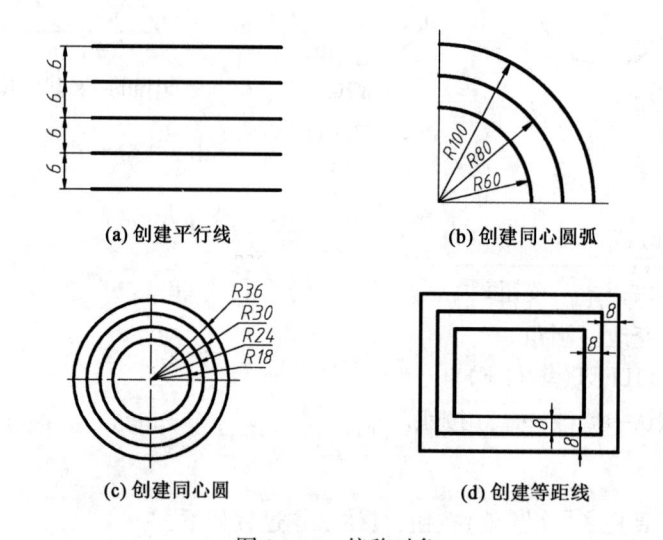

(a)创建平行线　　(b)创建同心圆弧

(c)创建同心圆　　(d)创建等距线

图 2-35　偏移对象

1)调用命令的方式

(1)工具栏:修改→ ⊂ 按钮。

(2)下拉菜单:修改→偏移。

(3)键盘命令:OFFSET(缩写 O)。

(4)功能区:默认→修改→ ⊂ 按钮。

2)操作过程

单击"修改"工具栏 ⊂ (偏移)按钮,具体操作过程如下:

```
命令:_offset                                      //调用"偏移"命令
当前设置:删除源=否图层=源　OFFSETGAPTYPE=0
指定偏移距离或[通过(T)/删除(E)/图层(L)]<通过>:    //输入偏移距离回车
```

3) 其他选项说明

通过(T):过指定点偏移对象,命令行输入 T。

删除(E):偏移后删除源对象,命令行输入 E。

图层(L):确定将偏移对象创建在当前图层上还是源对象所在的图层上,命令行输入 L。

输入偏移距离为默认选项,若使用其他选项则必须先设置。

选择偏移对象后,命令行提示:指定要偏移的那一侧上的点,或[退出(E)/多个(M)/放弃(U)]<退出>,中括号内各选项的含义如下:

退出(E):退出偏移命令,命令行输入 E。

多个(M):按指定偏移距离偏移出多个对象,命令行输入 M。

放弃(U):放弃刚才的偏移操作,命令行输入 U。

4. 修剪对象

该命令可以将对象修剪到指定边界。

1) 调用命令的方式

(1) 工具栏:修改→ 按钮。

(2) 下拉菜单:修改→修剪。

(3) 键盘命令:TRIM(缩写 TR)。

(4) 功能区:默认→修改→ 按钮。

2) 操作过程

```
命令:_trim                                                    //调用"修剪"命令
当前设置:投影=UCS,边=无,模式=快速
选择要修剪的对象,或按住 Shift 键选择要延伸的对象
或[剪切边(T)/窗交(C)/模式(O)/投影(P)/删除(R)]:            //选择修剪对象
选择要修剪的对象,或按住 Shift 键选择要延伸的对象
或[剪切边(T)/窗交(C)/模式(O)/投影(P)/删除(R)/放弃(U)]:↙  //按回车键或鼠标右键点
                                                            "确认"结束操作
```

3) 其他选项说明

剪切边(T):选择某对象为剪切边,鼠标点击[剪切边(T)],可以选择某对象为剪切边或选择所有对象为剪切边。

窗交(C):选择矩形区域(由两点确定)内部或与之相交的对象,命令行输入 C。

投影(P):指定修剪对象时使用的投影方式,命令行输入 P,包含三种方式,输入投影选项[无(N)/UCS(U)/视图(V)]<当前>:无,指定无投影,该命令只修剪与三维空间中的剪切边相交的对象。UCS,指定在当前用户坐标系 XY 平面上的投影,该命令将修剪不与三维空间中的剪切边相交的对象。视图,指定沿当前观察方向的投影,该命令将修剪与当前视图中的边界相交的对象。

删除(R):删除选定的对象而无须退出 TRIM 命令。

放弃(U):撤销由 TRIM 命令所做的最近一次修改。

四、思考与练习

绘制图2-36所示图形,不标尺寸。

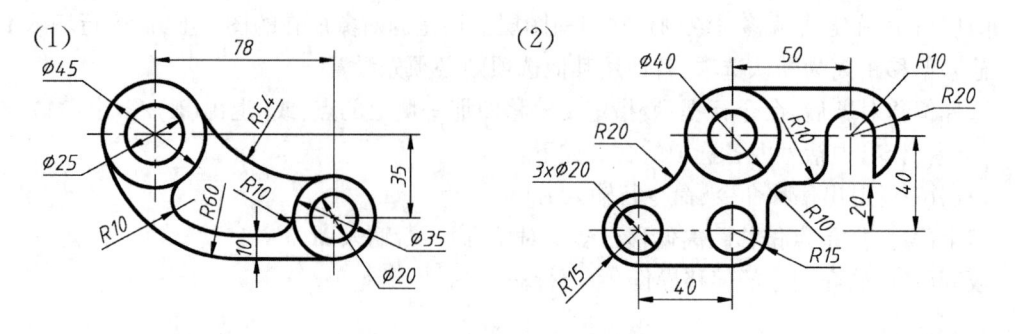

图2-36 图形练习

任务3　手柄的绘制

知识点

- 画矩形。
- 倒角。
- 分解对象。
- 延伸对象。
- 镜像对象。

任务3　手柄的绘制

技能点

- 掌握这5个命令的操作方法。

一、任务描述

绘制完成如图2-37所示的手柄图形,主要涉及"矩形""倒角""分解""延伸""镜像"等命令。

二、任务实施

第1步:新建图层"粗实线"层、"细点画线"层,并将"粗实线"层设置为当前层。

第2步:打开状态栏中的 ![] (极轴追踪)、![] (对象捕捉)、![] (对象捕捉追踪)、![] (显示/隐藏线宽)、![] (动态输入)按钮,对象捕捉模式设为端点、中点、圆心、象限点、交点捕捉。

第3步:画长为20、宽为15的矩形并倒角。

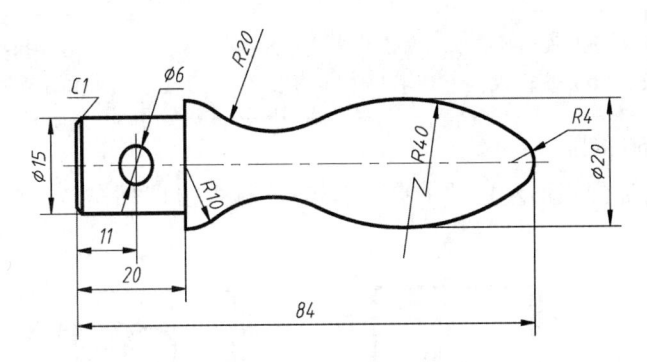

图 2-37 手柄平面图

(1)画矩形,如图 2-38 所示。

单击"绘图"工具栏 ▢(矩形)按钮,操作过程如下:

```
命令:_rectang                                              //调用"矩形"命令
指定第一个角点或[倒角(C)/标高(E)/圆角(F)/厚度(T)/宽度(W)]: //在合适位置单击确定矩形的一个
                                                          角点
指定另一个角点或[面积(A)/尺寸(D)/旋转(R)]:D↙             //设置矩形的尺寸
指定矩形的长度<10.0000>:20↙                                //输入矩形的长
指定矩形的宽度<10.0000>:15↙                                //输入矩形的宽
指定另一个角点或[面积(A)/尺寸(D)/旋转(R)]:                  //用鼠标单击指定矩形的另一角点
```

(2)画倒角,如图 2-39 所示。

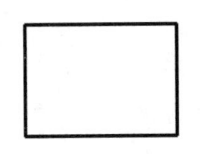

图 2-38 画矩形 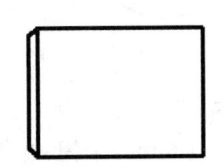   图 2-39 画倒角

单击"修改"工具栏 ╱(倒角)按钮,操作过程如下:

```
命令:_chamfer("修剪"模式)                                  //调用"倒角"命令
当前倒角距离 1=0.0000,距离 2=0.0000                         //当前设置
选择第一条直线或[放弃(U)/多段线(P)/距离(D)/角度(A)
/修剪(T)/方式(E)/多个(M)]:D↙                              //选择距离选项
指定第一个倒角距离<0.0000>:1↙                              //设置第一个倒角距离
指定第二个倒角距离<1.0000>:1↙                              //设置第二个倒角距离
选择第一条直线或[放弃(U)/多段线(P)/距离(D)/角度(A)/
修剪(T)/方式(E)/多个(M)]:M↙                               //连续对多个对象倒角
选择第一条直线或[放弃(U)/多段线(P)/距离(D)/角度(A)/
修剪(T)/方式(E)/多个(M)]:                                  //选择矩形上方边
选择第二条直线,或按住 Shift 键选择要应用角点的直线:         //选择矩形左侧边
选择第一条直线或[放弃(U)/多段线(P)/距离(D)/角度(A)/
修剪(T)/方式(E)/多个(M)]:                                  //选择矩形下方边
```

选择第二条直线,或按住 Shift 键选择要应用角点的直线:	//选择矩形左侧边
选择第一条直线或[放弃(U)/多段线(P)/距离(D)/角度(A)/...]:✓	//回车结束操作

(3)画直径为 φ6 的圆。

单击 ⊙ 按钮,捕捉矩形左边的中点向右追踪,输入"11"回车,定圆心画圆,如图 2-40 所示。

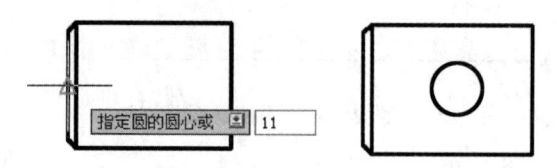

图 2-40 画圆

第 4 步:画半径为 R10 和 R4 的两个圆。

(1)以矩形右边的中点为圆心画半径为 R10 的圆。

(2)单击 ⊙ 按钮,捕捉矩形左边的中点向右追踪,输入"80"(84-4)回车定圆心画圆,如图 2-41 所示。

图 2-41 画圆

(3)把矩形分解为 4 条直线。

单击"修改"工具栏 📦 (分解)按钮,操作过程如下:

命令:_explode	//调用"分解"命令
选择对象:找到 1 个	//选择矩形
选择对象:✓	//回车结束操作

(4)延长矩形右边那条线与 R10 的圆相交,如图 2-42 所示。

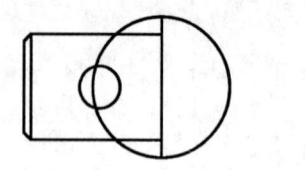

图 2-42 延伸

单击"修改"工具栏 →| (延伸)按钮,操作过程如下:

命令:_extend	//调用"延伸"命令
当前设置:投影=UCS,边=无,模式=快速	

选择要延伸的对象,或按住 Shift 键选择要修剪的对象
或[边界边(B)/窗交(C)/模式(O)/投影(P)/放弃(U)]: //单击矩形右边那条直线延长与圆相交
选择要延伸的对象,或按住 Shift 键选择要修剪的对象
或[边界边(B)/窗交(C)/模式(O)/投影(P)/放弃(U)]: //再次单击矩形右边那条直线向另一侧延长与圆相交
选择要延伸的对象,或按住 Shift 键选择要修剪的对象
或[边界边(B)/窗交(C)/模式(O)/投影(P)/放弃(U)]:✓ //按回车键结束操作

(5)以矩形右边为修剪边修剪 R10 左半个圆,如图 2-43 所示。

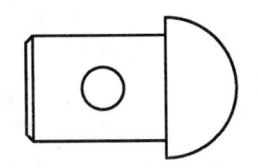

图 2-43 修剪

第 5 步:画半径为 R40 和 R20 的两个圆弧。
(1)把"细点画线"层设置为当前层,画中心线。
(2)用"偏移"命令把中心线向上偏移 10,如图 2-44 所示。
(3)把"粗实线"层设置为当前层,用"切点、切点、半径"方式画 R40 的圆,如图 2-44 所示。
(4)用"圆角"命令画 R20 的圆弧,如图 2-45 所示。

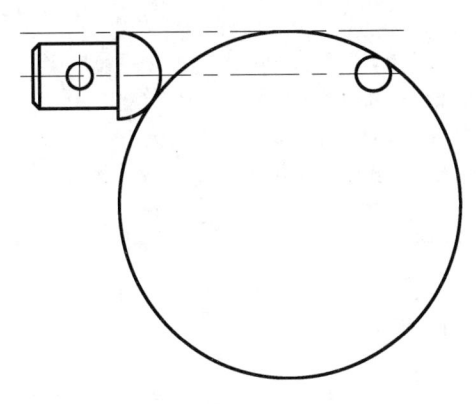

图 2-44 偏移直线、画 R40 的圆 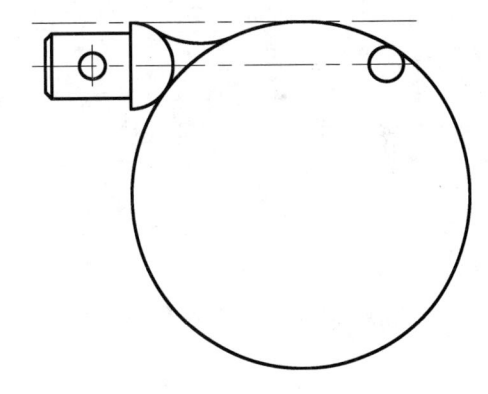　　　图 2-45 画 R20 的圆弧

(5)修剪多余图线,删除偏移的细点画线,如图 2-46 所示。
第 6 步:镜像 R10、R40、R20 和 R4 的四个圆弧,完成全图,如图 2-47 所示。

图 2-46 修剪 　　　图 2-47 镜像

单击"修改"工具栏 (镜像)按钮,操作过程如下:

```
命令:_mirror                              //调用"镜像"命令
选择对象:指定对角点:找到 4 个             //用窗交的方式选择圆弧 R10、R40、R20 和 R4
选择对象:✓                                //按回车键结束选择
指定镜像线的第一点:                       //捕捉中心线左端点,单击
指定镜像线的第二点:                       //捕捉中心线右端点,单击
要删除源对象吗?[是(Y)/否(N)]<N>:✓        //按回车键表示不删除
```

第 7 步:保存图形文件。

三、知识链接

1. 画矩形

1)调用命令的方式

(1)工具栏:绘图→ ▭ 按钮。

(2)下拉菜单:绘图→矩形。

(3)键盘命令:RECTANG(缩写 REC)。

(4)功能区:默认→绘图→ ▭ 按钮。

2)操作过程

单击"绘图"工具栏 ▭ (矩形)按钮,操作过程如下:

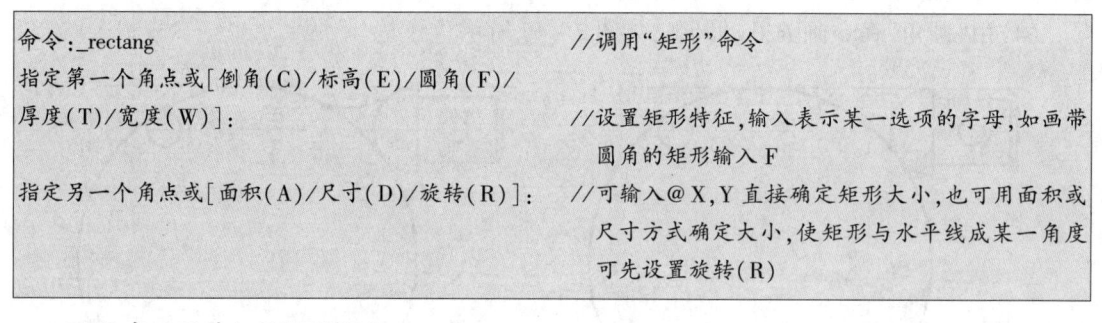

```
命令:_rectang                             //调用"矩形"命令
指定第一个角点或[倒角(C)/标高(E)/圆角(F)/
厚度(T)/宽度(W)]:                         //设置矩形特征,输入表示某一选项的字母,如画带
                                          圆角的矩形输入 F
指定另一个角点或[面积(A)/尺寸(D)/旋转(R)]: //可输入@X,Y 直接确定矩形大小,也可用面积或
                                          尺寸方式确定大小,使矩形与水平线成某一角度
                                          可先设置旋转(R)
```

3)具有不同特征的矩形形状

具有不同特征的矩形形状选项的含义如图 2-48 所示。

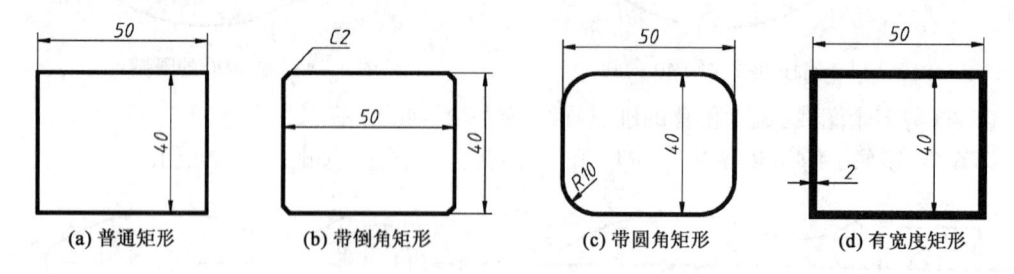

(a) 普通矩形　　(b) 带倒角矩形　　(c) 带圆角矩形　　(d) 有宽度矩形

图 2-48　各种形状矩形

标高(E)与厚度(T)特征在三维空间才可以显示出来,绘制完带特征的矩形后再画普通矩形时,必须把所有特征值都设回零。

2. 倒角

1) 调用命令的方式

(1) 工具栏:修改→ ╱ 按钮。

(2) 下拉菜单:修改→倒角。

(3) 键盘命令:RECTANG(缩写 REC)。

(4) 功能区:默认→修改→ ╱ 按钮。

2) 操作过程

单击"修改"工具栏 ╱ 按钮,操作过程如下:

命令:_chamfer	//调用"倒角"命令
("修剪"模式)当前倒角距离 1 = 0.0000,距离 2 = 0.0000	//当前倒角设置
选择第一条直线或[放弃(U)/多段线(P)/距离(D)/角度(A)/修剪(T)/方式(E)/多个(M)]:	

具体操作方法见本任务。

说明:

通常先设置倒角尺寸,再设置其他选项。

3) 其他选项说明

倒角的方式如图 2 - 49(a)、(b)所示,"多段线(P)"模式为对一多段线对象整体倒角,如图 2 - 49(c)所示。对多组对象连续倒角可在设置完倒角尺寸后选择"多个(M)"模式,"修剪(T)"模式含义与圆角中一致,"方式(M)"包含距离和角度两种。

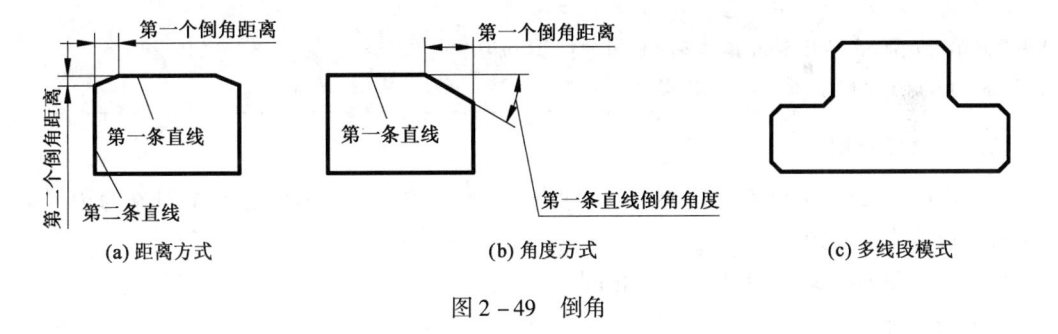

(a) 距离方式　　　　　(b) 角度方式　　　　　(c) 多线段模式

图 2 - 49　倒角

3. 分解对象

矩形、多段线、块、尺寸、填充等操作结果均为一个整体,在编辑时命令常常无法执行,如果把他们分解开来,编辑操作就变得简单多了。

1) 调用命令的方式

(1) 工具栏:修改→ 🗇 按钮。

(2) 下拉菜单:修改→分解。

(3) 键盘命令:EXPLODE(缩写 X)。

(4) 功能区:默认→修改→ 🗇 按钮。

2)操作过程

```
命令:explode                    //调用"分解"命令
选择对象:                       //选择要分解的对象后回车
```

分解完成后,原来的一个整体对象成为多个单一对象,可单独选择。

4. 延伸对象

延伸对象到指定的边界(与修剪功能完全相反),如图 2-50 所示。

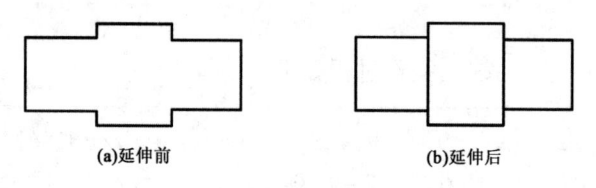

(a)延伸前　　　　　　　　(b)延伸后

图 2-50　延伸

1)调用命令的方式

(1)工具栏:修改→ ⇥ 按钮。

(2)下拉菜单:修改→延伸。

(3)键盘命令:EXTEND(缩写 EX)。

(4)功能区:默认→修改→ ⇥ 按钮。

2)操作过程

```
命令:_extend                                          //调用"延伸"命令
当前设置:投影=UCS,边=无,模式=快速
选择要延伸的对象,或按住 Shift 键选择要修剪的对象
或[边界边(B)/窗交(C)/模式(O)/投影(P)]:              //选择延伸的对象
```

3)其他选项说明

边界边(B):选择某对象为边界边,鼠标点击[边界边(B)],可以选择某对象为边界边或选择所有对象为边界边。

其余各选项的含义与"修剪"基本相同。

5. 镜像对象

将选中的对象相对于指定的镜像线进行镜像。

1)调用命令的方式

(1)工具栏:修改→ ⚠ 按钮。

(2)下拉菜单:修改→镜像。

(3)键盘命令:MIRROR(缩写 MI)。

(4)功能区:默认→修改→ ⚠ 按钮。

2)操作过程

操作过程以图 2-51 为例。

```
命令:_mirror                              //调用"镜像"命令
选择对象:指定对角点:找到 8 个              //用窗交方式选择左半部分所有对象
选择对象:↙                                //回车结束选择
指定镜像线的第一点:                        //单击第一点
指定镜像线的第二点:                        //单击第二点
要删除源对象吗? [是(Y)/否(N)] <N>:↙       //选择"否"回车
```

(a)镜像前　　　　　　　　　　(b)镜像后

图 2-51　镜像

四、思考与练习

绘制图 2-52 所示图形,不标尺寸。

(1)　　　　　　　　　　　(2)

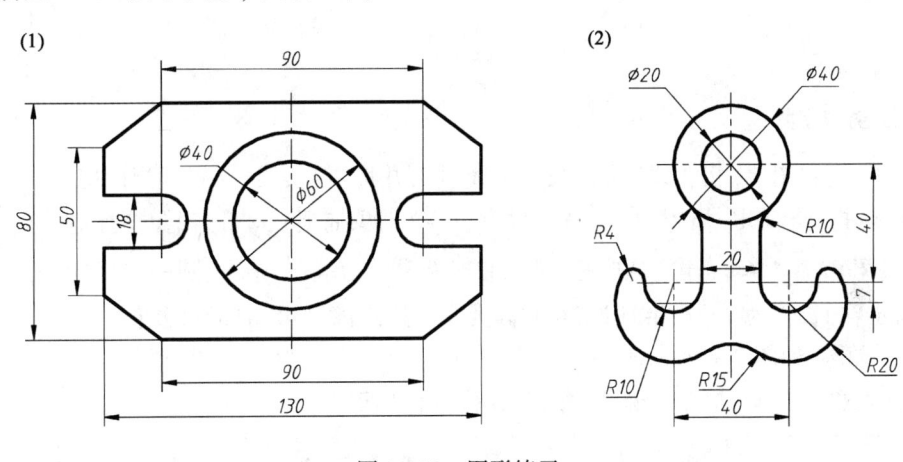

图 2-52　图形练习

任务 4　扳手的绘制

知识点

- 椭圆。
- 正多边形。
- 旋转对象。
- 移动对象。

任务 4　扳手的绘制

技能点

- 掌握这4个命令的操作方法。

一、任务描述

绘制完成如图2-53所示扳手图形,主要涉及"椭圆""正多边形""旋转""移动"等命令。

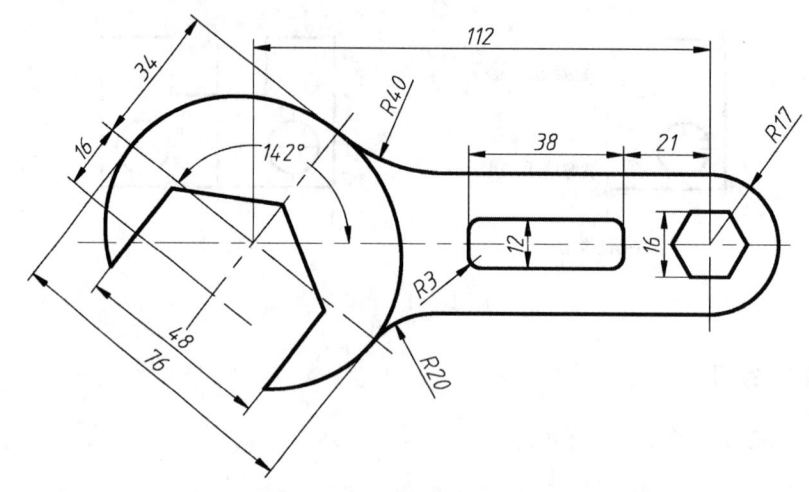

图2-53 扳手平面图

二、任务实施

第1步:新建图层"粗实线"层、"细点画线"层,并将"粗实线"层置为当前层。

第2步:打开状态栏中的 ⊙ (极轴追踪)、□ (对象捕捉)、∠ (对象捕捉追踪)、▤ (显示/隐藏线宽)、⊞ (动态输入)按钮,对象捕捉模式设为端点、中点、圆心、象限点、交点捕捉。

第3步:画长轴为76,短半轴为34的椭圆及对边距离为48的正六边形。

(1)画椭圆,如图2-54所示。

单击"绘图"工具栏 ⌀ (椭圆)按钮,操作过程如下:

```
命令:_ellipse                                    //调用"椭圆"命令
指定椭圆的轴端点或[圆弧(A)/中心点(C)]:          //鼠标单击任意指定一点为轴端点
指定轴的另一个端点:76↵                          //鼠标从第一个端点向垂直方向追踪,输入长度76
指定另一条半轴长度或[旋转(R)]:34↵              //输入短半轴长度
```

(2)"细点画线"层设置为当前层,画中心线,如图2-55所示。

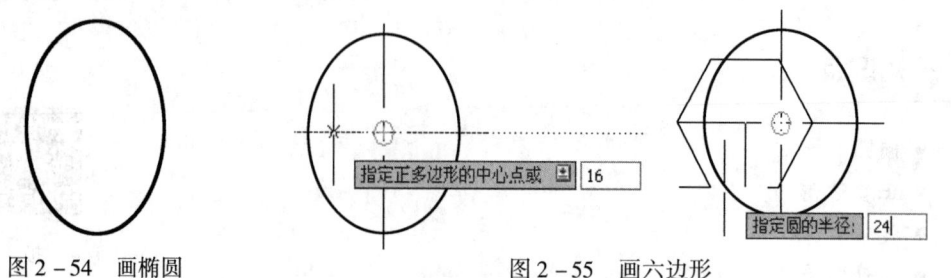

图2-54 画椭圆

图2-55 画六边形

(3)画正六边形,如图 2-55 所示。

单击"绘图"工具栏 ⬠ (正多边形)按钮,具体过程如下:

命令:_polygon	//调用"正多边形"命令
输入边的数目<4>:6↵	//输入边数
指定正多边形的中心点或[边(E)]:16↵	//从椭圆中心向左追踪,输入16定中心
输入选项[内接于圆(I)/外切于圆(C)]<I>:C↵	//用外切于圆的方式画正六边形
指定圆的半径:24↵	//输入其外切圆的半径(48/2)

(4)旋转椭圆和正六边形,如图 2-56 所示。

单击"修改"工具栏 ↻ (旋转)按钮,具体过程如下:

命令:_rotate	//调用"旋转"命令
UCS 当前的正角方向: ANGDIR=逆时针 ANGBASE=0	
选择对象:指定对角点:找到 4 个	//选择椭圆、正六边形和两条中心线
选择对象:	//回车结束选择
指定基点:	//指定椭圆中心
指定旋转角度,或[复制(C)/参照(R)]<90>:52↵	//指定旋转角度(142°-90°)

(5)修剪多余图线,如图 2-57 所示。

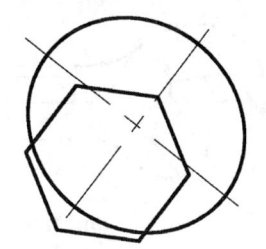

图 2-56 旋转椭圆和正六边形　　图 2-57 修剪多余图线

第4步:画 $R17$ 的圆、对边距离为16的正六边形及扳手外轮廓。

(1)"粗实线"层设置为当前层,从椭圆中心线的交点向右追踪,输入"112"回车确定 $R17$ 的圆心,画圆,如图 2-58 所示。

(2)画正六边形,中心点为 $R17$ 的圆心,"外切于圆,半径8",如图 2-58(b)所示。

(3)"细点画线"层设置为当前层,画中心线,如图 2-58(b)所示。

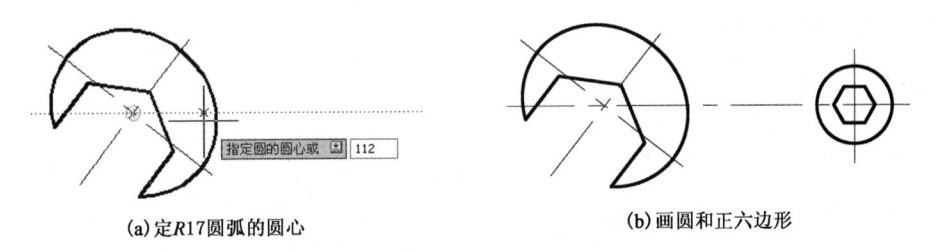

(a)定 $R17$ 圆弧的圆心　　(b)画圆和正六边形

图 2-58 画 $R17$ 的圆、对边距离为16的正六边形

(4)"粗实线"层设置为当前层,画直线与 $R17$ 的圆弧相切,如图 2-59 所示。

(5)对椭圆和直线圆角,半径分别为 $R40$ 和 $R20$,"修剪"模式设为不修剪,如图 2-59 所示。

(6)修剪多余图线,如图2-60所示。

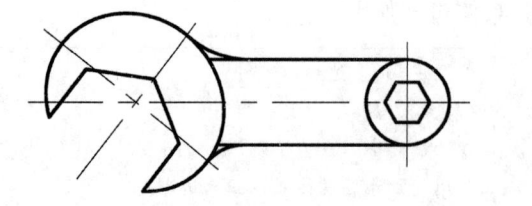

图2-59 画切线并圆角　　　　　　　图2-60 修剪

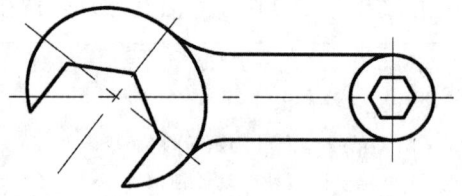

第5步:画长38、宽12的矩形,如图2-61所示。

(1)从R17的圆心向左追踪,输入21定矩形角点画矩形,如图2-61(a)、(b)所示。

(2)移动矩形与中心线对齐,如图2-61(c)所示。

选择矩形,然后单击"修改"工具栏 ✥ (移动)按钮,操作过程如下:

命令:_move 找到1个　　　　　　　　　　　//调用"移动"命令
指定基点或[位移(D)]<位移>:　　　　　　 //选择矩形右边的中点
指定第二个点或<使用第一个点作为位移>:　//选择矩形右下角的端点

(3)对矩形圆角R3,如图2-61(d)所示。

设置:"半径(R):3","修剪(T):修剪","多段线(P)"。

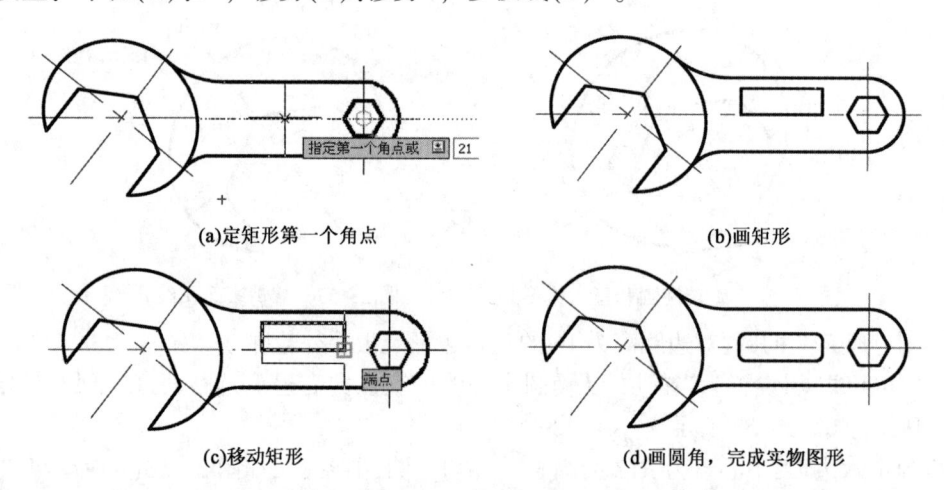

(a)定矩形第一个角点　　　　　　　　(b)画矩形

(c)移动矩形　　　　　　　　　　　　(d)画圆角,完成实物图形

图2-61 画矩形

第6步:保存图形文件。

三、知识链接

1. 画椭圆

1)调用命令的方式

(1)工具栏:绘图→ ⬭ 按钮。

(2)下拉菜单:绘图→椭圆。

(3)键盘命令:ELLIPSE(缩写EL)。

(4)功能区:默认→绘图→ ⬭ 按钮。

2)操作过程

命令:_ellipse	//调用"椭圆"命令
指定椭圆的轴端点或[圆弧(A)/中心点(C)]:	//默认操作为指定轴端点
指定轴的另一个端点:	//两点距离为长轴
指定另一条半轴长度或[旋转(R)]:	//输入半轴长度

3)其他选项说明

圆弧(A):指定圆弧起点和终点画椭圆弧。

中心点(C):指定中心点后再指定两个半轴长度。

旋转(R):通过绕第一条轴旋转圆来创建椭圆(旋转角度0°~89.4°)。

2. 绘制正多边形

可绘制3~1024之间任一正多边形。

1)调用命令的方式

(1)工具栏:绘图→ ⬠ 按钮。

(2)下拉菜单:绘图→正多边形。

(3)键盘命令:POLYGON(缩写 POL)。

(4)功能区:默认→绘图→ ⬠ 按钮。

2)操作过程

绘制正多边形的方式有内接于圆、外切于圆、边三种,如图2-62所示。内接于圆和外切于圆操作过程如下:

命令:_polygon	//调用"正多边形"命令
输入边的数目<4>:6✓	//输入边的数目
指定正多边形的中心点或[边(E)]:	//指定中心点
输入选项[内接于圆(I)/外切于圆(C)]<I>:I✓	//选择画多边形的方式
指定圆的半径:	//输入半径值

边的方式画正多边形过程如下:

命令:_polygon	//调用"正多边形"命令
输入边的数目<6>:✓	//回车默认边的数目为6
指定正多边形的中心点或[边(E)]:E✓	//用指定边的方式画正多边形
指定边的第一个端点:	//指定一点
指定边的第二个端点:	//指定另一点

3. 旋转对象

旋转对象指将指定的对象绕指定点(称其为基点)旋转指定的角度。

1)调用命令的方式

(1)工具栏:修改→ ↻ 按钮。

(2)下拉菜单:修改→旋转。

(a)内接于圆　　　　　　　(b)外切于圆　　　　　　　(c)边

图 2-62　正六边形

(3) 键盘命令:ROTATE(缩写 RO)。

(4) 功能区:默认→修改→ ↻ 按钮。

2) 操作过程

```
命令:_rotate                              //调用"旋转"命令
UCS 当前的正角方向: ANGDIR=逆时针  ANGBASE=0
选择对象:                                 //选择旋转对象
选择对象:                                 //继续选择或按回车键或按鼠标右键结束选择
指定基点:                                 //指定旋转的中心
指定旋转角度,或[复制(C)/参照(R)]<90>:    //输入旋转角度,逆时针为正,顺时针为负
```

3) 其他选项说明

复制(C):创建要旋转的选定对象的副本。

参照(R):将对象从指定的角度旋转到新的绝对角度。

例:将图 2-63(a)所示图形旋转至与 X 轴成 20°,如图 2-63(b)所示。

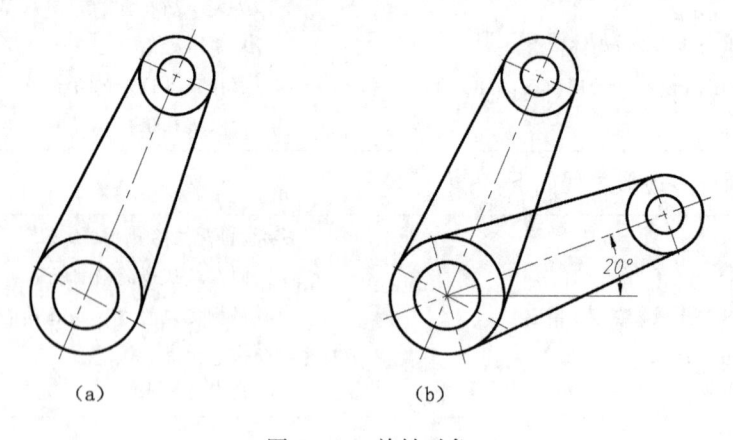

(a)　　　　　　　　　　　　　(b)

图 2-63　旋转对象

单击 ↻ 按钮,操作过程如下:

```
命令:_rotate                              //调用"旋转"命令
UCS 当前的正角方向: ANGDIR=逆时针  ANGBASE=0
选择对象:                                 //选择全体对象
```

选择对象:	//按回车键结束选择或继续选择对象
指定基点:	//选择下方两大圆的圆心
指定旋转角度,或[复制(C)/参照(R)]<0>:C↵	//选择复制选项"C"后回车
旋转一组选定对象	//命令执行中的说明
指定旋转角度,或[复制(C)/参照(R)]<80>:R↵	//选择参照选项"R"后回车
指定参照角<0>:	//先单击左下方圆的圆心,再单击右上方圆的圆心
指定新角度或[点(P)]<0>:20↵	//输入被旋转对象的绝对角度

4. 移动对象

将选中的对象从当前位置移动到指定位置。

1) 调用命令的方式

(1) 工具栏:修改→✥ 按钮。

(2) 下拉菜单:修改→移动。

(3) 键盘命令:MOVE(缩写 M)。

(4) 功能区:默认→修改→✥ 按钮。

2) 操作过程

命令:_move	//调用"移动"命令
选择对象:	//选择要移动的对象
选择对象:	//选择要移动的对象或回车结束选择
指定基点或[位移(D)]<位移>:	//选择要移动对象上要与另一点对齐的点为基点
指定第二个点或<使用第一个点作为位移>:	//指定要对齐的点

3) 其他选项说明

位移(D):选择该选项后,直接在命令行输入对象在 X 和 Y 方向的位移量,中间用逗号分隔开。

使用第一个点作为位移:以所选基点的 X 和 Y 坐标作为它的位移量。

四、思考与练习

绘制如图 2-64 所示图形,不标尺寸。

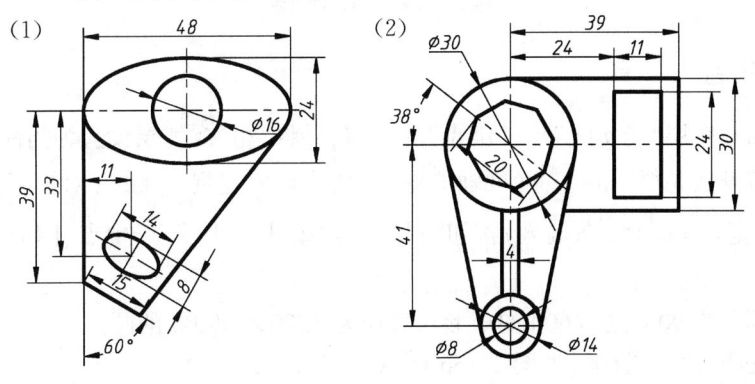

图 2-64 图形练习

任务5 垫片的绘制

知识点

- 阵列对象。
- 复制对象。
- 打断对象。
- 合并对象。

任务5　垫片的绘制

技能点

- 掌握这4个命令的操作方法。

一、任务描述

绘制完成如图2-65所示垫片图形，主要涉及"阵列""复制""打断""合并"等命令。

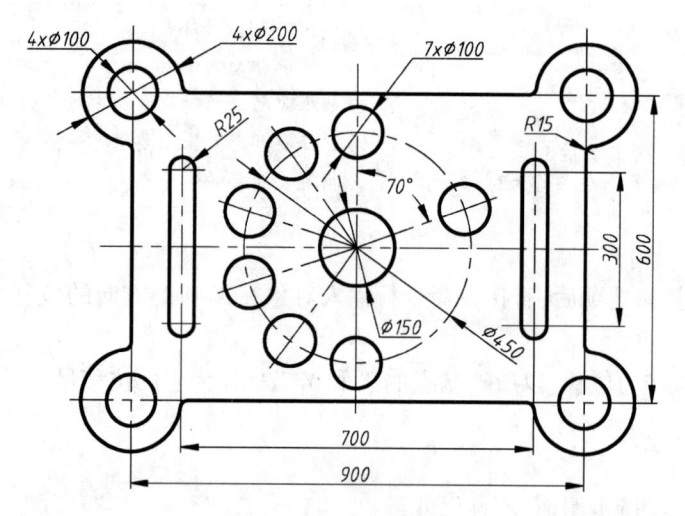

图2-65　垫片平面图

二、任务实施

第1步：新建图层"粗实线"层、"细点画线"层，并将"粗实线"层设置为当前层。

第2步：打开状态栏中的 ⌖（极轴追踪）、▯（对象捕捉）、∠（对象捕捉追踪）、▤（显示/隐藏线宽）、╂（动态输入）按钮，对象捕捉模式设为端点、中点、圆心、象限点、交点捕捉。

第3步：画长为900、宽为600的矩形和直径为 φ200 和 φ100 的圆。

（1）画矩形长900、宽600，如图2-66所示。

（2）以矩形的左上角点为圆心画 φ200 和 φ100 的圆，如图2-66所示。

(3)阵列这两个圆,如图 2-67 所示。

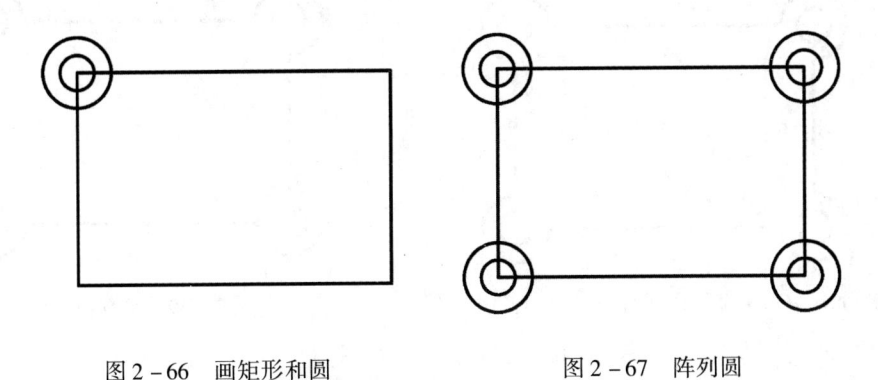

图 2-66　画矩形和圆　　　　　　　　图 2-67　阵列圆

单击"修改"工具栏 按钮,具体过程如下:

```
命令:_arrayrect                                        //调用"矩形阵列"命令
选择对象:找到 1 个                                      //选择 φ200 的圆
选择对象:找到 1 个,总计 2 个                            //选择 φ100 的圆
选择对象:↵                                             //回车
类型 = 矩形　关联 = 是
选择夹点以编辑阵列或[关联(AS)/基点(B)/计数(COU)/间距(S)
/列数(COL)/行数(R)/层数(L)/退出(X)]<退出>:COL          //用鼠标点击列数
输入列数或[表达式(E)]<4>:2↵                            //输入 2 回车
指定列数之间的距离或[总计(T)/表达式(E)]<300>:900↵      //输入 900 回车
选择夹点以编辑阵列或[关联(AS)/基点(B)/计数(COU)/间距(S)
/列数(COL)/行数(R)/层数(L)/退出(X)]<退出>:R            //用鼠标点击行数
输入行数或[表达式(E)]<3>:2↵                            //输入 2 回车
指定行数之间的距离或[总计(T)/表达式(E)]<300>:-600↵     //输入 -600 回车
指定行数之间的标高增量或[表达式(E)]<0>:↵               //回车
选择夹点以编辑阵列或[关联(AS)/基点(B)/计数(COU)/间距(S)
/列数(COL)/行数(R)/层数(L)/退出(X)]<退出>:AS           //用鼠标点击关联
创建关联阵列[是(Y)/否(N)]<是>:N↵                       //输入 N 回车
选择夹点以编辑阵列或[关联(AS)/基点(B)/计数(COU)/间距(S)
/列数(COL)/行数(R)/层数(L)/退出(X)]<退出>:↵            //回车
```

第 4 步:修剪多余图线并圆角。

(1)以矩形和四个 φ200 的圆互为修剪边修剪多余图线,如图 2-68 所示。

(2)分解矩形,然后分别对矩形四个边和 φ200 的圆弧圆角,如图 2-68 所示。

设置:"半径(R):15","修剪(T):修剪","多个(M)"

(3)"细点画线"层设置为当前,画出左上角两个圆的中心线,如图 2-68 所示。

(4)复制中心线到其他三个圆,如图 2-69 所示。

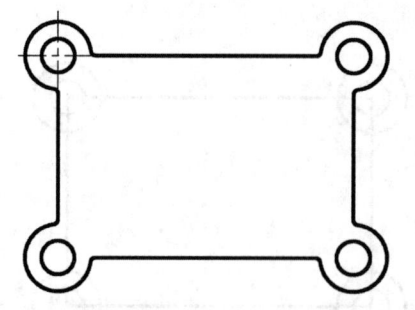

图2-68 修剪多余图线、圆角和画左上角中心线　　　图2-69 复制中心线

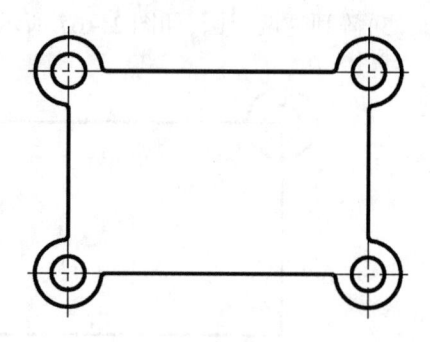

单击"修改"工具栏 ❏（复制）按钮，具体过程如下：

命令：_copy	//调用"复制"命令
选择对象：指定对角点：找到2个	//用窗交方式选择两条点画线
选择对象：↙	//回车结束选择对象
当前设置：复制模式=多个	//当前设置
指定基点或[位移(D)/模式(O)]<位移>：	//单击两条中心线的交点
指定第二个点或<使用第一个点作为位移>：	//单击右上方圆的圆心
指定第二个点或[阵列(A)/退出(E)/放弃(U)]<退出>：	//单击右下方圆的圆心
指定第二个点或[阵列(A)/退出(E)/放弃(U)]<退出>：	//单击左下方圆的圆心
指定第二个点或[退出(E)/放弃(U)]<退出>：↙	//回车结束

第5步：画直径为 ϕ450、ϕ150 和 ϕ100 的圆。

（1）画矩形中心线，以矩形中心线的交点为圆心画直径 ϕ450 的圆，如图2-70所示。

（2）"粗实线"层设置为当前，画直径为 ϕ150 的圆，如图2-70所示。

（3）以 ϕ450 的圆与矩形垂直中心线的交点为圆心画直径为 ϕ100 的圆，如图2-70所示。

（4）旋转复制 ϕ100 的圆，如图2-71所示。

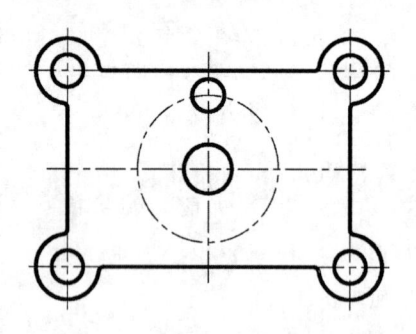

图2-70 画 ϕ450、ϕ150 和 ϕ100 三个圆　　　图2-71 旋转复制 ϕ100 的圆

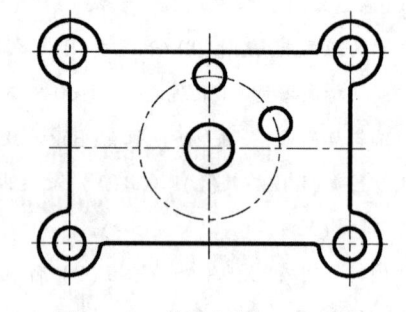

单击"修改"工具栏 ↻（旋转）按钮，具体过程如下：

命令：_rotate	//调用"旋转"命令
UCS 当前的正角方向： ANGDIR=逆时针　ANGBASE=0	
选择对象：找到1个	//选择 ϕ100 的圆
选择对象：	//单击鼠标右键
指定基点：	//单击 ϕ450 的圆心

指定旋转角度,或[复制(C)/参照(R)]<0>:C✓	//选择复制选项
指定旋转角度,或[复制(C)/参照(R)]<0>:-70✓	//输入旋转角度

(5)用阵列命令画左半圆周上其余5个φ100的圆,如图2-72所示,具体过程如下:

单击"修改"工具栏 ▦ (阵列)按钮右下角(下拉列表按钮),出现如图 ▦ ◯ ⬡ 三个按钮,选择 ⬡ (环形阵列)按钮,具体过程如下:

命令:_arraypolar	//调用"环形阵列"命令
选择对象:找到1个	//选择φ100的圆
选择对象:✓	//回车
类型=矩形 关联=是	
指定阵列的中心点或[基点(B)/旋转轴(A)]:	//用鼠标点击φ450的圆心
选择夹点以编辑阵列或[关联(AS)/基点(B)/项目(I)/项目间角度(A)/填充角度(F)/行(ROW)/层(L)/旋转项目(ROT)/退出(X)]<退出>:F	//用鼠标点击填充角度
指定填充角度(+=逆时针、-=顺时针)或[表达式(EX)]<360>:180✓	//输入180回车
选择夹点以编辑阵列或[关联(AS)/基点(B)/项目(I)/项目间角度(A)/填充角度(F)/行(ROW)/层(L)/旋转项目(ROT)/退出(X)]<退出>:✓	//回车

(6)添加阵列的φ100的圆的中心线(可先在垂直方向画一条,然后用旋转和阵列的方法完成),如图2-72所示。

第6步:画左右两侧的长圆槽。

(1)偏移矩形水平中心线,距离为150(300/2)。

(2)偏移矩形垂直中心线,距离为350(700/2),如图2-73所示。

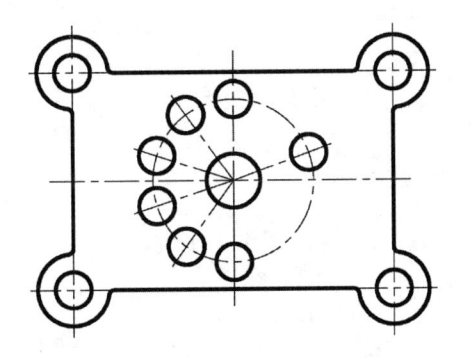

图2-72 阵列圆并画中心线图 　　　图2-73 画左侧长圆槽

(3)以中心线交点为圆心画圆,半径为25,画切线,修剪多余圆弧,如图2-73所示。

(4)打断长圆槽的中心线到合适的长度。

单击"修改"工具栏 ⊟ (打断)按钮,以长圆槽AB中心线为例,如图2-73所示,操作过程如下:

命令:_break	//调用"打断"命令
选择对象:	//单击中心线AB上一点C,如图2-73所示,选择点默认为打断的第一点
指定第二个打断点或[第一点(F)]:	//单击中心线端点B,指定打断第二点

重复上述操作,调整中心线到合适长度,如图2-74所示。

(5)镜像一个长圆槽到右边,如图2-75所示。

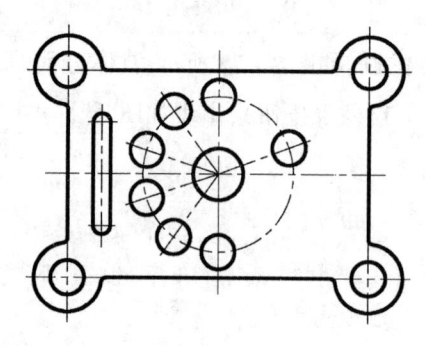

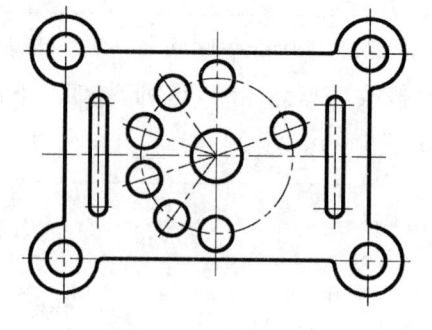

图2-74　打断长圆槽中心线　　　　图2-75　镜像长圆槽

第7步:保存图形文件。

三、知识链接

1. 阵列对象

利用"阵列"命令可以快速复制按照一定排列顺序分布的相同对象。它包括矩形阵列、环形阵列和路径阵列三种。

1)矩形阵列

(1)调用命令的方式。

①工具栏:修改→ 按钮。

②下拉菜单:修改→阵列→矩形阵列。

③命令:ARRAYRECT(缩写 AR)。

④功能区:默认→修改→ 按钮。

(2)操作过程。

单击"修改"工具栏 (矩形阵列)按钮,操作过程如下:

```
命令:_arrayrect                                    //调用"矩形阵列"命令
选择对象:找到1个                                   //选择对象
选择对象:↙                                        //回车
类型=矩形　关联=是
选择夹点以编辑阵列或[关联(AS)/基点(B)/计数(COU)/间距(S)/列数(COL)/行数(R)/层数(L)/退出
(X)]<退出>
```

(3)其他选项说明。

关联(AS):指定对象是关联的还是独立的。

基点(B):指定阵列的基点。

计数(COU):分别指定行和列的值。

间距(S):分别指定行间距和列间距。

列数(COL):编辑列数和列间距。

行数(R):编辑行数和行间距,以及它们之间的增量标高。

层数(L):指定层数和层间距。

退出(X):退出命令。

本任务矩形阵列操作,其工作空间为 AutoCAD 经典模式,执行矩形阵列命令后,系统将自动生成 3 行 4 列的矩形阵列,然后在命令窗口输入选项完成阵列。若在草图与注释工作空间操作,执行矩形阵列命令后,在功能区会打开"阵列创建"选项卡,在此可以对阵列的参数进行设置,如图 2-76 所示。

图 2-76 "阵列创建"选项卡之矩形阵列方式

2)环形阵列

(1)调用命令的方式。

①工具栏:修改→ [按钮]按钮。

②下拉菜单:修改→阵列→环形阵列。

③键盘命令:ARRAYPOLAR。

④功能区:默认→修改→ [按钮]按钮。

(2)操作过程。

单击"修改"工具栏 [按钮] (环形阵列)按钮,操作过程如下:

```
命令:_arraypolar                              //调用"矩形阵列"命令
选择对象:找到 1 个                             //选择对象
选择对象:↙                                    //回车
类型=极轴 关联=是
指定阵列的中心点或[基点(B)/旋转轴(A)]:         //指定中心点
选择夹点以编辑阵列或[关联(AS)/基点(B)/项目(I)/项目间角度(A)/填充角度(F)/行(ROW)/层(L)/
旋转项目(ROT)/退出(X)]<退出>:
```

(3)其他选项说明。

项目(I):指定阵列的项目数。

项目间角度(A):指定项目之间的角度。

填充角度(F):指定阵列中第一个和最后一个项目之间的角度。

旋转项目(ROT):控制在排列项目式是否旋转项目。

在 AutoCAD 经典模式下,执行环形阵列命令后,在命令窗口输入选项完成阵列。若在草图与注释工作空间操作,执行环形阵列命令后,在功能区会打开"阵列创建"选项卡,在此可以对阵列的参数进行设置,如图 2-77 所示。提示:在"阵列创建"选项卡中设置填充角度只能是正值,如需切换填充方向只需点击 [方向]按钮。

图 2-77 "阵列创建"选项卡之环形阵列方式

3)路径阵列

(1)调用命令的方式。

①工具栏:修改→ 按钮。

②下拉菜单:修改→阵列→路径阵列。

③键盘命令:ARRAYPATH。

④功能区:默认→修改→ 按钮。

(2)操作过程。

单击"修改"工具栏 (路径阵列)按钮,操作过程如下:

命令:_arraypath	//调用"路径阵列"命令
选择对象:找到1个	//选择图2-78中的圆
选择对象:✓	//回车
类型=路径 关联=是	
选择路径曲线:	//选择图2-78中的曲线
选择夹点以编辑阵列或[关联(AS)/方法(M)/基点(B)/切向(T)/项目(I)/行(R)/层(L)/对齐项目(A)/z方向(Z)/退出(X)]<退出>:✓	//回车

执行完上述操作,结果如图2-79所示。

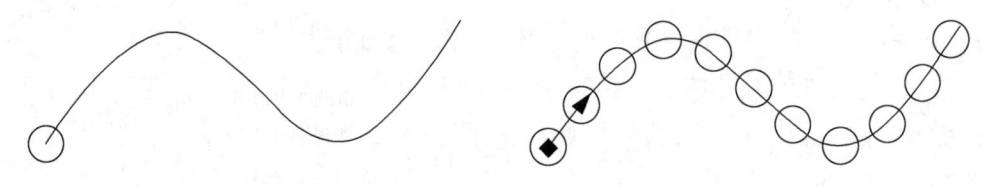

图2-78 路径阵列前   图2-79 路径阵列后

若在草图与注释工作空间操作,执行路径阵列命令后,在功能区会打开"阵列创建"选项卡,在此可以对阵列的参数进行设置,如图2-80所示。

图2-80 "阵列创建"选项卡之路径阵列方式

说明:

行间距、列间距和阵列角度值的正负性将影响阵列的方向。当行间距或列间距为正值时,阵列将沿 X 轴或 Y 轴正方向进行。当阵列角度为正值时,图形将沿逆时针方向阵列,当阵列角度为负值时则相反。

默认情况下,阵列生成后即成为一个整体对象,可修改整列参数,但无法单独删除里面的单个元素。如不需阵列后形成一个整体对象,以便对阵列中的个别对象进行操作或编辑,在创建阵列时,不要选择"关联"选项,或对已经"关联"的阵列进行"分解"操作。

2. 复制对象

调用命令的方式如下:

(1)工具栏:修改→ 按钮。

(2)下拉菜单:修改→复制。

(3)键盘命令:COPY(缩写 CO 或 CP)。

(4)功能区:默认→修改→ 按钮。

具体操作过程见本任务,其他选项含义与"移动"命令相同。

"基点"是确定图形位置的点,通常选在图形对象的特殊位置,如圆心、中心线的交点、端点等。

3. 打断对象

在两点之间打断选定对象,如图 2-81 所示。

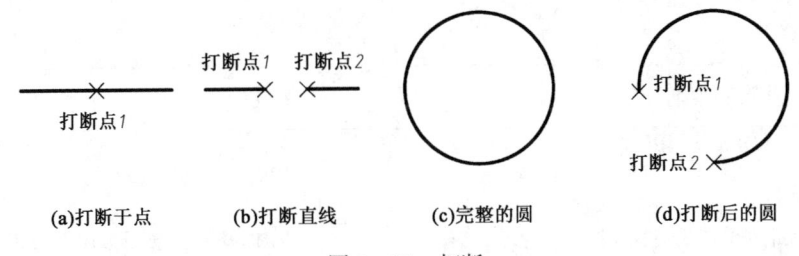

(a)打断于点　　(b)打断直线　　(c)完整的圆　　(d)打断后的圆

图 2-81　打断

BREAK 命令通常用于为块或文字创建空间,两个指定点之间的对象部分将被删除。如果第二个点不在对象上,将选择对象上与该点最接近的点。因此,要打断直线、圆弧或多段线的一端,可以在要删除的一端附近指定第二个打断点。

调用命令的方式如下:

(1)工具栏:修改→ 按钮。

(2)下拉菜单:修改→打断。

(3)键盘命令:BREAK(BR)。

(4)功能区:默认→修改→ 按钮。

具体操作过程见本任务。

说明:

BREAK 命令选择对象的点默认作为打断对象的第一点,如果第二个打断点与第一个重合,在"指定第二个打断点或[第一点(F)]:"提示下可输入"@"符号回车。其作用于"打断于点"相同,"打断于点"的命令也为 BREAK,"修改"工具栏按钮为 。

打断的有效对象包括直线、开放的多段线和圆弧。不能在一点打断闭合对象(如圆)。圆弧的打断方向为逆时针,所以注意第一点和第二点的选择顺序。

4. 合并对象

合并对象的功能是合并相似的对象以形成一个完整的对象,要合并的对象必须位于相同的平面上。每一类对象合并的要求不同。

直线对象必须共线(位于同一无限长的直线上),但是它们之间可以有间隙。

圆弧对象必须位于同一假想的圆上,但是它们之间可以有间隙。"闭合"选项可将源圆弧转换成圆。合并两条或多条圆弧时,将从源对象开始按逆时针方向合并圆弧。

1) 调用命令的方式

(1) 工具栏:修改→ ⊢⊣ 按钮。

(2) 下拉菜单:修改→合并。

(3) 键盘命令:JOIN(缩写 J)。

(4) 功能区:默认→修改→ ⊢⊣ 按钮。

2) 操作过程

(1) 合并直线的操作过程。

```
命令:_join
选择源对象:
选择要合并到源的直线:
```

(2) 合并圆弧的操作过程。

```
命令:_join
选择源对象:
选择圆弧,以合并到源或进行[闭合(L)]:          //选择 L 将使圆弧闭合为圆
```

四、思考与练习

绘制图 2-82 所示图形,不标尺寸。

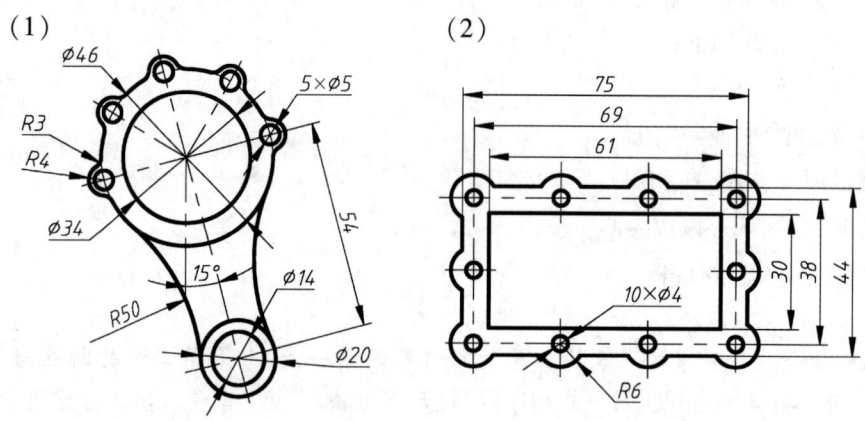

图 2-82 图形练习

任务6　模板的绘制

知识点

- 圆弧。
- 缩放对象。

- 拉伸对象。
- 拉长对象。
- 夹点编辑对象。
- 点的绘制。

任务 6　模板的绘制

> **技能点**

- 掌握这6个命令的操作方法。

一、任务描述

绘制完成如图2-83所示图形,主要涉及"圆弧""缩放""拉伸""拉长""夹点编辑""点的绘制"等命令。

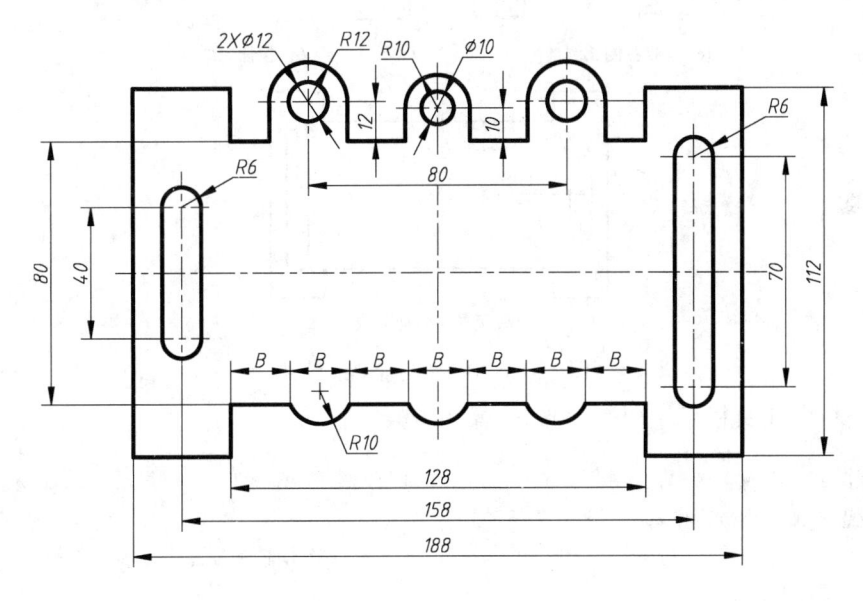

图 2-83　模板平面图

二、任务实施

第1步:新建图层"粗实线"层、"细点画线"层,并将"粗实线"层设置为当前层。

第2步:打开状态栏中的 ⌖（极轴追踪）、▢（对象捕捉）、∠（对象捕捉追踪）、☰（显示/隐藏线宽）、⌨（动态输入）按钮,对象捕捉模式设为端点、中点、圆心、象限点、节点、交点捕捉。

第3步:画模板的外形轮廓线,如图2-84所示。

第4步:画左侧、右侧长圆槽,如图2-85所示。

(1)画左侧长圆槽一半,如(a)所示。

(2)以 A 为基点复制左侧部分到右侧 B 点,如(b)所示。

(3)拉伸右侧长圆槽,如(c)、(d)所示。

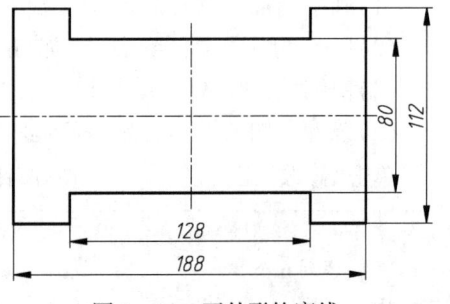

图 2-84　画外形轮廓线

(a) 画左侧长圆槽一半

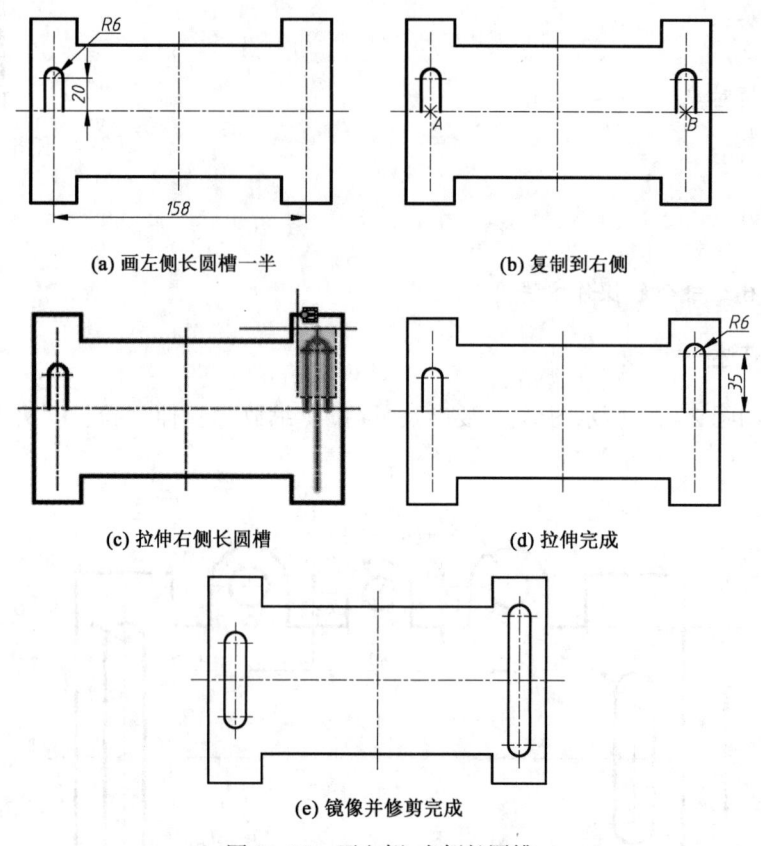

(b) 复制到右侧

(c) 拉伸右侧长圆槽

(d) 拉伸完成

(e) 镜像并修剪完成

图 2-85 画左侧、右侧长圆槽

单击"修改"工具栏 按钮,操作步骤如下:

```
命令:_stretch                              //调用"拉伸"命令
以交叉窗口或交叉多边形选择要拉伸的对象…
选择对象:                                  //在右侧槽的右下方单击作为第一角点
指定对角点:找到 5 个                       //在右侧槽的左上方单击如(c)
选择对象:                                  //单击鼠标右键
指定基点或[位移(D)]<位移>:                 //单击 B 点
指定第二个点或<使用第一个点作为位移>:15↙  //向上追踪输入距离 15 回车
```

(4)镜像左右两侧长圆槽,如(e)所示。

第 5 步:画上方结构,如图 2-86 所示。

(1)画中间部分,如(a)所示。

(2)以 C 为基点复制到 D 点,如(b)所示。

(3)由缩放命令放大,缩放比例 1.2,如(c)所示。

(4)镜像左侧图形到右侧,修剪多余线条,如(d)所示。

单击"修改"工具栏 按钮,操作步骤如下:

```
命令:_scale                //调用"缩放"命令
选择对象:找到 6 个         //选择左侧复制的结构
选择对象:                  //单击鼠标右键
```

```
指定基点:                                              //指定 D 点
指定比例因子或[复制(C)/参照(R)]<1.0000>:1.2↵           //输入比例因子 1.2 回车
```

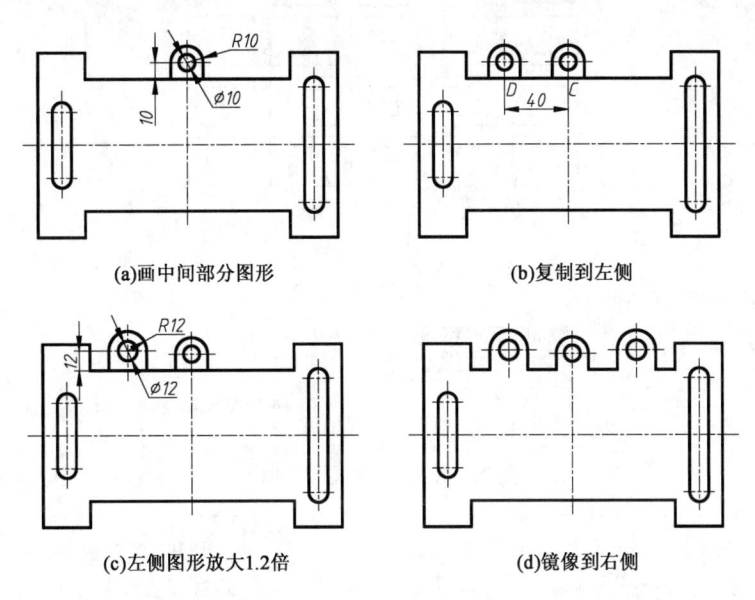

(a)画中间部分图形

(b)复制到左侧

(c)左侧图形放大1.2倍

(d)镜像到右侧

图 2-86　画上方结构

第 6 步:画下方凹槽,如图 2-87 所示。

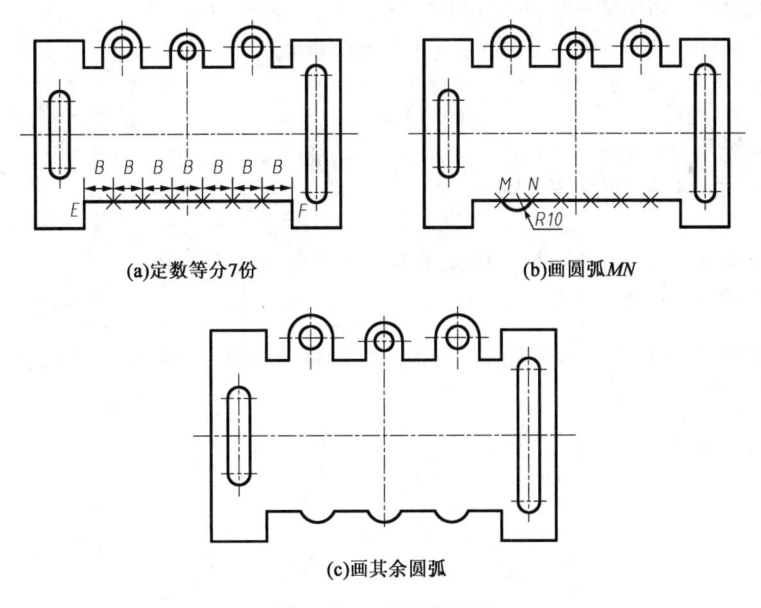

(a)定数等分7份

(b)画圆弧MN

(c)画其余圆弧

图 2-87　画下方凹槽

(1)设置点样式。单击菜单:格式→点样式,弹出如图 2-88 所示的"点样式"对话框。在该对话框中,共有 20 种不同类型的点样式,用户可根据需要选择点的类型,设定点的大小,选择如图所示点样式。

(2)定数等分下面线段 EF,平均分成 7 份,如图 2-87(a)所示。

单击菜单:绘图→点→定数等分,操作步骤如下:

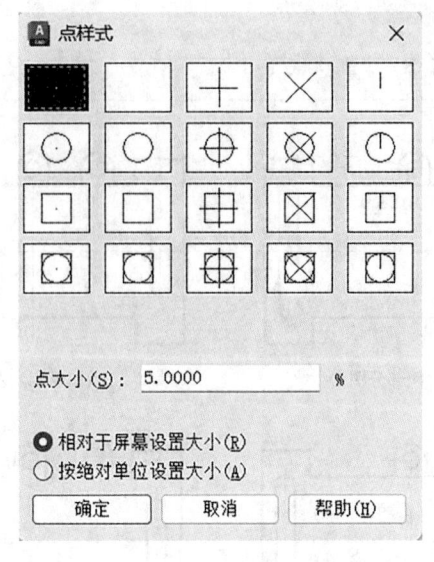

图2-88 "点样式"对话框

```
命令:_divide                                                    //调用"定数等分"命令
选择要定数等分的对象:                                            //选择直线EF
输入线段数目或[块(B)]:7✓                                        //输入等分数目7,回车
```

(3)画一段圆弧,如图2-87(b)所示。

单击菜单:绘图→圆弧→起点、端点、半径,操作步骤如下:

```
命令:_arc                                                        //调用"圆弧"命令
指定圆弧的起点或[圆心(C)]:                                       //单击M点
指定圆弧的第二个点或[圆心(C)/端点(E)]:_e
指定圆弧的端点:                                                   //单击N点
指定圆弧的中心点(按住Ctrl键以切换方向)或[角度(A)/方向(D)/半径(R)]:_r
指定圆弧的半径(按住Ctrl键以切换方向):10✓                       //输入半径值10,回车
```

(4)用同样的命令画后面两段圆弧,或者用复制命令画出,修剪多余线条,如图2-87(c)所示。

第7步:保存图形文件。

三、知识链接

1. 圆弧

1)调用命令的方式

(1)工具栏:绘图→ 按钮。

(2)下拉菜单:绘图→圆弧。

(3)键盘命令:ARC(缩写A)。

(4)功能区:默认→绘图→ 按钮。

绘图→圆弧…子菜单中包含了绘制圆弧的所有方法,如图2-89所示。

2)其他选项说明

角度:输入正值逆时针画弧,输入负值顺时针画弧。

长度:长度为圆弧的弦长,输入正值逆时针生成劣弧(小弧),反之生成优弧(大弧)。

半径:输入正值逆时针生成劣弧,反之生成优弧。

具体操作过程见本任务,也可在绘制圆弧过程中,按键盘F1键或单击菜单"帮助"。

2.缩放对象

缩放对象指按比例放大或缩小选定对象。

1)调用命令的方式

(1)工具栏:修改→ ▢ 按钮。

(2)下拉菜单:修改→缩放。

(3)键盘命令:SCALE(缩写 SC)。

(4)功能区:默认→修改→ ▢ 按钮。

图2-89 绘制圆弧的子菜单

2)操作过程

已知比例因子的缩放操作过程见本任务,下面以图2-90为例讲述用参照方式进行比例缩放,具体过程如下:

```
命令:_scale                                    //调用"缩放"命令
选择对象:找到1个                               //选择边长为60的正六边形
选择对象:                                      //单击鼠标右键
指定基点:                                      //指定正六边形中心点
指定比例因子或[复制(C)/参照(R)]<1.0000>:C↙     //复制一个六边形
缩放一组选定对象。
指定比例因子或[复制(C)/参照(R)]<1.0000>:R↙     //用参照选项确定缩放比例
指定参照长度<1.0000>:                           //指定六边形左端点
指定第二点:                                     //指定六边形右端点
指定新的长度或[点(P)]<1.0000>:33↙              //输入缩放后的长度
```

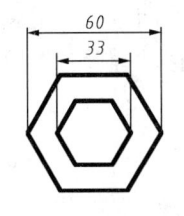

图2-90 缩放对象

3.拉伸对象

拉伸用窗交或圈交方式选择的对象称为拉伸对象。

在窗交或圈交范围内的角点可以被拉伸,完全在交叉窗口范围内的对象可以被移动。圆、椭圆、块不能被拉伸,若圆心、椭圆中心、块的基点在交叉窗口范围内则能被移动,否则不动。

调用命令的方式如下:

(1)工具栏:修改→ ▢ 按钮。

(2)下拉菜单:修改→拉伸。

(3)键盘命令:STRETCH(缩写 S)。

(4)功能区:默认→修改→ [按钮] 按钮。

具体操作过程见本任务。

4. 拉长对象

拉长对象指修改对象的长度和圆弧的包含角。

1)调用命令的方式

(1)工具栏:修改→ [按钮] 按钮。

(2)下拉菜单:修改→拉长。

(3)键盘命令:LENGTHEN(缩写 LEN)。

(4)功能区:默认→修改→ [按钮] 按钮。

2) [按钮] 按钮的调出

单击菜单"工具"/"自定义"/"界面…",打开"自定义用户界面"对话框,单击"工具栏"前面的"+"号展开,单击"修改"展开,从"命令列表"中选择"修改"命令,找到"拉长"命令,按住鼠标左键拖动到"修改"工具栏合适的位置,单击"应用""确定"按钮。

3)具体操作过程(以延长直线长度为例)

单击工具栏:修改→ [按钮] 按钮,操作过程如下:

命令:_lengthen	//调用"拉长"命令
选择对象或[增量(DE)/百分数(P)/全部(T)/动态(DY)]:DE✓	//以增量方式拉长直线
输入长度增量或[角度(A)]<0.0000>:20	//输入增量值
选择要修改的对象或[放弃(U)]:	//向哪边延长靠近对象哪边单击

4)其他选项说明

增量(DE):增量包含长度增量和角度增量,增量值为正拉长对象,为负则缩短对象。

百分数(P):以对象原长度为100%,输入新的长度占原长的百分数,如为原长60%,则输入60,为原长200%,则输入200。

全部(T):输入对象总长或总的圆心角。

动态(DY):动态拉长对象到鼠标指定的位置。

5. 夹点编辑对象

夹点编辑对象也是在操作过程中常用的编辑方法。夹点是一些实心的小方框,用鼠标选择某些对象时,对象关键点上将出现夹点。可以拖动这些夹点快速拉伸、移动、旋转、缩放或镜像对象。

常见几何图形的夹点如图2-91所示。

1)圆和椭圆的拉伸和移动

圆的拉伸:单击四个象限点的任一夹点,此时夹点变为红色(称为热点,可以编辑),可跟随鼠标移动方向进行拉伸,也可输入新的半径值回车。

圆的移动:单击圆心处的夹点变为红色,圆即可跟随鼠标移动到所需位置。

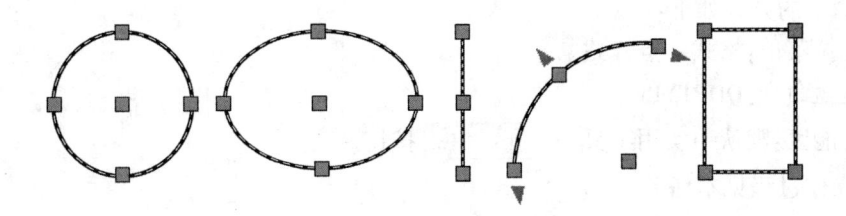

图 2-91　常见几何图形的夹点

2）圆弧的拉伸、移动和拉长

圆弧的拉伸：单击圆弧中间向外指的三角形夹点标记，可改变圆弧半径。

圆弧的移动：单击圆弧圆心处的夹点变为红色，可移动圆弧。

圆弧的拉长：单击圆弧两端点处的三角形夹点标记，可拉长圆弧。

选择圆弧的其他夹点可修改圆弧的形状。

3）直线的拉伸和移动

直线的拉伸：单击直线两端点处的夹点标记，可拉伸直线。

直线的移动：单击直线中间的夹点变为红色，可移动直线。

直线、圆、椭圆、圆弧的复制：单击圆、椭圆和圆弧圆心的夹点，直线要单击中间的夹点，然后按住 Ctrl 键可复制得到新的对象。

4）矩形的拉伸、移动、复制、镜像和比例缩放

所有的图形对象在某一夹点变为红色时都可以执行这几项操作，以矩形为例说明。单击矩形的一个夹点后，命令行提示：

拉伸

指定拉伸点或[基点(B)/复制(C)/放弃(U)/退出(X)]：

此时可执行拉伸操作，若选择其他操作，则按回车键依次进入下列操作：

移动

指定移动点或[基点(B)/复制(C)/放弃(U)/退出(X)]：

旋转

指定旋转角度或[基点(B)/复制(C)/放弃(U)/参照(R)/退出(X)]：

比例缩放

指定比例因子或[基点(B)/复制(C)/放弃(U)/参照(R)/退出(X)]：

镜像

指定第二点或[基点(B)/复制(C)/放弃(U)/退出(X)]：

红色的夹点为编辑对象的基点，也可在命令行输入 B（基点选项）重新指定基点，操作方法与前面介绍的基本相同。

选择多点为可编辑点的方法：按住 Shift 键单击所选夹点，若取消选择某点，则再按住 Shift 键单击一次。

6. 点的绘制

1）设置点样式

在 AutoCAD 中可根据需要设置点的形状和大小，即设置点样式。

调用命令的方式如下：

(1) 下拉菜单：格式→点样式。

(2) 键盘命令：DDPTYPE。

(3) 功能区：默认→实用工具→ 点样式... 按钮。

具体操作过程见本任务。

2) 画点

利用画点命令可以在指定位置绘制一个或多个点，调用命令的方式如下：

(1) 工具栏：绘图→ 按钮。

(2) 下拉菜单：绘图→点→单点或多点。

(3) 键盘命令：POINT 或 PO。

(4) 功能区：默认→绘图→ 按钮。

3) 定数等分对象（绘制等分点）

"定数等分"命令可用于将选定的对象等分成指定的段数，调用命令的方式如下：

(1) 下拉菜单：绘图→点→定数等分。

(2) 键盘命令：DIVIDE 或 DIV。

(3) 功能区：默认→绘图→ 按钮。

具体操作过程见本任务。

说明：

系统默认的点的显示方式为"·"，当其位于直线上时用户是看不到的，此时可单击"格式"→"点样式"，在打开的"点样式"对话框（图 2-87）中选择一种点样式即可更改点的显示方式，图 2-88 中选择了"×"样式。另外在对象捕捉中，此点模式是"节点"。

4) 定距等分对象（绘制等距点）

"定距等分"命令可用于将选定的对象按指定距离进行等分，直到余下部分不足一个间距为止，调用命令的方式如下：

(1) 下拉菜单：绘图→点→定距等分。

(2) 键盘命令：MEASURE 或 ME。

(3) 功能区：默认→绘图→ 按钮。

例：在已知直线上每 20mm 设置一个点，如图 2-92 所示。单击菜单：绘图→点→定距等分，操作步骤如下：

```
命令:_measure                    //调用"定距等分"命令
选择要定距等分的对象：            //选择直线 AB
指定线段长度或[块(B)]:20↙        //输入等分距离
```

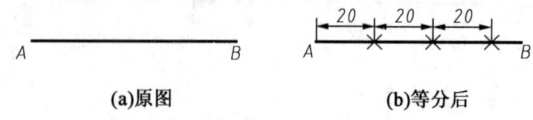

(a) 原图　　　　(b) 等分后

图 2-92　定距等分直线

四、思考与练习

绘制如图 2-93 所示图形，不标尺寸。

(1)

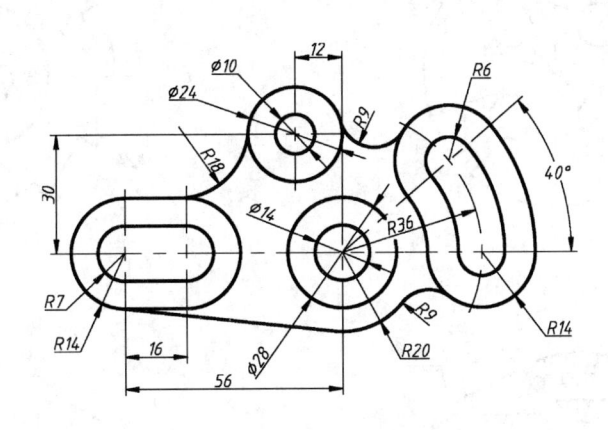

(2)

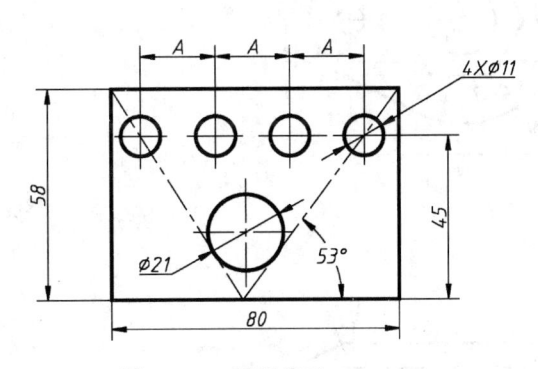

图 2-93　图形练习

综 合 练 习

(1)　　　　　　　　　　(2)

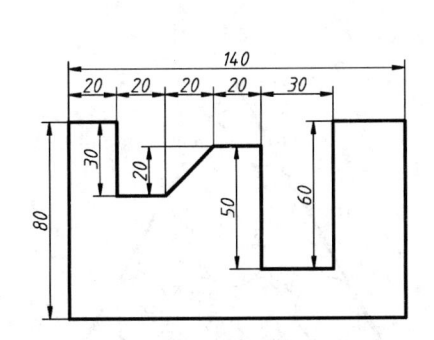

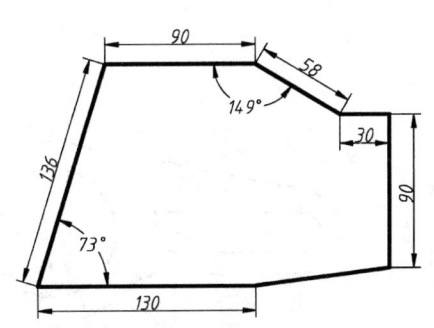

(3) (4) (5) (6) (7) (8) (9) (10)

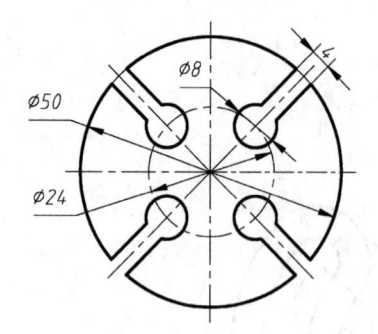

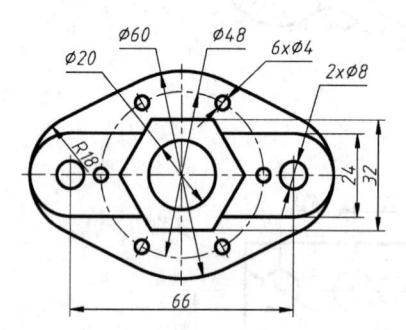

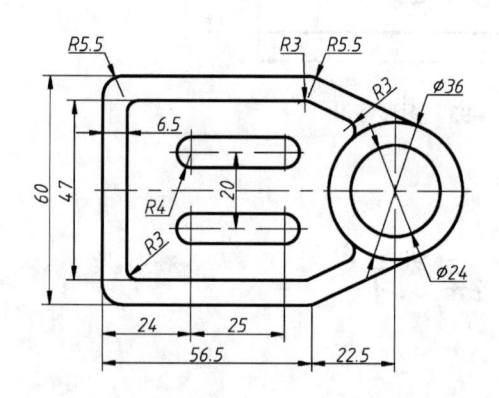

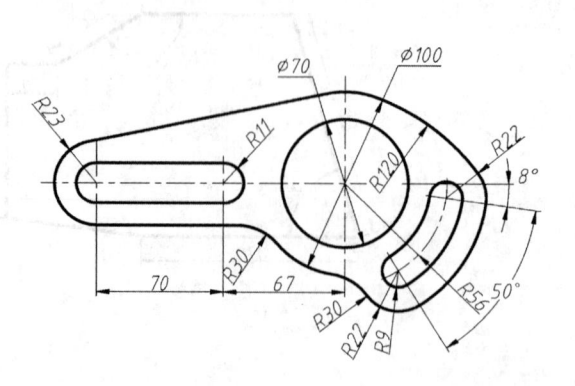

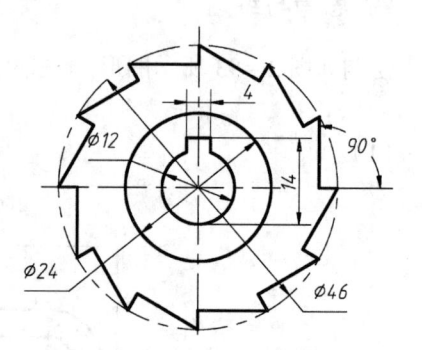

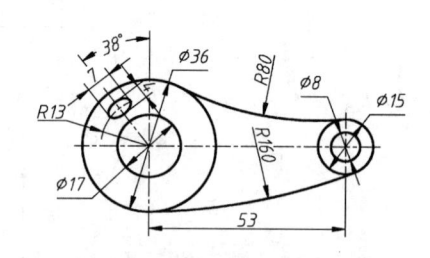

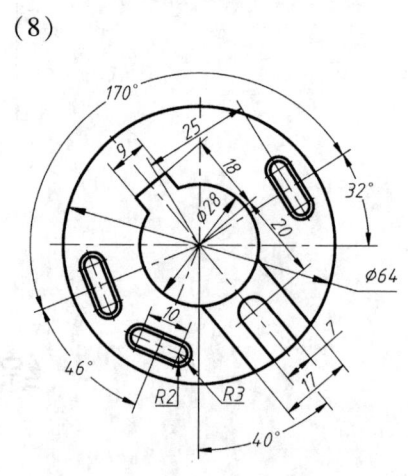

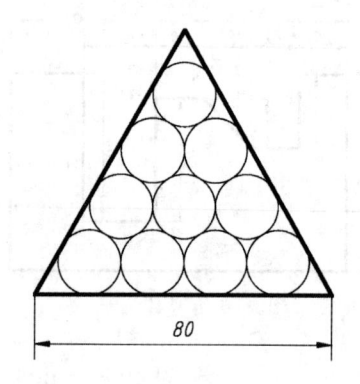

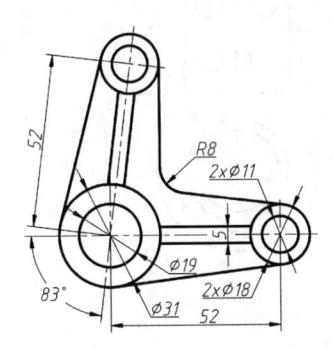

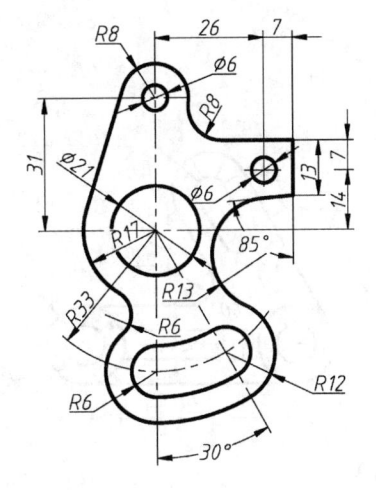

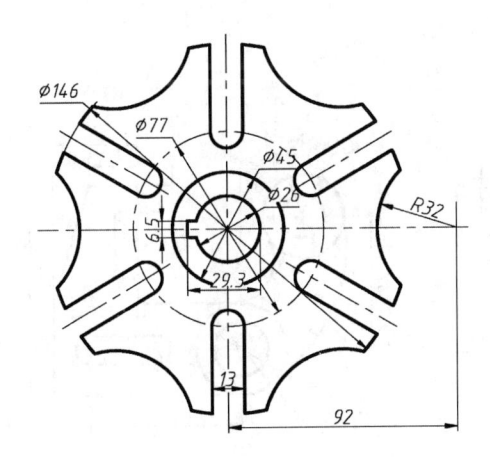

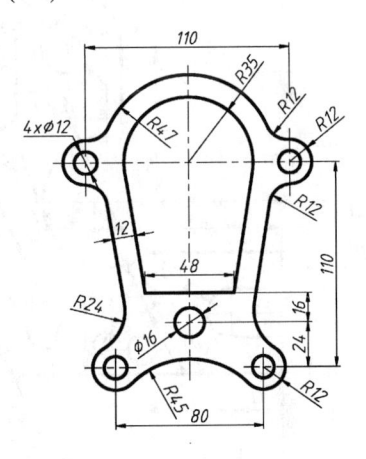

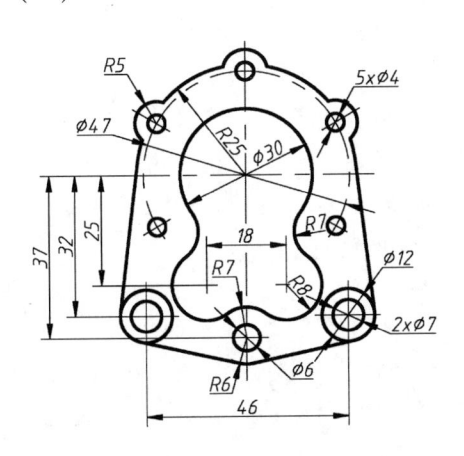

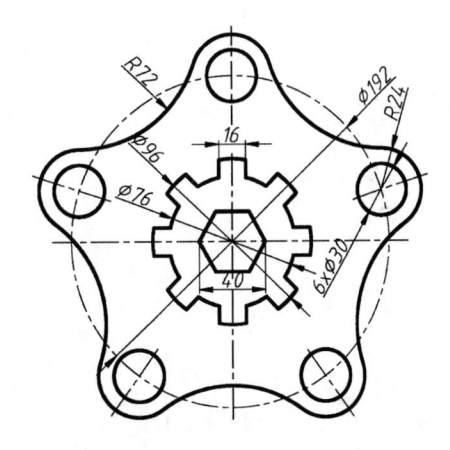

(11)

(12)

(13)

(14)

(15)

(16)

(17) (18)

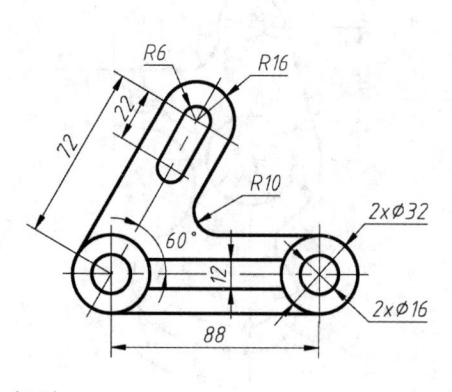

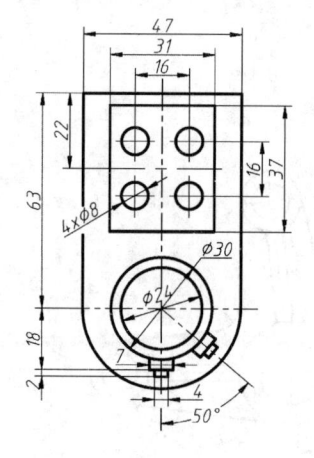

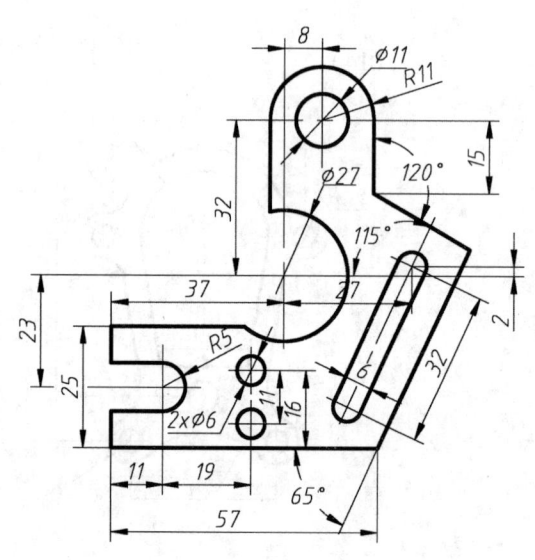

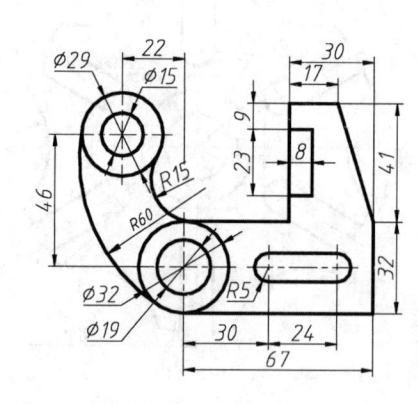

(19) (20)

模块三

绘制零件图

模块导入

"培育创新文化、弘扬科学家精神、涵养优良学风、营造创新氛围。"本模块通过对零件图应用实例绘制的操作,丰富学生的绘图思维,并且选用现行国家标准,适当拓展新知识、新技术、新方法。培养学生的创作热情和创新能力,培养学生要具备与时俱进的意识,能够不断超越自我,要有信心去引领行业的发展方向。

表达零件结构形状、尺寸大小、加工和检验时需要满足技术要求的图样,称为零件图。一张完整的零件图包含的主要内容有:一组图形(用必要的视图、剖视、断面图或用其他表达方法,将零件的内、外结构形状正确、完整、清晰地表达出来)、完整的尺寸、技术要求(粗糙度的标注和尺寸公差与形位公差的标注)和标题栏。本模块就以零件图的内容为主线,从三视图、剖视图、文字注写、尺寸标注、块创建、样板图等几个方面介绍零件图的绘制方法和步骤。

任务1 三视图的绘制

知识点

- 构造线的绘制方法。
- 射线的绘制方法。
- 绘制三视图的方法。

任务1 三视图的绘制

技能点

- 使用辅助线法、对象捕捉追踪法绘制三视图。
- 能根据物体的结构特点,灵活运用各编辑命令,绘制较复杂的三视图。

一、任务描述

本任务讲解如图3-1所示组合体三视图的绘制方法和步骤,主要涉及"构造线""射线"等命令。

说明:

在绘制三视图之前,应对组合体进行形体分析,分析组合体的各个组成部分及各部分之间的相对位关系。由图3-1可知,该组合体由底板、空心圆柱和肋板组成。

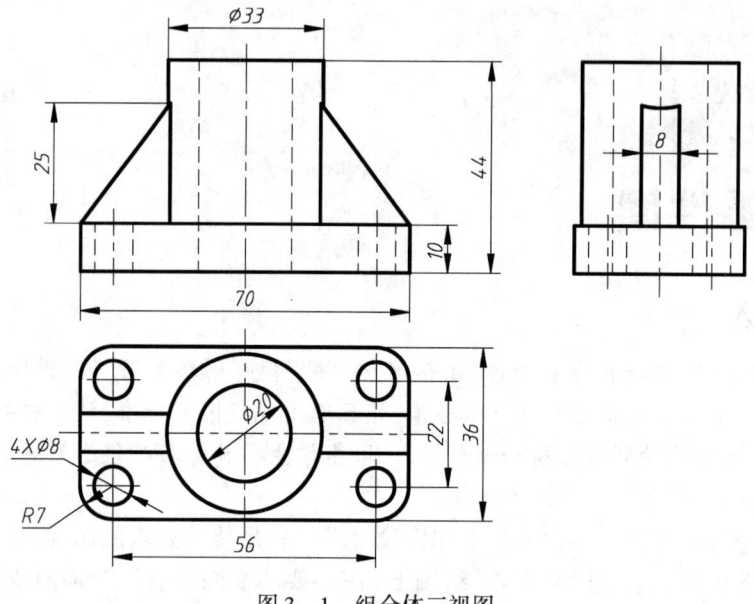

图 3-1　组合体三视图

二、任务实施

第1步:设置绘图环境,操作过程略。

第2步:绘制底板三视图。

(1)用矩形命令绘制带圆角的底板的俯视图,如图 3-2(a)所示。

(2)利用对象捕捉追踪追踪俯视图中点 A 点,确定 B 点来绘制主视图矩形,保证长对正,如图 3-2(b)所示。

(3)利用对象捕捉追踪追踪主视图 B 点,确定 C 点来绘制左视图矩形,保证高平齐,如图 3-2(c)所示。

(4)利用对象捕捉中点绘制各视图点划线,如图 3-2(d)所示。

(a)绘制底板俯视图　(b)绘制底板主视图

(c)绘制底板左视图　(d)绘制各视图点画线

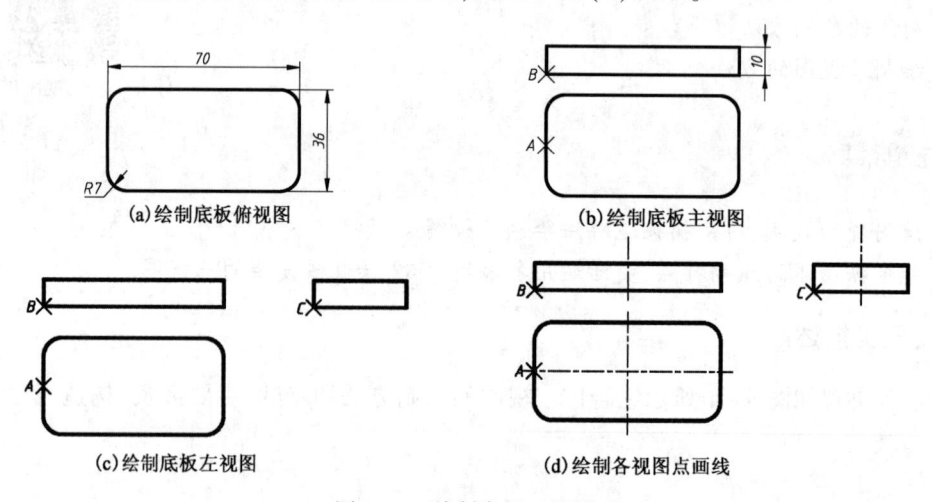

图 3-2　绘制底板三视图

说明:

绘制三视图常用的方法除了采用对象捕捉追踪功能并结合极轴追踪、正交等辅助工具的方法确保视图之间的"三等"关系外,还可采用辅助线法——利用构造线或射线作为辅助线。在实际绘图中,用户可以灵活运用这两种方法,保证图形的准确性。

第3步:绘制底板四个圆孔主视图、俯视图。

(1)利用对象捕捉捕捉圆角圆心,绘制圆孔俯视图,利用追踪圆心绘制圆孔垂交点划线,如图3-3(a)所示;

(2)采用对象捕捉结合极轴追踪的方法绘制主视图上圆孔的轮廓素线和中心线,如图3-3(a)所示;

(3)利用复制、镜像命令绘制其他三个圆孔的主视图、俯视图,如图3-3(b)所示。

(a)绘制1个圆孔主视图、俯视图　　(b)绘制其他3个圆孔的主视图、俯视图

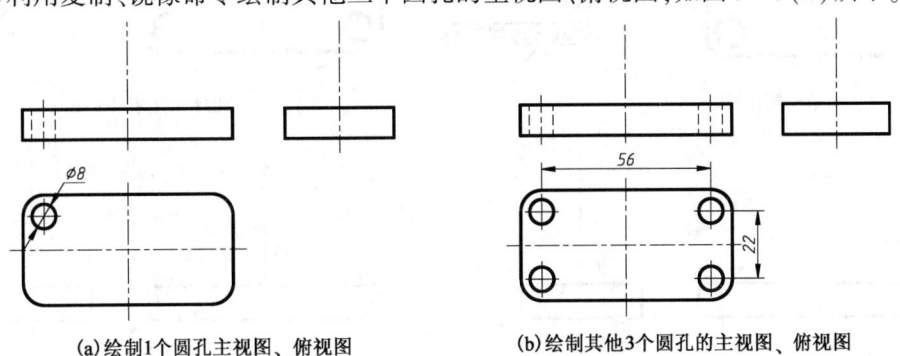

图3-3　绘制底板四个圆孔主视图、俯视图

第4步:绘制圆孔左视图。

(1)用"构造线"命令绘制一条45°的斜线,用以保证俯视图、左视图宽相等。

单击工具栏:绘图→构造线 按钮,操作步骤如下:

命令:_xline	//调用"构造线"命令
指定点或[水平(H)/垂直(V)/角度(A)/二等分(B)/偏移(O)]:A✓	//选择"角度"选项
输入构造线的角度(0)或[参照(R)]:-45✓	//输入角度值
指定通过点:	//追踪俯视图水平点划线与左视图竖直点划线交点,点左键,如图3-4(a)所示
指定通过点:✓	//回车,结束"构造线"命令

(2)调用直线命令,追踪俯视图圆孔水平点划线端点 A 到构造线交点 B,然后作直线 BC,再作直线 CD,注意对象捕捉垂足打开,如图3-4(b)所示。

(3)删除直线 BC,将直线 CD 双向各偏移4mm,调整线型至虚线线型,利用夹点编辑调整点划线 CD 至合适长度,如图3-4(c)所示。

(4)调用镜像命令绘制左视图中另一个圆孔,如图3-4(d)所示。

第5步:绘制空心圆柱。

(1)在俯视图上捕捉中心线交点作为圆心,绘制圆柱及孔的俯视图 $\phi33$、$\phi20$ 的圆。

(2)采用对象捕捉结合极轴追踪的方法绘制主视图上圆柱及孔的主视图。

(3)将主视图上圆柱及孔的视图带基点 A 复制粘贴到左视图 B 点,如图3-5所示。

第6步:绘制肋板。

(1)偏移底板水平中心线,偏移距离4,用粗实线作出肋板俯视图,如图3-6(a)所示。

(2)追踪俯视图 C 点作肋板主视图,如图3-6(b)、(c)所示。

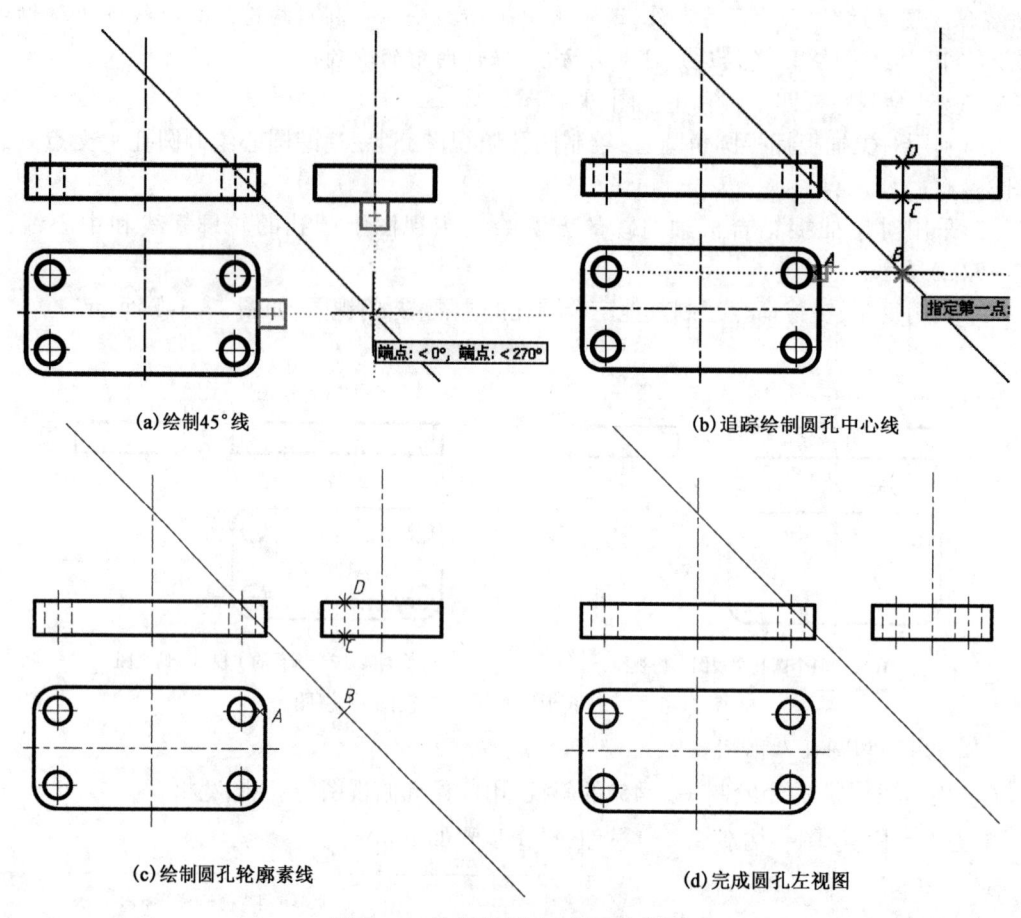

(a) 绘制45°线　　　　　　　　　　(b) 追踪绘制圆孔中心线

(c) 绘制圆孔轮廓素线　　　　　　(d) 完成圆孔左视图

图 3-4　绘制底板四个圆孔左视图

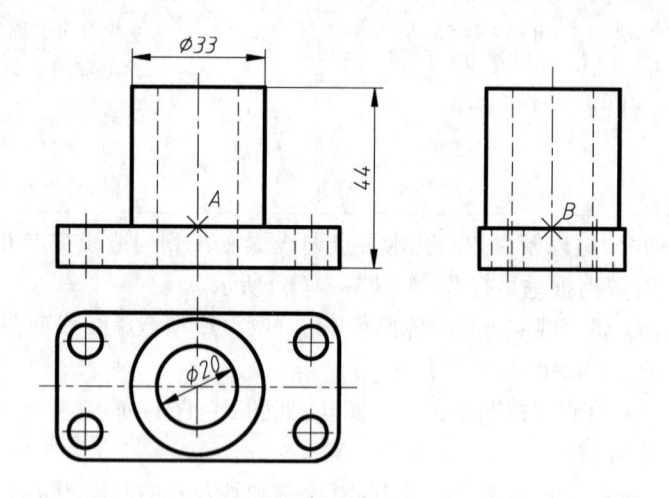

图 3-5　绘制空心圆柱

(3) 绘制肋板左视图,过主视图肋板与圆柱轮廓素线交点 A 作一水平构造线,确定肋板左视图曲线最低点 C,如图所示 3-6(d) 所示。

(4) 用"三点"绘制圆弧命令,顺次单击 B、C、D 三点绘制曲线,如图 3-6(e) 所示。

第7步:检查各视图并保存图形文件。

(a) 绘制肋板俯视图

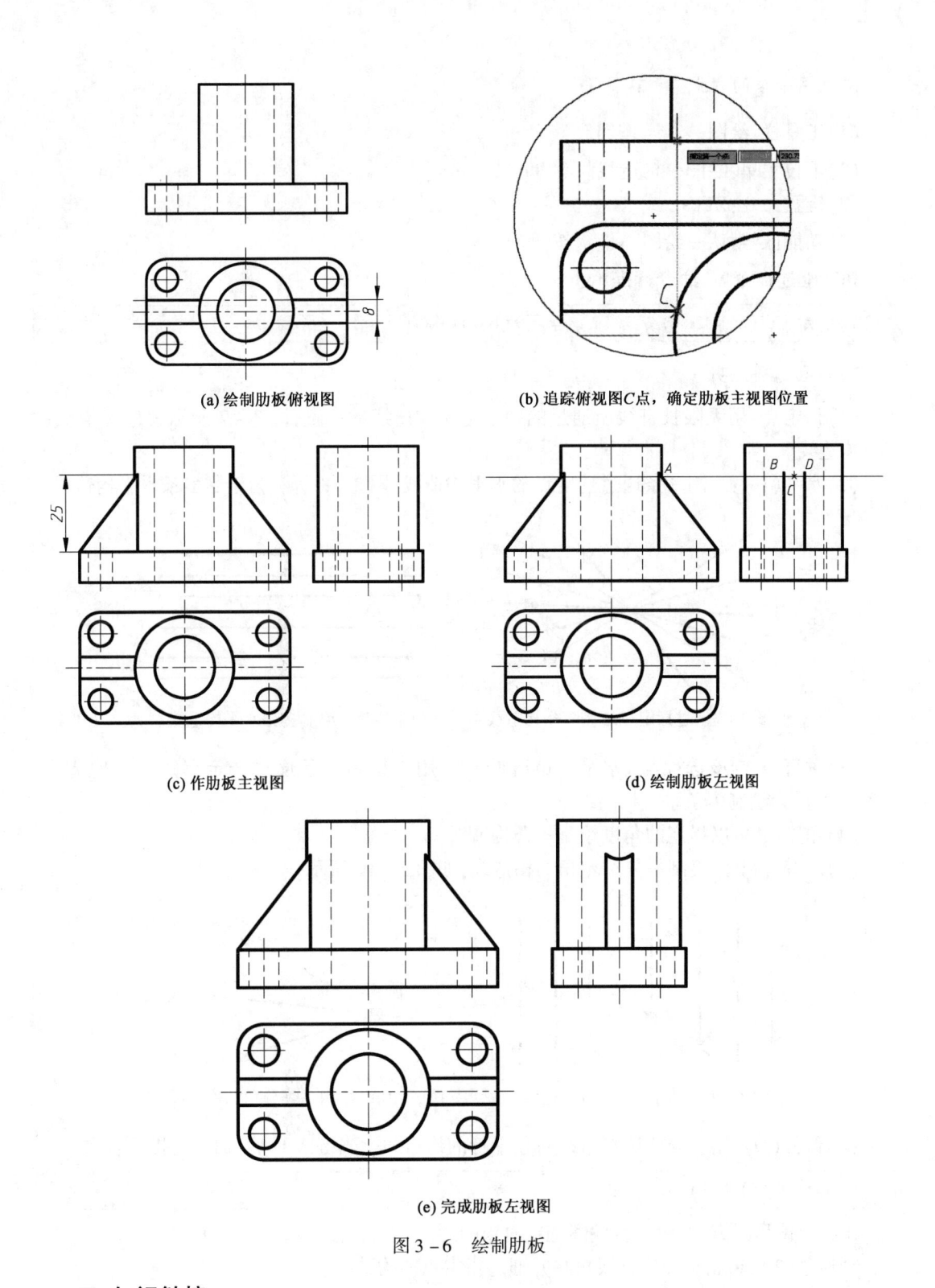

(b) 追踪俯视图C点，确定肋板主视图位置

(c) 作肋板主视图

(d) 绘制肋板左视图

(e) 完成肋板左视图

图 3-6　绘制肋板

三、知识链接

1. 构造线

利用"构造线"命令可以绘制通过给定点的双向无限长直线，常用于作辅助线。

1)调用命令的方式

(1)工具栏:绘图→ 按钮。

(2)下拉菜单:绘图→构造线。

(3)键盘命令:XLINE 或 XL。

(4)功能区:默认→绘图→ 按钮。

执行上述命令后,命令行提示:

指定点或[水平(H)/垂直(V)/角度(A)/二等分(B)/偏移(O)]:

2)其他选项说明

(1)指定点:用无限长直线所通过的两点定义构造线的位置,图3-7所示为过K点绘制多条构造线。

(2)水平(H):绘制一条通过选定点的水平构造线,图3-8所示为绘制多条水平构造线。

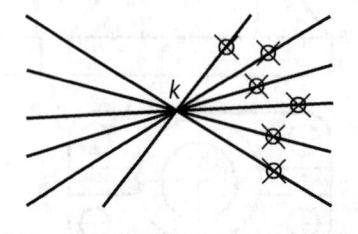

图3-7 过指定点绘制多条构造线　　图3-8 绘制多条水平构造线

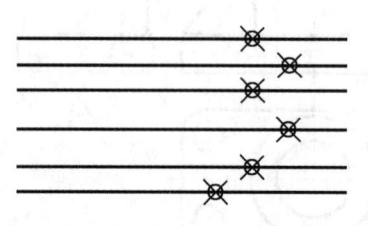

(3)垂直(V):该选项与"水平(H)"项类似,用于绘制一条通过选定点的垂直构造线,图3-9所示为绘制多条垂直构造线。

(4)角度(A):以指定的角度绘制一条构造线。

(5)二等分(B):绘制平分给定角的构造线,如图3-10所示。

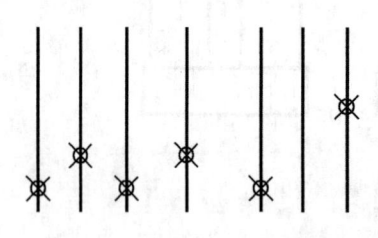

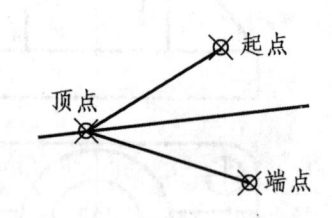

图3-9 绘制多条垂直构造线　　图3-10 绘制二等分角的构造线

(6)偏移(O):绘制与所选择直线对象平行的构造线。当键入O后,命令行提示:

指定偏移距离或[通过(T)]<当前值>:

①指定偏移距离,按构造线偏离选定对象的距离,绘制构造线。

②通过(T),绘制从一条直线偏移并通过指定点的构造线。

2.射线

利用"射线"命令可以创建单向无限长的线,与构造线一样,通常作为辅助作图线。调用命令的方式如下:

(1) 下拉菜单:绘图→射线。

(2) 键入命令:RAY。

(3) 功能区:默认→绘图→ 按钮。

执行上述命令后,命令行提示:

指定起点:(指定射线的起点)
指定通过点:(指定射线要通过的点,生成一条射线)
……
指定通过点:✓

起点和通过点定义了射线延伸的方向,射线在此方向上延伸到显示区域的边界。由指定通过点,可创建多条射线。按 Enter 键结束命令。

四、思考与练习

(1) 如何绘制构造线和射线?

(2) 绘制图 3-11 所示图形,不标尺寸。

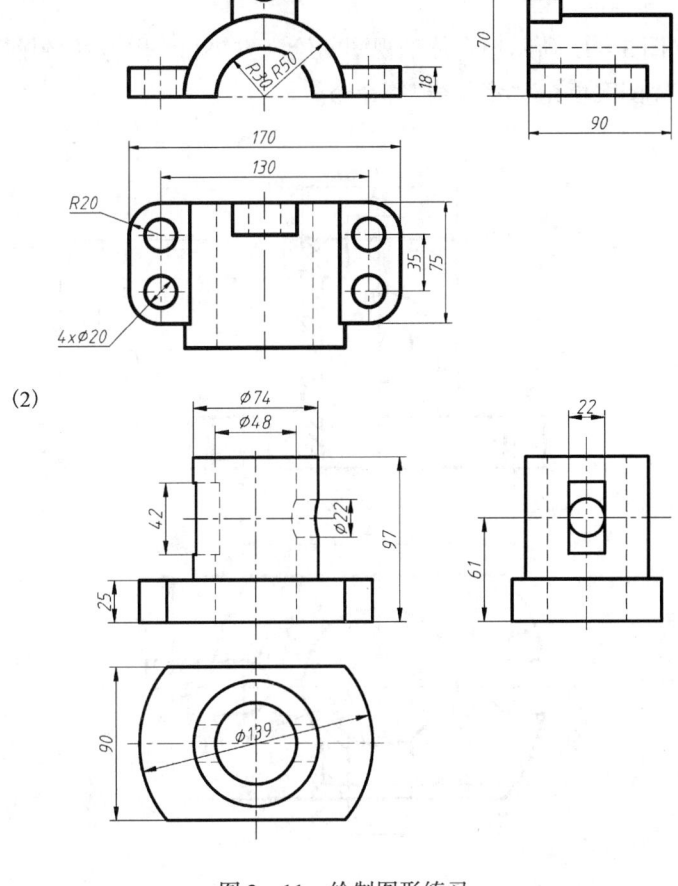

图 3-11 绘制图形练习

任务 2　剖视图的绘制

知识点

- 样条曲线的绘制方法。
- 多段线的绘制及编辑。
- 图案填充及其编辑方法。

任务 2　剖视图的绘制

技能点

- 能根据物体的结构特点灵活运用各编辑命令,绘制较复杂的三视图。
- 能绘制样条曲线、多段线。
- 能正确进行图案填充。

一、任务描述

本任务讲解如图 3-12 所示组合体剖视图的绘制方法和步骤,除用到前面讲过的知识外,还涉及"样条曲线""图案填充""多段线"等命令。

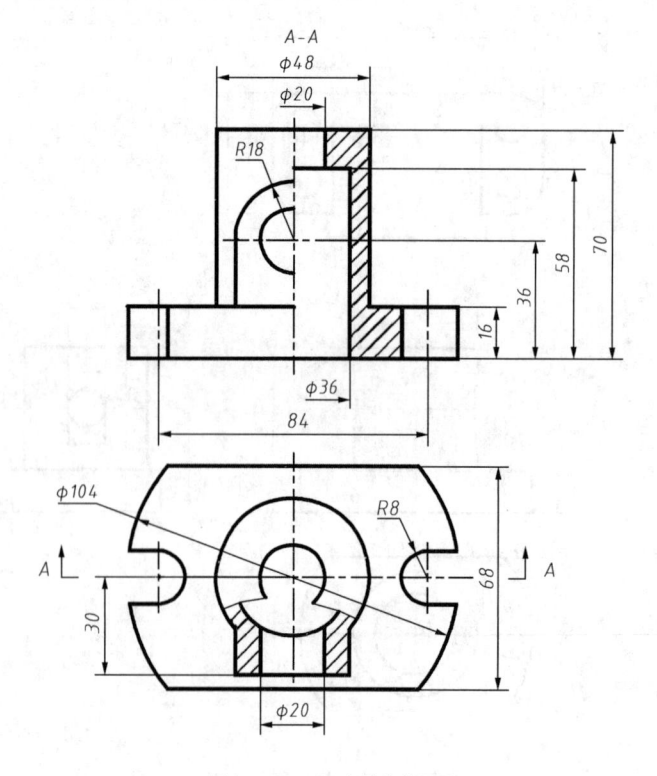

图 3-12　组合体剖视图

二、任务实施

第 1 步:设置绘图环境,操作过程略。

第 2 步:绘制底板主视图、俯视图,如图 3-13 所示。

第 3 步:绘制圆柱及同心阶梯孔的主视图、俯视图。因为是半剖视图,所以主视图只绘制一半即可,如图 3-14 所示。

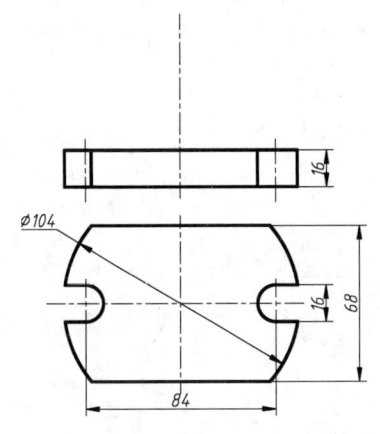

图 3-13　绘制底板主视图、俯视图 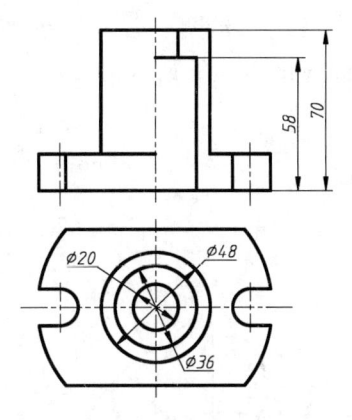　　　　图 3-14　绘制圆柱主视图、俯视图

第 4 步:绘制前方凸台的主视图、俯视图,如图 3-15 所示。

第 5 步:绘制俯视图波浪线,如图 3-16 所示。

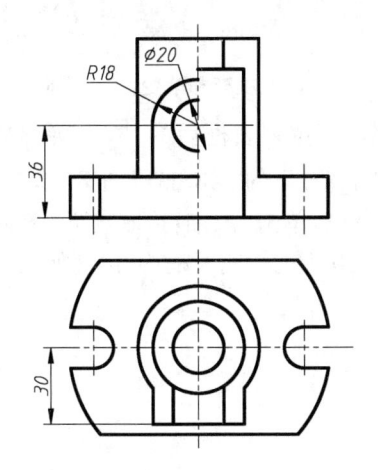

图 3-15　绘制前方凸台的主视图、俯视图 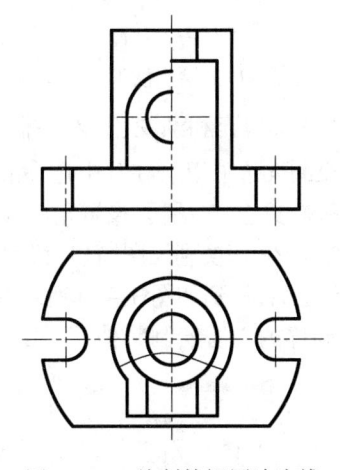　　　图 3-16　绘制俯视图波浪线

单击工具栏:绘图→波浪线 ∿ 按钮,操作步骤如下:

命令:_spline	//启动"样条曲线"命令
当前设置:方式=拟合　节点=弦	
指定第一个点或[方式(M)/节点(K)/对象(O)]:	//捕捉追踪圆上 1 点单击,如图 3-17 所示点 1
输入下一个点或[起点切向(T)/公差(L)]:	//关闭捕捉追踪功能移动光标到合适位置单击,如图 3-17 所示的点 2
输入下一个点或[端点相切(T)/公差(L)/放弃(U)]:	//光标到合适位置单击,如图 3-17 所示的点 3

输入下一个点或[端点相切(T)/公差(L)/放弃(U)/闭合(C)]:	//光标到合适位置单击,如图3-17所示的点4
输入下一个点或[端点相切(T)/公差(L)/放弃(U)/闭合(C)]:	//打开捕捉追踪功能,捕捉圆上一点5单击,如图3-17所示
输入下一个点或[端点相切(T)/公差(L)/放弃(U)/闭合(C)]:	//回车

第7步:绘制剖面线。

(1)单击工具栏:绘图→▨(图案填充)按钮,启动"图案填充"命令,打开"图案填充和渐变色"对话框,如图3-18所示。

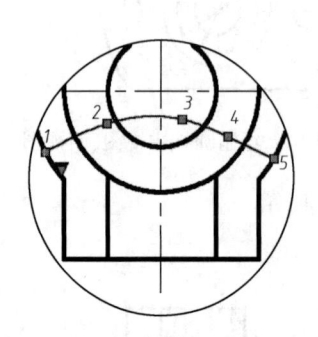

图3-17 绘制波浪线

图3-18 "图案填充和渐变色"对话框

(2)在"图案填充和渐变色"对话框中单击"图案"下拉列表框后的▭,弹出如图3-19所示的"填充图案选项板",在其中选择"ANSI"(用户定义)下的"ANSI31"图案,单击确定,返回"图案填充和渐变色"对话框,设置角度"0",比例"1",然后单击"添加:拾取点","图案填充和渐变色"对话框关闭,切换到绘图窗口,移动光标到图3-20中的封闭线框内,出现如图3-20所示预览,单击确定后,得到如图3-20所示的剖面线。

(3)用同样的方法绘制其他几处剖面线。

图3-19 "填充图案选项板"用户定义类型

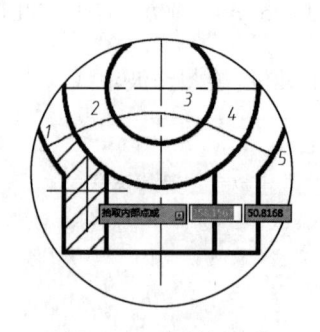

图3-20 绘制剖面线

第8步:绘制剖切符号。

(1)用多段线命令绘制俯视图左方的剖切符号。

单击工具栏:绘图→多段线 按钮,操作步骤如下:

```
命令:_pline                                    //启动"多段线"命令
指定起点:                                      //指定剖切符号水平线的右起点
当前线宽为0.0000                               //系统提示
指定下一个点或[圆弧(A)/半宽(H)/长度(L)/放弃(U)
/宽度(W)]:W↙                                   //选择"线宽"选项
指定起点宽度<0.5000>:0.5↙                      //输入水平线起点宽度
指定端点宽度<0.5000>:↙                         //确定水平线端点宽度
指定下一个点或[圆弧(A)/半宽(H)/长度(L)/放弃(U)
/宽度(W)]:5↙                                   //向左移动鼠标后输入水平线长度
指定下一个点或[圆弧(A)/半宽(H)/长度(L)/放弃(U)
/宽度(W)]:W↙                                   //选择"线宽"选项
指定起点宽度<0.0000>:0↙                        //输入垂直线起点宽度
指定端点宽度<0.0000>:↙                         //确定垂直线端点宽度
指定下一个点或[圆弧(A)/半宽(H)/长度(L)/放弃(U)
/宽度(W)]:5↙                                   //向上移动鼠标后输入垂直线长度
指定下一个点或[圆弧(A)/半宽(H)/长度(L)/放弃(U)
/宽度(W)]:W↙                                   //选择"线宽"选项
指定起点宽度<0.0000>:1.5↙                      //输入箭头起点宽度
指定端点宽度<1.50000>:0↙                       //输入箭头端点宽度
指定下一个点或[圆弧(A)/半宽(H)/长度(L)/放弃(U)
/宽度(W)]:5↙                                   //向上移动鼠标后输入箭头长度
指定下一个点或[圆弧(A)/半宽(H)/长度(L)/放弃(U)
/宽度(W)]:↙                                    //回车确认
```

绘制完成后镜像得到主视图右方的剖切符号。

(2)调用"多行文字"命令或"单行文字"命令,注写剖视图的名称,如图3-12所示(文字注写具体方法见本模块任务3)。

第9步:保存图形文件。

三、知识链接

1. 样条曲线

样条曲线用来绘制一条光滑的曲线,通常用作绘制机械图样中的波浪线等。

调用命令的方式如下:

(1)工具栏:绘图→ 按钮。

(2)下拉菜单:绘图→样条曲线。

(3)键盘命令:SPLINE。

(4)功能区:默认→绘图→ 按钮。

执行上述命令后,通过指定若干个点并指定起点、终点的切线方向完成样条曲线的绘制。

2. 图案填充

在绘制机械图、工程图等图样时,经常需要对某些图形区域填入剖面符号或其他图案,从而表达该区域的特征等。

1)调用命令的方式

(1)工具栏:绘图→▨按钮。

(2)下拉菜单:绘图→图案填充。

(3)键盘命令:BHATCH(或 HATCH、BH)。

(4)功能区:默认→绘图→▨按钮。

执行命令后弹出如图 3-18 所示的"图案填充和渐变色"对话框。本任务图案填充操作,其工作空间为"经典模式",若在"草图与注释"空间操作,执行图案填充命令后,在功能区会打开"图案填充创建"选项卡,在此可以对填充的参数进行设置,如图 3-21 所示。

图 3-21 "图案填充创建"选项卡

2)对话框说明

(1)"图案填充"选项卡,主要用来设置填充图案的形状、比例和线宽等。

①"类型和图案"区,用于设置图案填充的类型和图案。

• "类型"下拉列表框,设置填充图案的类型。单击其右侧的下拉箭头,系统弹出"预定义""用户定义"和"自定义"三个选项。

• "图案"下拉列表框,设置填充的图案。单击右侧下拉箭头,在弹出的图案名称中选择图案,其中 ANSI31 是机械图样中最为常用的45°平行线的图案。

单击"图案"下拉列表框右侧的 ... 按钮,系统弹出"填充图案选项板"对话框(图 3-19),可从中选择一个填充图案。

②"角度和比例"区,用于设置选定填充图案的角度、比例等参数。

• "角度"下拉列表框。图 3-22 是用 ANSI31 图案填充时,不同的填充图案角度的情形。

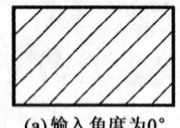

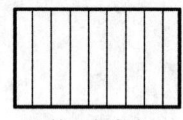

(a)输入角度为0° (b)输入角度为45° (c)输入角度为90°

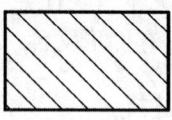

图 3-22 同一图案不同角度的图案填充

• "比例"下拉列表框。图 3-23 所示为不同比例因子下的同一图案的填充。

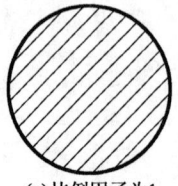

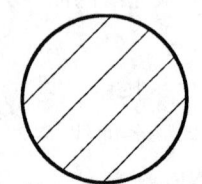

(a)比例因子为1 (b)比例因子为3

图 3-23 同一图案不同比例因子下的图案填充

(2)"边界"选项卡。在"边界"选项卡中,包括"添加:拾取点""添加:选择对象"等按钮,其功能如下:

①"添加:拾取点"按钮,指定封闭区域中的点,单击此按钮后,回到绘图窗口,在图案填充区域内任选一点单击来选择边界。这时 AutoCAD 会自动确定边界(边界蓝色高亮显示,为了打印效果清楚本教材将高亮显示边界和封闭区域对象都采用了虚线表示),选择后按回车返回到原来对话框,此时单击确定即可绘出剖面线,如图 3-24 所示。

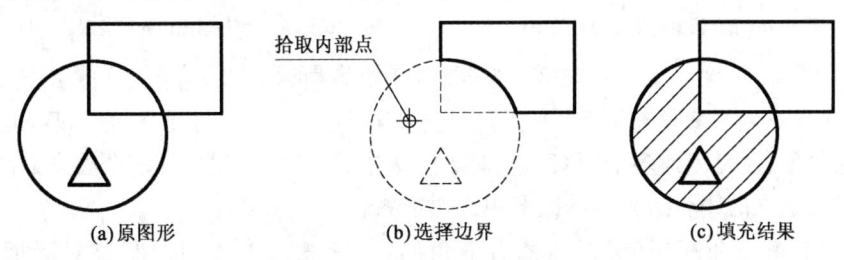

图 3-24 "拾取点"确定边界填充图案

②"添加:选择对象"按钮,选择封闭区域的对象,单击此按钮后,回到绘图窗口,选择组成填充边界的对象,选择后按回车返回到原来对话框,此时单击确定即可绘出剖面线,如图 3-25 所示。

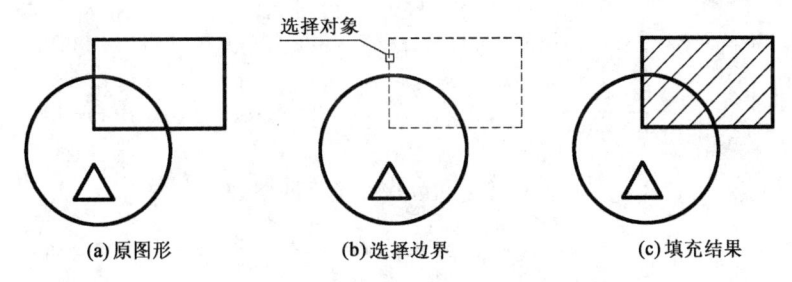

图 3-25 "选择对象"确定边界填充图案

③"删除边界"按钮,从已经定义的边界中去掉某些边界,单击此按钮后回到绘图窗口,可用拾取框选择该命令中已定义的边界,选择一个取消一个,如图 3-26 所示。在没有选择边界或没有定义边界时,此按钮为不可用状态。

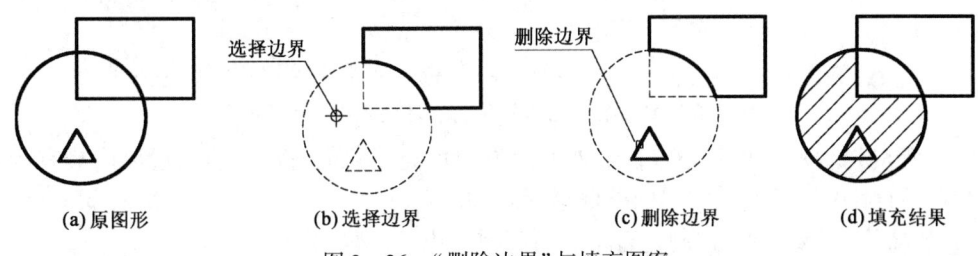

图 3-26 "删除边界"与填充图案

④"重新创建边界"按钮,围绕选定的图案填充或填充对象创建多段线或面域,并使其与图案填充对象相关联。

⑤"查看选择集"按钮,用于查看已选择的边界。单击该按钮切换到绘图窗口,已选择的填充边界将会显亮。如果未定义边界,则此选项不可用。

(3)"选项"区。

①"注释性"复选框,创建注释性图案填充。

②"关联"复选框,控制图案填充或填充的关联。关联的图案填充或填充在用户修改其边

界时将会更新,如图3-27(a)所示;不关联的图案填充或填充在修改其边界时将不发生变化,如图3-27(b)所示。图3-27是用拉伸命令拉伸图形的右下角。

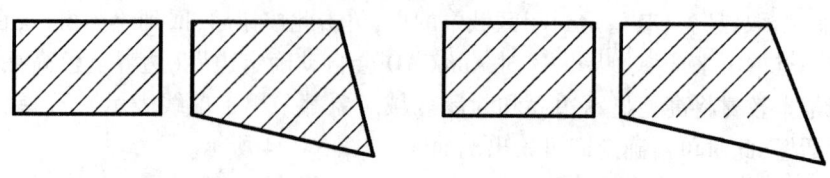

(a)填充图案与填充边界关联　　　　(b)填充图案与填充边界不关联

图3-27 "关联"对修改效果的影响

③"创建独立的图案填充"复选框,用于控制当指定了几个单独的闭合边界时,是创建单个图案填充对象,还是创建多个图案填充对象。选中该项时,创建的是多个独立的图案填充对象;否则,多个独立的闭合边界内的图案填充对象将作为一个整体。

单击"图案填充和渐变色"对话框右下角的"更多选项" ⊙ 按钮,该对话框的显示如图3-28所示。

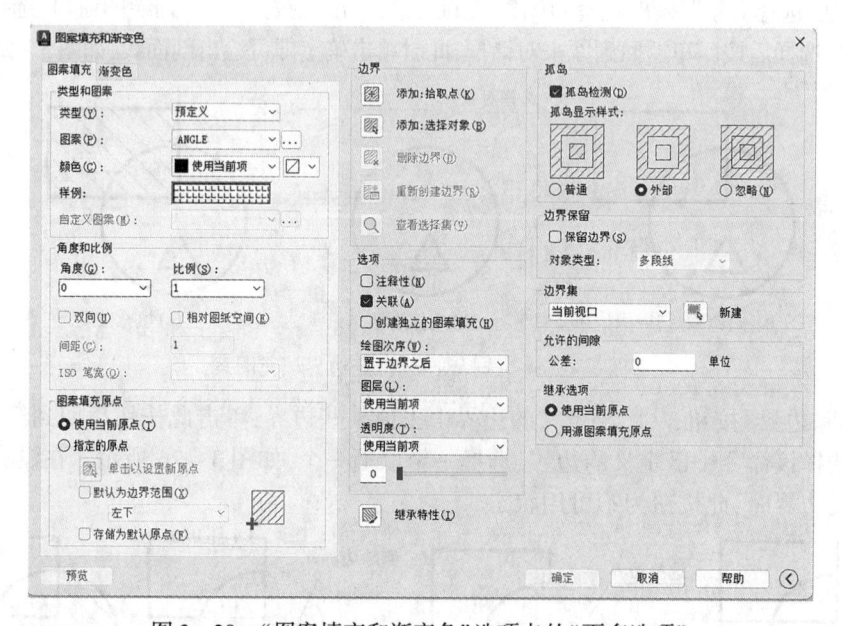

图3-28 "图案填充和渐变色"选项卡的"更多选项"

(4)"孤岛"选项卡,用于指定在最外面边界内填充对象的方法。填充边界内具有闭合边界的对象,如封闭的图形、文字串的外框等,称为孤岛。

①"孤岛检测"复选框,控制是否检测内部闭合边界(孤岛)。

②孤岛显示样式。如果AutoCAD检测到孤岛,要根据选中的"孤岛显示样式"进行填充,三种样式分别为"普通""外部"和"忽略"。如果没有内部孤岛存在,则定义的孤岛检测样式无效。图3-29显示了由四个对象组成的边界使用三种样式进行图案填充的结果。

• 普通:填充从最外面边界开始往里进行,在交替的区域间填充图案。这样由外往里,每奇数个区域被填充,如图3-29(a)所示。

• 外部:填充从最外面边界开始往里进行,遇到第一个内部边界后即停止填充,仅仅对最外边区域进行图案填充,如图3-29(b)所示。

• 忽略:只要最外的边界组成了一个闭合的图形,AutoCAD将忽略所有的内部对象,对最外端边界所围成的全部区域进行图案填充,如图3-29(c)所示。

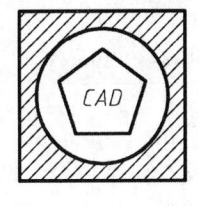

(a)普通　　　　　(b)外部　　　　　(c)忽略

图 3-29　孤岛检测样式

(5)"渐变色"选项卡。通过对如图3-30所示的"渐变色"进行相关参数的设置,能实现对象的渐变色填充,即实现填充图案在一种颜色的不同灰度之间或两种颜色之间平滑过渡,并呈现光在对象上的反射效果。其操作方法与图案填充方法相似,在此不再赘述。

3. 图案填充的编辑

创建图案填充后,如需修改填充图案或修改填充边界,可利用"图案填充编辑"对话框进行编辑修改。

调用命令的方式如下:

(1)工具栏:修改Ⅱ→ 按钮。

(2)下拉菜单:修改→对象→图案填充。

(3)键盘命令:HATCHEDIT。

(4)功能区:默认→修改→ 按钮。

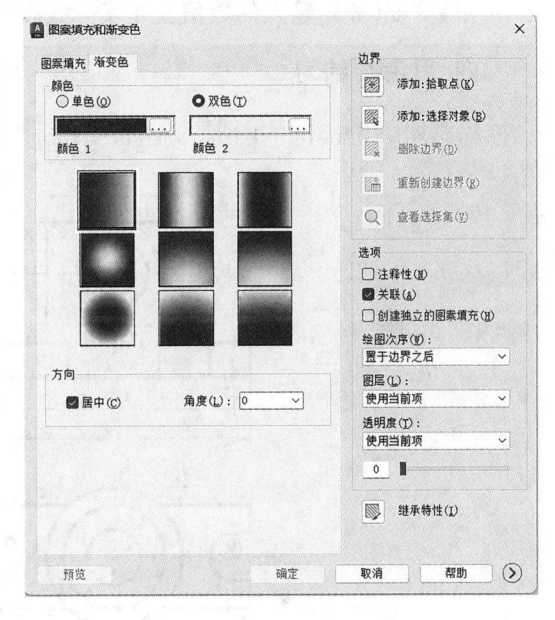

图 3-30　"渐变色"选项卡

执行上述命令后,单击需修改的填充图案,弹出"图案填充编辑"对话框(单击需修改的填充图案,点右键也可以选择图案填充编辑,也能打开该对话框)。"图案填充编辑"对话框与"图案填充和渐变色"对话框的内容基本一样,在此不再详细介绍。

4. 多段线

多段线可以由直线或圆弧组成,可以改变线宽,画成等宽或不等宽的线段,由一次命令画的直线或圆弧是一个整体。

1)调用命令的方式

(1)工具栏:绘图→ 按钮。

(2)下拉菜单:绘图→多段线。

(3)键盘命令:PLINE。

(4)功能区:默认→绘图→ 按钮。

执行上述命令后,命令行提示:

83

```
指定起点:<对象捕捉开>
当前线宽为0.0000
指定下一个点或[圆弧(A)/半宽(H)/长度(L)/放弃(U)/宽度(W)]:
```

2)其他选项说明

(1)圆弧(A):绘图可由直线状态转为圆弧状态。回车后,系统提示各种画圆弧的方式。

(2)半宽(H):多段线总宽度的值减半。

(3)长度(L):绘图状态由圆弧状态转为直线状态。

(4)放弃(U):取消刚绘制的一段多段线。

(5)宽度(W):输入的数值就是实际线段的宽度。

四、思考与练习

绘制如图3-31所示图形,不标尺寸。

(1)

(2)

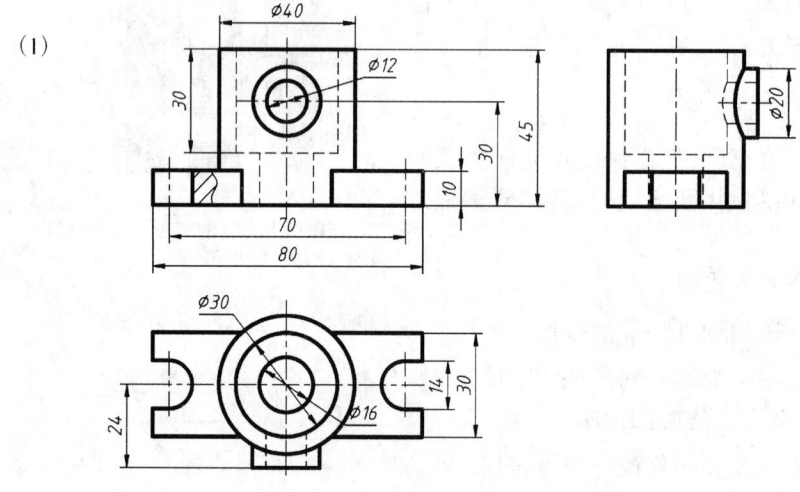

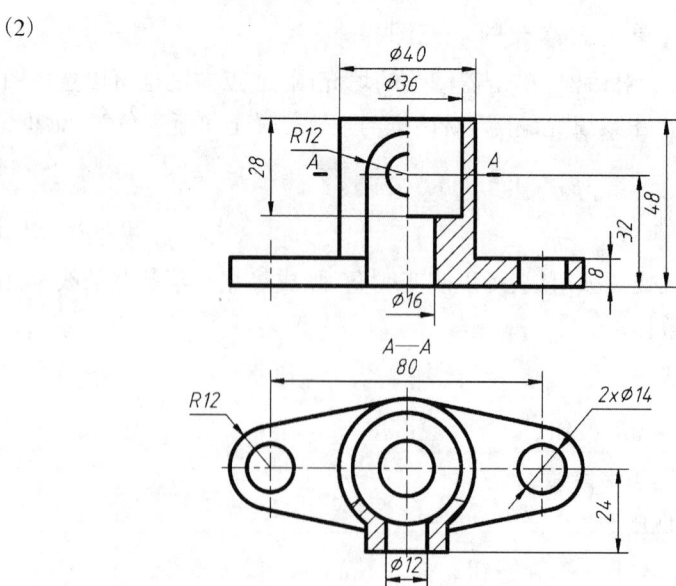

图3-31 绘制图形练习

任务 3　零件图中文字的注写

知识点

- 文字样式创建。
- 文字注写。
- 文字编辑。

任务3　零件图中文字的注写

技能点

- 能创建文字样式。
- 能注写和编辑文字。

一、任务描述

在工程图样中，一般都用文字来表达一些非图形信息，例如技术要求、注释说明、标题栏和明细栏等。AutoCAD 提供了文字注写及编辑功能。

本任务讲解如图 3-32 所示齿轮图形中参数表、标题栏和技术要求的文字注写。

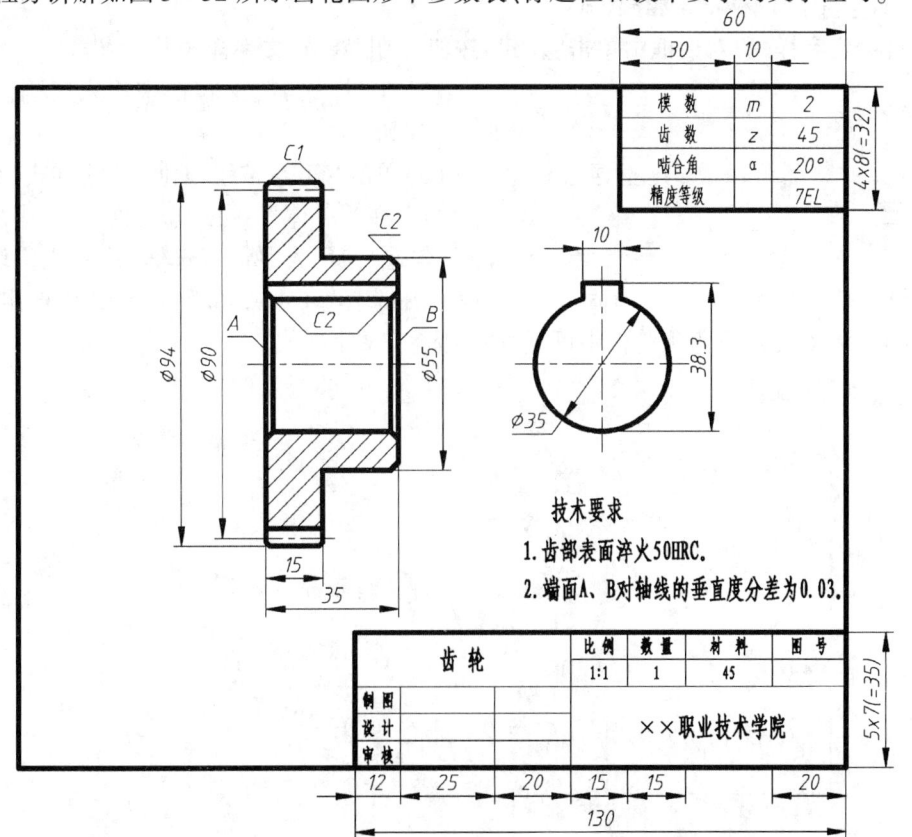

图 3-32　注写标题栏和技术要求

二、任务实施

第1步：新建一个图层用于注写文字，图层名为"文字"。

第2步：创建文字样式。

单击工具栏：样式（或文字）→文字样式 按钮（或单击"格式"菜单→"文字样式"选项），弹出"文字样式"对话框，如图3-33所示。

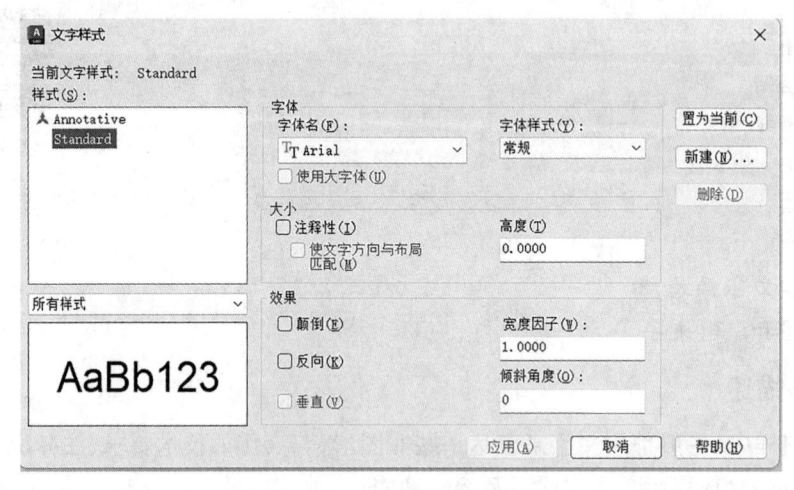

图3-33 "文字样式"对话框

第3步：创建"国标字"文字样式。

（1）在"文字样式"对话框中单击"新建"按钮，弹出"新建文字样式"对话框。

（2）在"样式名"文本框中输入"国标字"，如图3-34所示。

（3）单击"确定"按钮，返回"文字样式"对话框。

（4）在"字体"下拉列表框中选择"gbeitc.shx"，勾选"使用大字体复选框"；在"大字体"下拉列表框中选择"gbcbig.shx"；其余设置采用默认值，如图3-35所示，在左下角预览框中可预览"国标字"文字样式。

图3-34 "新建文字样式"对话框

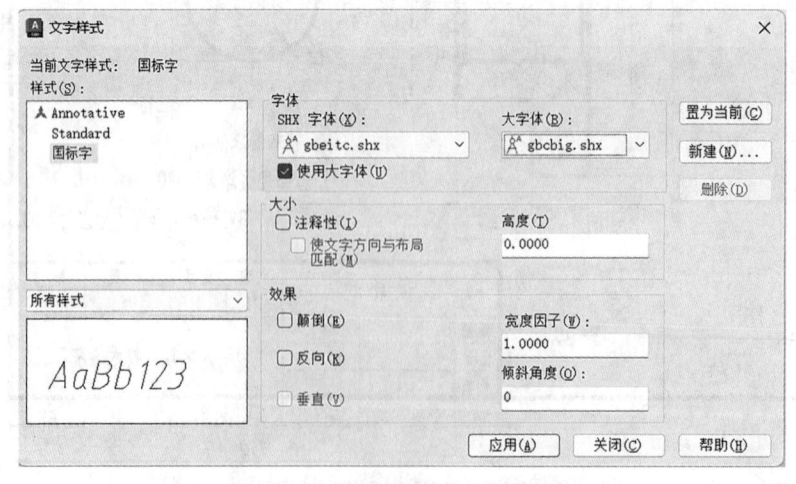

图3-35 设置"国标字"文字样式

第4步:创建"长仿宋体"文字样式。
(1)在"文字样式"对话框中再次单击"新建"按钮,弹出"新建文字样式"对话框。
(2)在"样式名"文本框中输入"长仿宋体"。
(3)单击"确定"按钮,返回到主对话框。
(4)在"字体"下拉列表框中选择"仿宋",不选择"使用大字体"复选框。在"宽度因子"文本框内输入宽度比例值"0.7000",其余设置采用默认值,如图3-36所示。

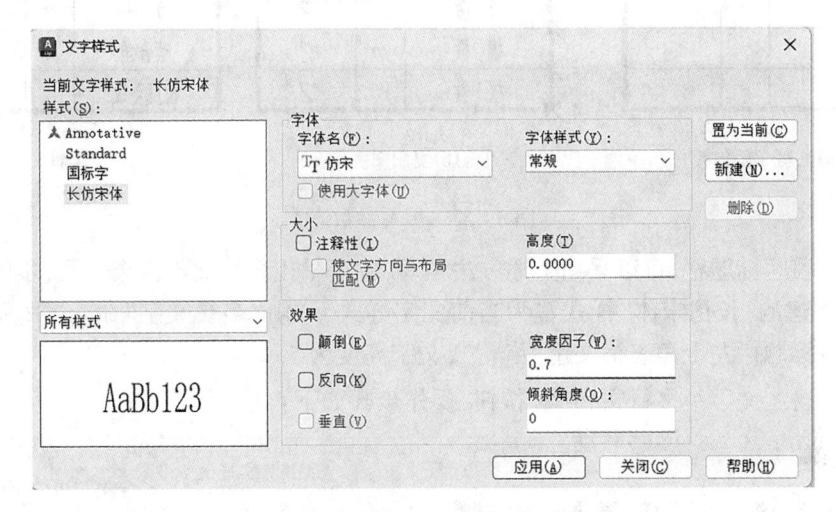

图3-36　设置"长仿宋体"文字样式

(5)单击"应用"按钮,确认"长仿宋体"文字样式的设置。
第5步:调用"直线""偏移"命令按图3-32所示尺寸绘制参数表和标题栏,图形暂省略不画。
第6步:将"文字"图层设置为当前层,将创建的"国标字"样式置为当前文字样式,注写参数表文字。
(1)采用"直线"命令,在参数表左上单元格中绘制一条对角线,如图3-37(a)所示。
(2)调用"单行文字"命令,采用"中间"对齐方式,注写一行文字,文字高度为5。
单击工具栏:文字→单行文字 A 按钮,操作步骤如下:

```
命令:_text                                          //调用"单行文本"命令
当前文字样式："国标字"  文字高度：3.5000
注释性：否  对正：左                                //系统提示
指定文字的起点或[对正(J)/样式(S)]:j✓              //选择"对正"选项
输入选项[左(L)/居中(C)/右(R)/对齐(A)/中间(M)/
布满(F)/左上(TL)/中上(TC)/右上(TR)/左中(ML)/
正中(MC)/右中(MR)/左下(BL)/中下(BC)/右下(BR)]:m✓ //调用"中间"选项
指定文字的中间点:                                   //捕捉对角线的中点
指定高度<3.5000>:5✓                                //指定文字高度
指定文字的旋转角度<0.0>:✓                          //选择默认值
输入文字:模数✓                                      //输入文本
输入文字:✓                                          //回车,结束"单行文本"命令
```

采用同样方法,注写"m""2",操作完成后如图3-37(a)所示。

(3)以点1为基点,点2、点3、点4为位移点,复制文字到其余三行,如图3-37(b)所示。

(4)双击要修改的文字,编辑修改复制的文字,如图3-37(c)所示。其中符号"°"可通过键盘输入控制代码"%%d"得到(参见知识链接"特殊字符的输入")。

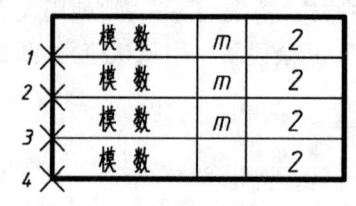

模数	m	2

(a)注写一行文字

模数	m	2
模数	m	2
模数	m	2
模数	m	2

(b)复制文字

模数	m	2
齿数	z	45
啮合角	α	20°
精度等级		7EL

(c)编辑文字

图3-37 填写参数表

第7步:填写标题栏,可以采用上述方法填写,也可采用多行文本命令填写,步骤如下。

(1)将创建的"长仿宋体"样式置为当前文字样式,调用"多行文字"命令,采用"正中"对齐方式,注写标题栏左上角表格文字"齿轮",文字高度为5。

单击工具栏:文字→多行文字 A 按钮,操作步骤如下:

```
命令:_mtext                                      //调用"多行文本"命令
当前文字样式:"长仿宋体"当前文字高度:2.5 注释性:否  //系统提示
指定第一角点:                                    //捕捉要写文字的方格左下角,单击
指定对角点或[高度(H)/对正(J)/行距(L)/旋转(R)
/样式(S)/宽度(W)/栏(C)]:j↙                      //选择"对正"选项
输入对正方式[左上(TL)/中上(TC)/右上(TR)/
左中(ML)/正中(MC)/右中(MR)/左下(BL)/
中下(BC)/右下(BR)]<左上(TL)>:mc↙                //调用"正中"选项
指定对角点或[高度(H)/对正(J)/行距(L)/旋转(R)/
样式(S)/宽度(W)]:                               //捕捉要写文字的方格右上角,单击
```

完成以上操作后,系统将弹出"文字格式"对话框,如图3-38所示。在对话框的"文字样式"选项卡中,确认是刚才设置的"长仿宋体"样式,并把文字高度改为"5",然后在编辑区中输入文字"齿轮",单击确定按钮,即可完成该项文字输入。

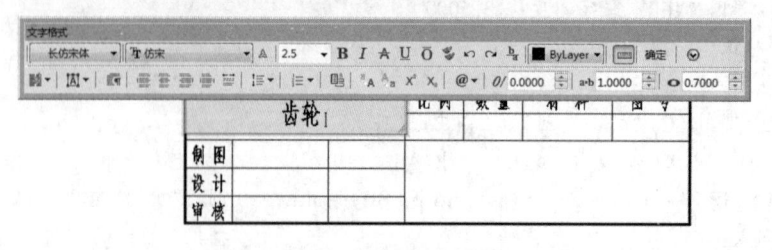

图3-38 标题栏填写

(2)重复以上(1)操作,直至完成全部文字输入,对于相同的单元格也可以采用第六步中的复制、粘贴、修改等操作,在此不再赘述。

第8步:调用"多行文字"命令,注写技术要求。

单击工具栏:文字→多行文字 A 按钮,操作步骤如下:

命令:_mtext	//调用"多行文字"命令
当前文字样式:"长仿宋体"当前文字高度:5	//系统提示
指定第一角点:	//在适当位置单击,指定文本框第一角点
指定对角点或[高度(H)/对正(J)/行距(L)/	
旋转(R)/样式(S)/宽度(W)]:	//在适当位置单击,指定文本框另一角点

完成以上操作后,系统将弹出"文字格式"对话框,如图3-39所示。在对话框的"文字样式"选项卡中,确认是刚才设置的"长仿宋体"样式,并把文字高度改为"5",然后在编辑区中输入技术要求等文字,最后单击确定按钮,即可完成该项文字输入。

图3-39 注写技术要求

第9步:保存图形文件。

三、知识链接

1. 文字样式

在 AutoCAD 中,文字样式是对文字格式的集合,它包括字体、高度(即文字的大小)、宽度比例、倾斜角度以及排列方式等。工程图样中所需注写的文字往往需要采用不同的文字样式,因此,在注写文字之前首先应创建所需要的文字样式。

1)调用命令的方式

(1)工具栏:样式(或文字)→ A 按钮。

(2)下拉菜单:格式→文字样式。

(3)键盘命令:STYLE 或 ST。

(4)功能区:默认→注释→ A 按钮或者注释→文字面板右下角箭头 。

执行上述命令后,弹出"文字样式"对话框,如图3-36所示。

2)其他选项说明

(1)样式名选项。

样式名选项显示图形中的样式列表。列表包括已定义的样式名并默认显示当前样式。在该选项区不但可以创建新的文字样式,也可以修改或删除已有的文字样式。"Standard"为系统默认使用的样式名,不允许重命名和删除,图形文件中已使用的文字样式不能被删除。

(2)字体选项。

①"字体名"下拉列表中显示了系统提供的字体文件名。表中有两类字体,其中 True Type 字体是由 Windows 系统提供的已注册的字体,SHX 字体为 AutoCAD 本身编译的存放在 AutoCAD Fonts 文件夹中的字体。两种字体分别在字体文件名前用 T 、 A 前缀区别,只有

在"使用大字体"复选框不被选中的情况下,才能选择 True Type 字体。通常可使用"gbeitc.shx"或"gbenor.shx"两种字体,其中"gbenor.shx"数字和字母为正体,"gbeitc.shx"数字和字母为斜体,符合国标标注要求,建议使用。

②字体样式,用于指定字体格式,如斜体、粗体或者常规字体。选定"使用大字体"后,该选项变为"大字体",用于选择大字体文件。

③使用大字体,用于指定亚洲语言的大字体文件。只有在"字体名"中指定.shx文件,才能使用"大字体",常用的大字体文件为 gbcbig.shx。

④高度,用于指定文字高度。文字高度的默认值为0,表示字高是可变的;如果输入某一高度值,文字高度就为固定值,在进行单行文字和尺寸标注时,系统将以此高度进行标注而不再要求输入字体的高度。这会给文字标注和尺寸标注带来不便,因此一般情况下最好不要改变它的默认值"零"。

⑤效果,用于修改字体的特性,例如宽度因子、倾斜角以及是否颠倒显示、反向或垂直对齐。通过设置不同的参数可以得到不同的文字效果,如图3-40所示。

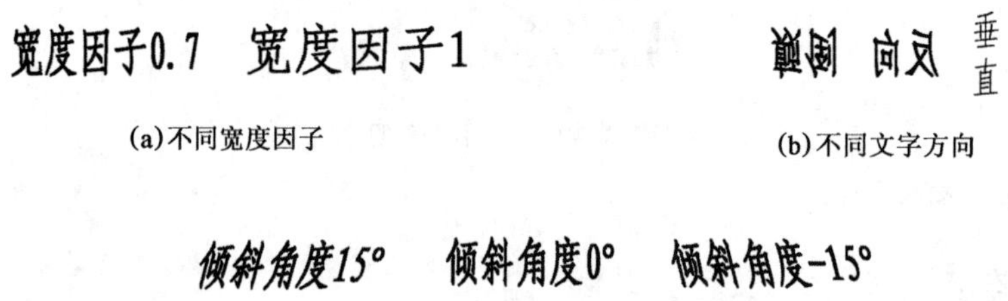

宽度因子0.7　宽度因子1　　　　　　　　颠倒　向反　垂直

(a)不同宽度因子　　　　　　　　　　　(b)不同文字方向

倾斜角度15°　倾斜角度0°　倾斜角度-15°

(c)不同倾斜角度

图3-40　不同设置下的文字效果

2. 单行文字注写

利用"单行文字"命令,可以动态书写一行或多行文字,每一行文字为一个独立的对象,可单独进行编辑修改。

1)调用命令的方式

(1)工具栏:文字→A 按钮。

(2)下拉菜单:绘图→文字→单行文字。

(3)键盘命令:TEXT。

(4)功能区:默认→注释→A 按钮或者注释→文字→A 按钮。

执行上述命令后,命令行提示:

当前文字样式:(当前值)文字高度:(当前值)　　　注释性:(当前值)
指定文字的起点或[对正(J)/样式(S)]:

---

2)其他选项说明

(1)对正(J):用于确定文字的对正方式。选择该项后,命令行提示:

输入选项[左(L)/居中(C)/右(R)/对齐(A)/中间(M)/布满(F)/左上(TL)/中上(TC)/右上(TR)/左中(ML)/正中(MC)/右中(MR)/左下(BL)/中下(BC)/右下(BR)]:

AutoCAD 为单行文字的水平文本行规定了 4 条定位线(顶线、中线、基线和底线)、13 个对齐点、15 种对齐方式,各对齐点即为文体的插入点,如图 3-41 所示。

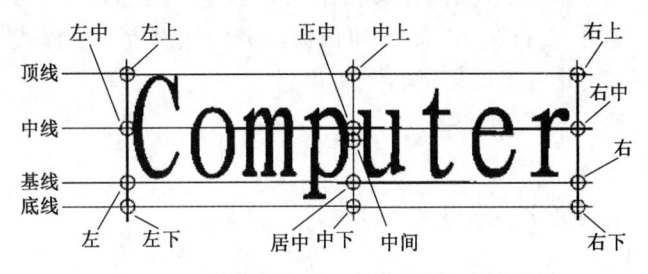

图 3-41 单行文字对正方式(对齐、布满除外)

除图 3-41 所示的 13 种对齐方式外,还有两种对齐方式:

对齐(A):指定文本行基线的两个端点确定文字的高度和方向,系统自动调整字符高度使文字在两端点之间均匀分布,而字符的宽高比例不变,如图 3-42(a)所示。

布满(F):指定文本行基线的两个端点确定文字的方向,系统调整字符的宽高比例以使文字在两端点之间均匀分布,而文字高度不变,如图 3-42(b)所示。

图 3-42 单行文字对正方式中的对齐和布满

(2)样式(S):该选项用于确定当前文字样式。注写的文字使用当前文字样式。键入 S 后,命令行提示:

输入样式名或[?]<当前>:

输入的样式名必须是已经定义的文字样式名。系统默认的样式名为 Standard,其字体文件名为 txt.shx。

在上句提示行中键入"?",系统弹出"AutoCAD 文本窗口",列出当前文字样式、关联的字体文件、字体高度及其他参数。

3)特殊字符的输入

使用"单行文字"命令注写文字时,若要输入特殊字符(如直径符号、正负公差符号、度符号以及上划线、下划线等),用户必须输入特定的控制代码来创建。常用特殊字符及其对应的控制码如下:

特殊字符"φ",控制码为"%%C"。例如:φ15,输入"%%C15"。

特殊字符"°",控制码为"%%D"。例如:45°,输入"45%%D"。

特殊字符"±",控制码为"%%P"。例如:±0.008,输入"%%P0.008"。

特殊字符"上划线",控制码为"%%O"。例如:$\overline{AB}$,输入"%%OAB"。

特殊字符"下划线",控制码为"%%U"。例如:$\underline{AB}$,输入"%%UAB"。

此外,还可利用"在位文字编辑器"中的"选项"或"符号"项输入特殊字符。

3. 多行文字注写

利用"多行文字"命令,可以在绘图窗口指定的矩形边界内创建多行文字,且所创建的多行文字为一个对象。使用"多行文字"命令,可以灵活方便地设置文字样式、字体、高度、加粗、倾斜,快速输入特殊字符,并可实现文字堆叠效果。

调用命令的方式如下:

(1) 工具栏:文字→ A 按钮。

(2) 下拉菜单:绘图→文字→多行文字。

(3) 键盘命令:MTEXT。

(4) 功能区:默认→注释→ A 按钮或者注释→文字→ A 按钮。

执行上述命令,系统提示用户指定一矩形边界,在用户指定后,弹出如图3-38所示的"在位文字编辑器"。"在位文字编辑器"由"文字格式"工具栏、带标尺的文本框、选项菜单组成。用户可通过"文字格式"工具栏设置文字的样式、字体、高度等。上述操作是在"经典模式"空间,若在"草图与注释"空间操作,执行多行文字命令后,在功能区会打开"文字编辑器"选项卡,操作方法同上,如图3-43所示。

图3-43 文字编辑器

"文字编辑器"相当于一个文字处理软件,通过它可以创建或修改多行文字对象,从其他文件输入或粘贴文字、调整段落和行距与对齐等,与Word使用基本相同,这里不再赘述。下面重点介绍堆叠文字与特殊字符的输入。上述操作是在"经典模式"空间,若在"草图与注释"空间操作,执行多行文字命令后,在功能区会打开"在位文字编辑器"选项卡,操作方法同上,如图3-43所示。

堆叠文字是一种垂直对齐的文字或分数,需堆叠的文字间使用"/""#"或"^"分隔,其中"/"用于创建水平分数堆叠,"#"用于创建斜分数堆叠,"^"用于创建公差堆叠,还可以用 x^2 x_2 图标按钮注写文字的上标或下标,效果如图3-44所示。如注写 $\phi 30^{+0.033}_{0}$,为使上下偏差对齐,应在0的前面输入一个空格,即 $\phi 30+0.033\char`\^0$,然后选择+0.033^0,点"文字格式"工具栏中 按钮。

使用"多行文字"命令注写文字时,若要输入特殊字符,可单击"在位文字编辑器"中文字格式→符号 @▼ 按钮,从下拉菜单选择相应的符号,如图3-45所示。选择"其他"选项,系统打开如图3-46所示"字符映射表"对话框,该对话框显示了当前字体的所有字符集。

4. 文字编辑

在文字注写之后,常常需要对文字的内容和特性进行编辑和修改。用户可以采用"编辑文字"命令和对象"特性"选项板进行编辑。

1) "编辑文字"命令编辑文本

利用"编辑文字"命令可以打开"在位文字编辑器",从而编辑、修改单行文本的内容和多行文本的内容及格式。调用命令的方式如下:

(1) 工具栏:文字→ A 按钮。

(2) 下拉菜单:修改→对象→文字→编辑。

（3）键盘命令：DDEDIT。

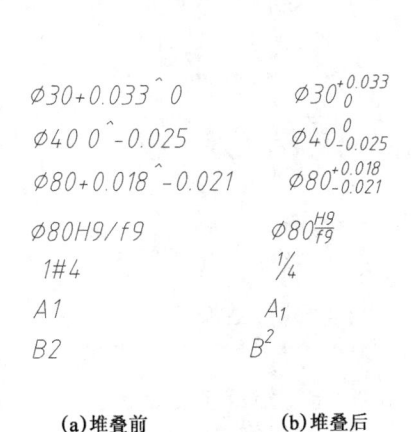

$\phi 30+0.033\char`\^0$　　　　$\phi 30^{+0.033}_{0}$

$\phi 40\ 0\char`\^-0.025$　　　$\phi 40^{0}_{-0.025}$

$\phi 80+0.018\char`\^-0.021$　$\phi 80^{+0.018}_{-0.021}$

$\phi 80H9/f9$　　　　$\phi 80\dfrac{H9}{f9}$

1#4　　　　　　　　$\dfrac{1}{4}$

A1　　　　　　　　A_1

B2　　　　　　　　B_2

(a) 堆叠前　　　　(b) 堆叠后

图 3-44　堆叠文字　　　　　　图 3-45　"符号"下拉菜单

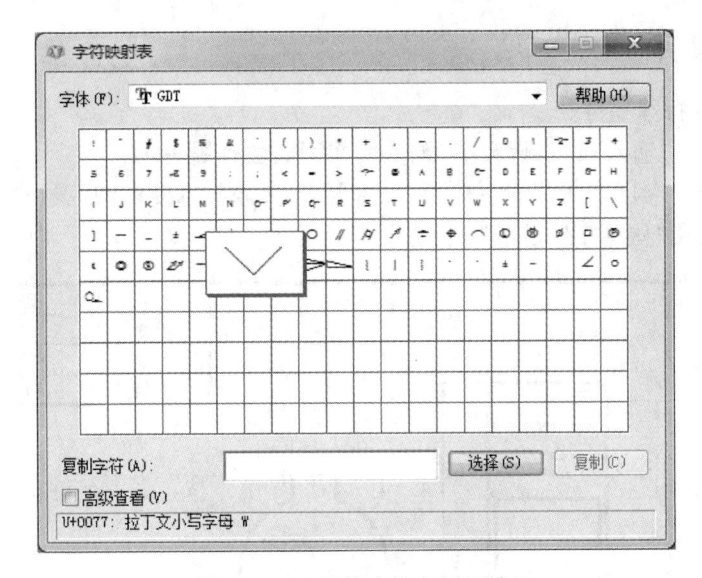

图 3-46　"字符映射表"对话框

（4）快捷菜单选择文字对象，在绘图区域中单击鼠标右键，然后单击"编辑文字"。

（5）双击文字对象。

2) 对象"特性"选项板编辑文本

利用对象"特性"选项板可以编辑、修改文本的内容和特性。调用命令的方式如下：

（1）下拉菜单：修改→特性。

（2）工具栏：标准→ 按钮。

（3）快捷菜单选择文字对象，在绘图区域中单击鼠标右键，然后单击"特性"。

执行该命令后，弹出文字对象的"特性"选项板，其中列出了选定文本的所有特性和内容，如图 3-47 所示。

(a)单行文字　　　　　　　(b)多行文字

图 3-47　文字对象的"特性"选项板

四、思考与练习

(1) 如何输入特殊字符?

(2) "单行文字"输入和"多行文字"输入的文字属性有哪些区别?

(3) 绘制如图 3-48 所示齿轮,并注写技术要求,要求技术要求和标题栏采用"长仿宋字"文字样式,参数表用"国标字"文字样式,图形不标尺寸。

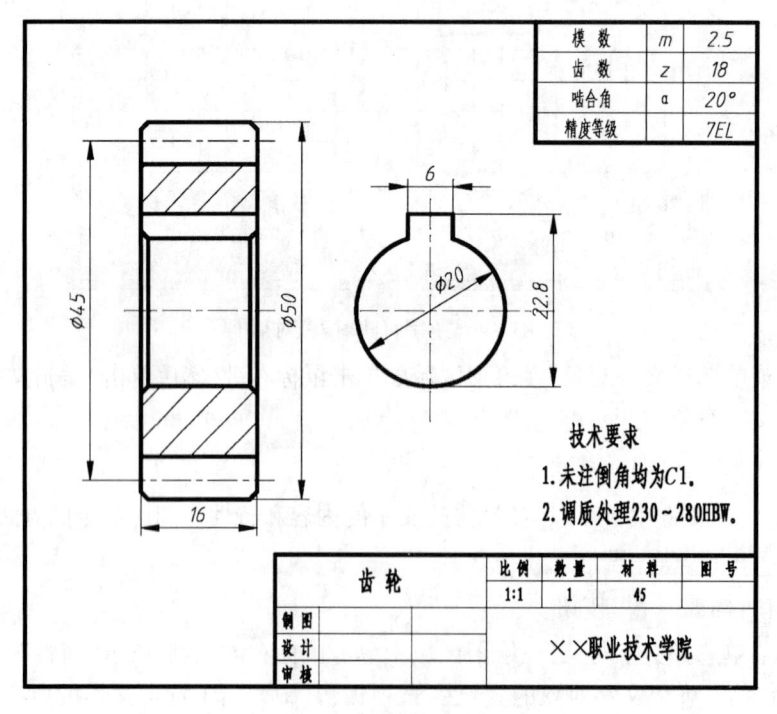

图 3-48　绘制图形练习

任务4　尺寸标注

知识点

- 尺寸标注样式创建与修改。
- 尺寸标注。

任务4　尺寸标注

技能点

- 能根据需要正确创建、修改标注样式。
- 能正确标注图形尺寸,且符合国家标准中关于机械制图的规定。

一、任务描述

本任务讲解如图3-49所示图形中尺寸的标注,主要涉及"创建标注样式""线性标注""对齐标注""半径标注""直径标注""角度标注""基线标注""连续标注""圆心标记"等。

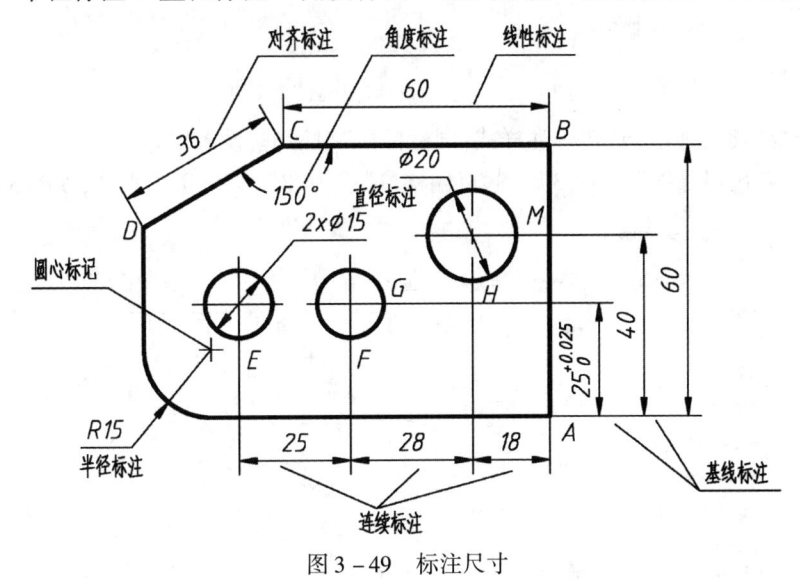

图3-49　标注尺寸

二、任务实施

第1步:设置绘图环境,新建一个图层,图层名为"尺寸线"。
第2步:创建"国标标注"父样式。
(1)单击格式→标注样式,弹出如图3-50所示的"标注样式管理器"对话框。
(2)在"标注样式管理器"对话框中单击"新建",弹出"创建新标注样式"对话框。
(3)在"新样式名"文本框中输入"国标标注",在"基础样式"下拉列表中选择"ISO-25",在"用于"下拉列表中选择"所有标注",如图3-51所示。

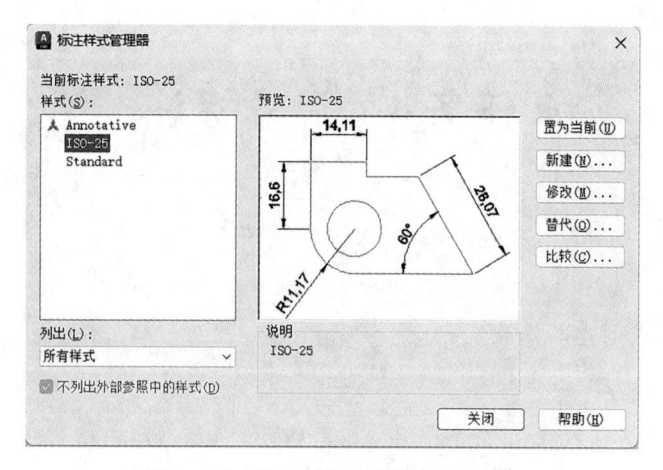

图 3－50 "标注样式管理器"对话框

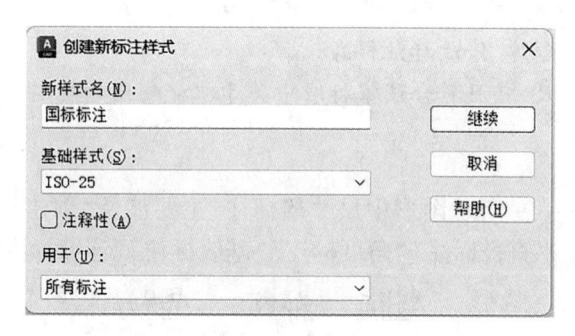

图 3－51 "创建新标注样式"对话框

(4)单击"继续",弹出"新建标注样式:国标标注"对话框,设置"线"选项卡中各变量,"基线间距"设为 9,"超出尺寸线"设为"3","起点偏移量"设为"0",其他选项默认,如图 3－52 所示。

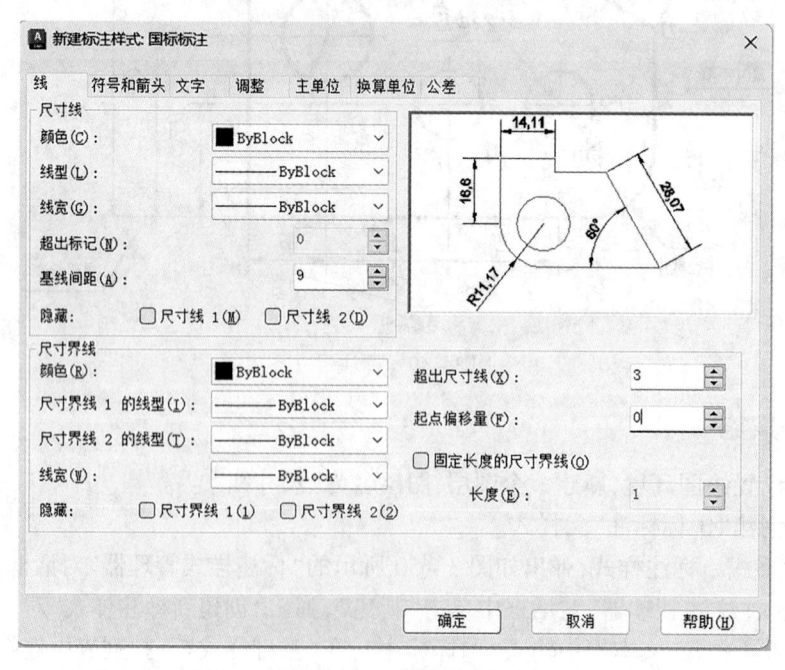

图 3－52 "线"选项卡

(5)单击"符号和箭头","箭头大小"设为"4","圆心标记"点选"标记",折弯角度设为"45",其他选项默认,如图3-53所示。

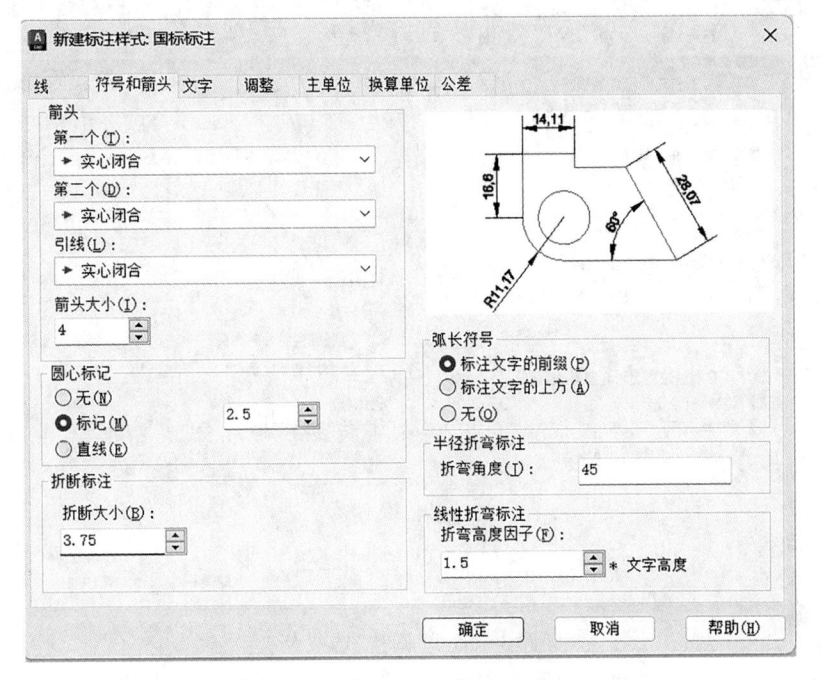

图3-53 "符号和箭头"选项卡

(6)单击"文字","文字样式"设为"国标字","文字高度"设为"5","文字位置"选项组下"垂直"设为"上","水平"设为"居中","从尺寸线偏移"设为"1","文字对齐"方式选择"与尺寸线对齐"选项,如图3-54所示。

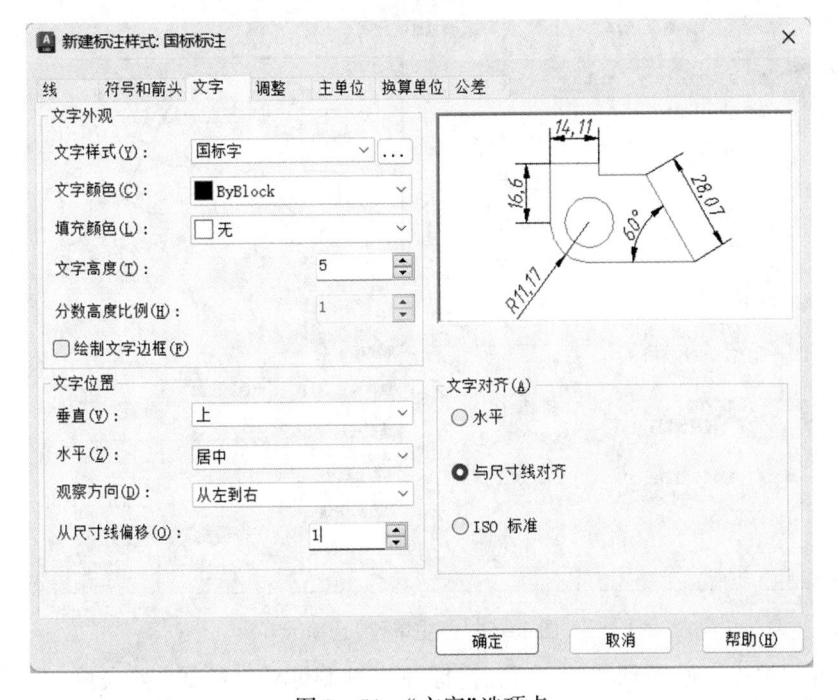

图3-54 "文字"选项卡

(7)单击"调整",选择"文字或箭头(最佳效果)"选项,如图3-55所示。

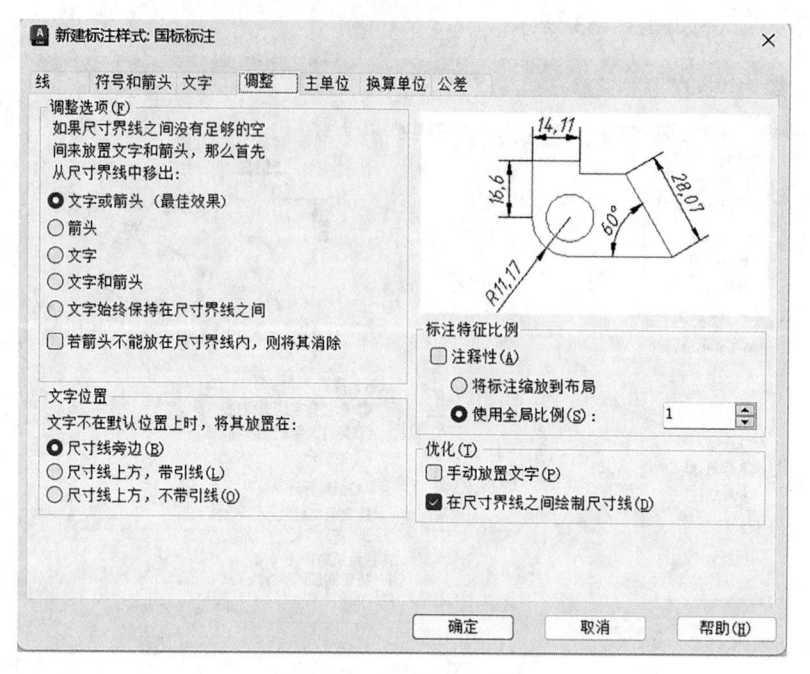

图3-55 "调整"选项卡

(8)单击"主单位","线性标注"选项组下"单位格式"设为"小数","精度"设为"0"(即精确到整数位),"小数分隔符"设为"。"(句点),"角度标注"选项组下"单位格式"设为"十进制度数","精度"设为"0"(即精确到整数位),如图3-56所示。

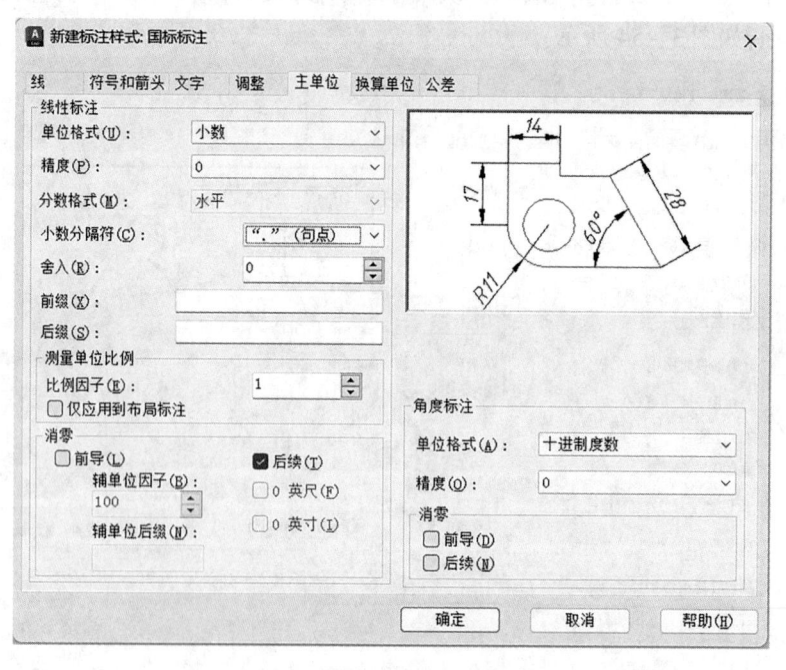

图3-56 "主单位"选项卡

(9)单击"确定",返回到主对话框,新标注样式显示在"样式"列表中,父样式的创建完成。

第3步:创建"角度"子样式。
(1)在"样式"列表中选择"国标标注",单击"新建",弹出"创建新标注样式"对话框。
(2)在"创建新标注样式"对话框中基础样式默认为"国标标注",在"用于"下拉列表中选择"角度标注",如图3－57所示。

图3－57　创建"国标标注"的"角度"子样式

(3)单击"继续",弹出"国标标注:角度"对话框,如图3－58所示。

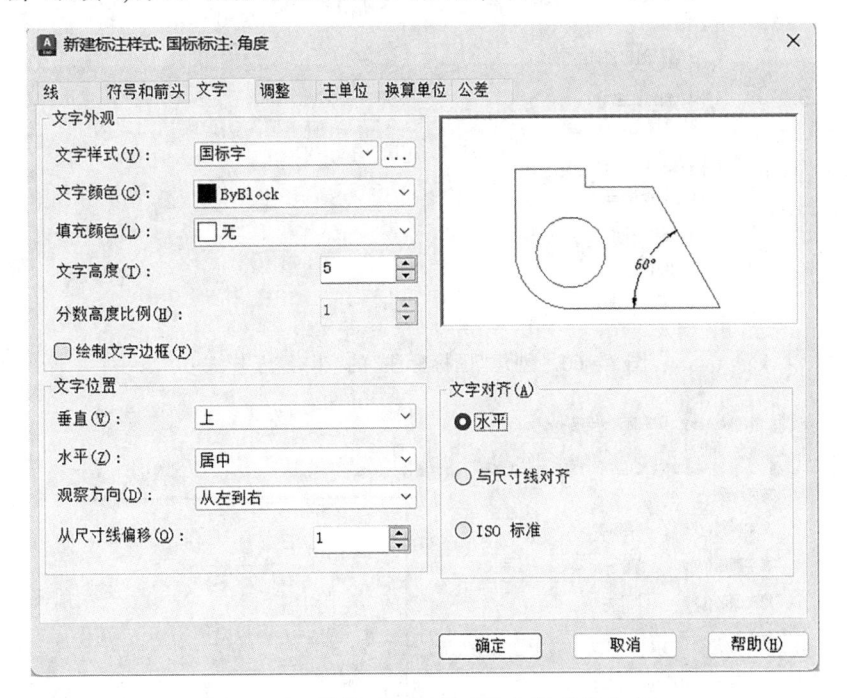

图3－58　设置"角度"样式的文字对齐方式

(4)单击"文字","文字对齐"设改为"水平",如图3－58所示。
(5)单击"确定",返回到主对话框,在"国标标注"下面显示其子样式"角度",如图3－59所示,"角度"子样式的创建完成。

第4步:创建"半径"子样式。
(1)在"样式"列表中选择"国标标注",单击"新建",弹出"创建新标注样式"对话框。
(2)在"创建新标注样式"对话框中基础样式默认为"国标标注",在"用于"下拉列表中选择"半径标注",如图3－60所示。
(3)单击"继续",弹出"国标标注:半径"对话框,如图3－61所示。

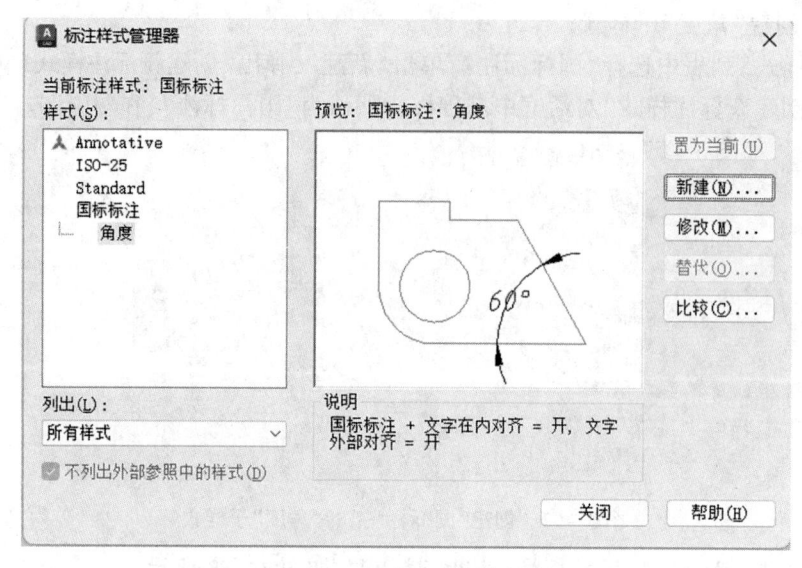

图 3-59 "角度"子样式图

图 3-60 创建"国标标注"的"半径"子样式

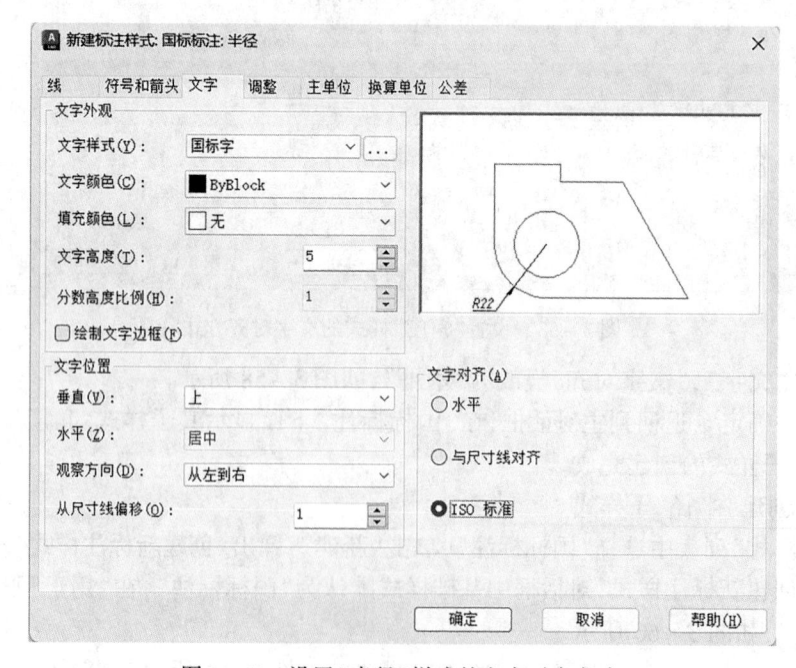

图 3-61 设置"半径"样式的文字对齐方式

(4) 单击"文字","文字对齐"设改为"ISO 标准",如图 3-61 所示。

(5) 单击"调整","调整选项"设为"文字",如图 3-62 所示。

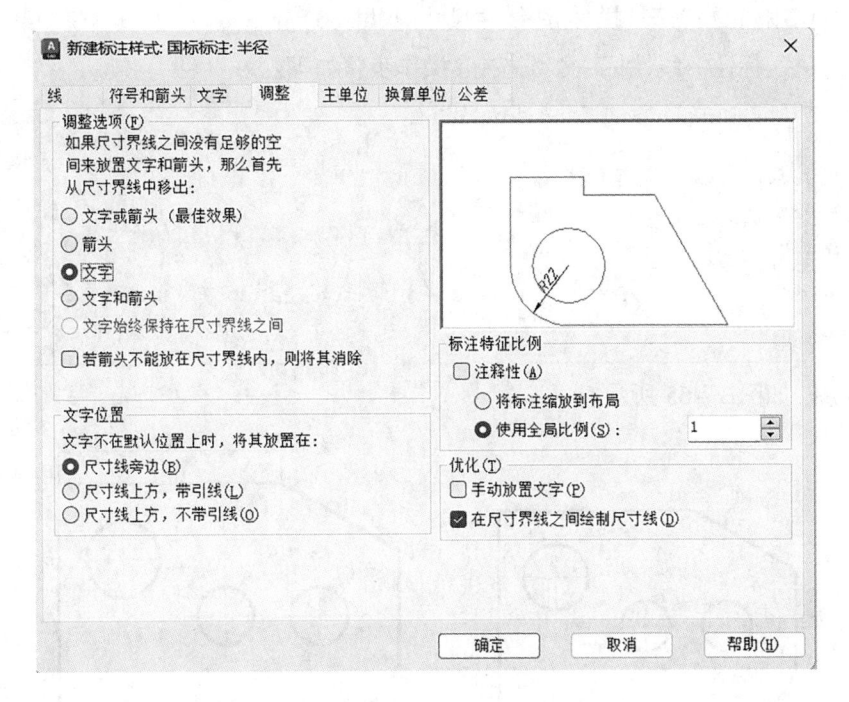

图 3-62　设置"半径"样式的调整选项

(6) 单击"确定",返回到主对话框,在"国标标注"下面显示其子样式"半径","半径"子样式的创建完成。

第 5 步:采用同样方法创建"直径"子样式。

第 6 步:在"样式"列表中选择"国标标注",单击"置为当前",将"国标标注"样式设置为当前样式,如图 3-63 所示。

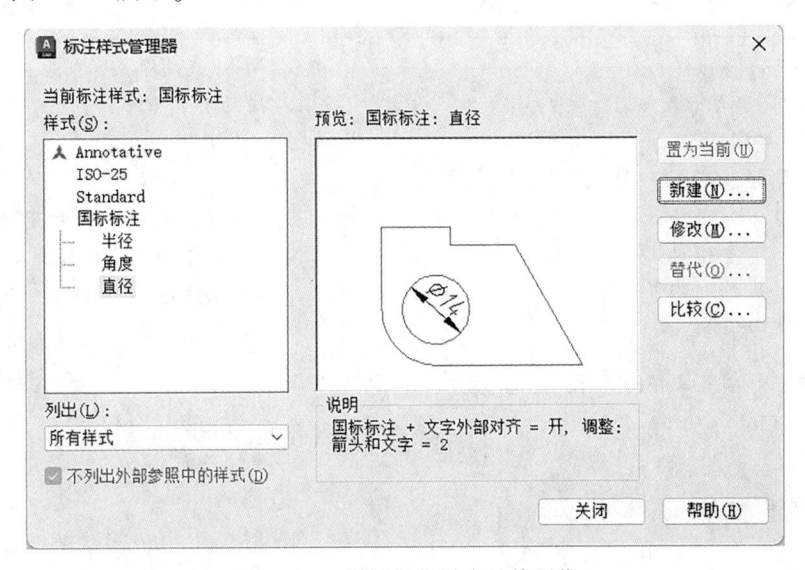

图 3-63　国标标注样式及其预览

第7步：单击"关闭"，关闭"标注样式管理器"对话框，完成设置。
第8步：绘制任务所示图形，如图3-64所示，作图步骤省略。
第9步：调用"标注"工具栏，标注线性尺寸(尺寸60)。

单击工具栏：标注→线性标注 ⊢⊣ 按钮，操作步骤如下：

```
命令：_dimlinear                                    //调用"线性标注"命令
指定第一条尺寸界线原点或<选择对象>：                //捕捉C点
指定第二条尺寸界线原点：                            //捕捉B点
指定尺寸线位置或
[多行文字(M)/文字(T)/角度(A)/水平(H)/垂直(V)/旋转(R)]：  //在适当位置单击
标注文字=60                                         //系统提示，标注尺寸60
```

操作完成，如图3-65所示。

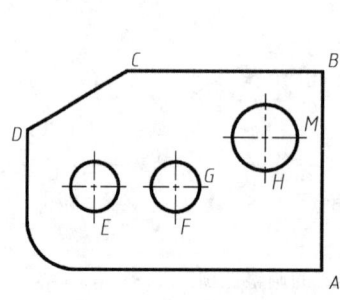

图3-64　绘制图形　　　　　图3-65　线性标注

第10步：进行基线标注(尺寸 $25^{+0.025}_{\ 0}$、40和60)。

分析本任务中的基线标注，根据要求可先注出一个线性尺寸，然后用基线标注的方法标注出其他尺寸。本例中首先标出尺寸 $25^{+0.025}_{\ 0}$，操作步骤如下：

单击工具栏：标注→线性标注 ⊢⊣ 按钮，操作步骤如下：

```
命令：_dimlinear                                    //调用"线性标注"命令
指定第一条尺寸界线原点或<选择对象>：                //捕捉A点
指定第二条尺寸界线原点：                            //捕捉G点
指定尺寸线位置或[多行文字(M)/文字(T)/角度(A)/水平(H)/垂直(V)/旋转(R)]：M↵
                                                    //选择多行文字选项，打开"在位文字编辑
                                                    器"对话框，在文本框<　>后面输入
                                                    +0.025^0，选中+0.025^0，点堆叠符号
                                                    ᵇₐ ，点确定，结束多行文本命令
指定尺寸线位置或[多行文字(M)/文字(T)/角度(A)/水平(H)
/垂直(V)/旋转(R)]：                                 //在适当位置单击
标注文字=25                                         //系统提示，标注尺寸25
单击工具栏：标注→基线 ⊢⊣ 按钮
命令：_dimbaseline
指定第二条延伸线原点或[放弃(U)/选择(S)]<选择>：     //捕捉M点
```

标注文字 =40	//系统提示,标注尺寸40
指定第二条延伸线原点或[放弃(U)/选择(S)]<选择>:	//捕捉B点
标注文字 =60	//系统提示,标注尺寸60
指定第二条延伸线原点或[放弃(U)/选择(S)]<选择>:✓	//回车,结束标注对象的选择
选择基准标注:✓	//回车,结束"基线标注"命令

操作完成,如图3-66所示。

第11步:进行连续标注(尺寸18、28和25)。

分析本任务中的连续标注,根据要求可先注出一个线性尺寸,然后用连续标注的方法标注出其他尺寸。本例中首先标出尺寸18,操作步骤如下:

单击工具栏:标注→线性标注 ⊢⊣ 按钮,操作步骤如下:

命令:_dimlinear	//调用"线性标注"命令
指定第一条尺寸界线原点或<选择对象>:	//捕捉A点
指定第二条尺寸界线原点:	//捕捉H点
指定尺寸线位置或[多行文字(M)/文字(T)/角度(A)/水平(H)/垂直(V)/旋转(R)]:	
	//在适当位置单击
标注文字 =18	//系统提示,标注尺寸18
单击工具栏:标注→连续 ⊢⊢⊣	
命令:_dimcontinue	
指定第二条延伸线原点或[放弃(U)/选择(S)]<选择>:	//捕捉F点
标注文字 =28	//系统提示,标注尺寸28
指定第二条延伸线原点或[放弃(U)/选择(S)]<选择>:	//捕捉E点
标注文字 =25	//系统提示,标注尺寸25
指定第二条延伸线原点或[放弃(U)/选择(S)]<选择>:✓	//回车,结束标注对象的选择
选择连续标注:✓	//回车,结束"连续标注"命令

操作完成,如图3-67所示。

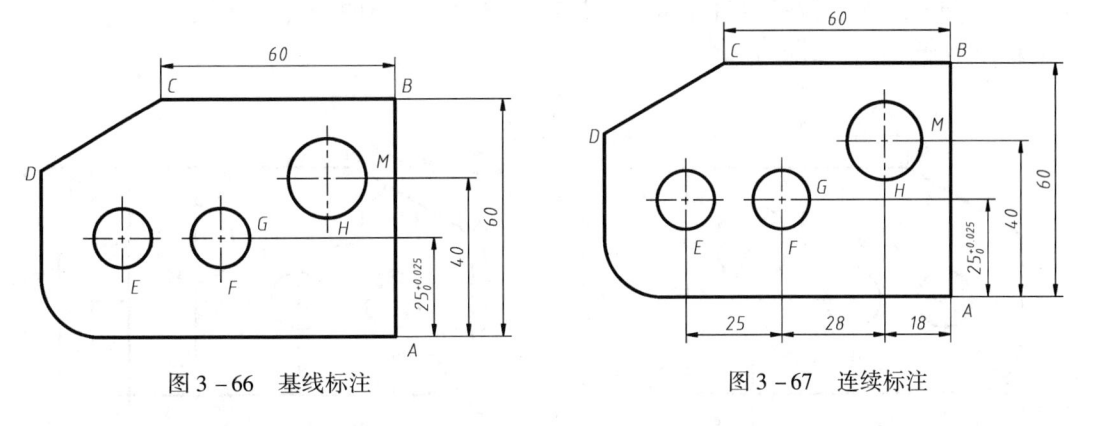

图3-66 基线标注

图3-67 连续标注

第12步:标注径向尺寸。

(1)标注半径(R15)。

单击工具栏:标注→半径标注 ⌒ 按钮,操作步骤如下:

命令:_dimradius	//调用"半径标注"命令
选择圆弧或圆:	//选取 R15 圆弧
标注文字 =15	//系统提示,标注尺寸 15
指定尺寸线位置或[多行文字(M)/文字(T)/角度(A)]:	//在适当位置单击,完成标注

(2)标注直径(φ20 和 2×φ15)。

单击工具栏:标注→直径标注 ⊘ 按钮,操作步骤如下:

命令:_dimdiameter	//调用"直径标注"命令
选择圆弧或圆:	//选取 φ20 的圆
标注文字 =20	//系统提示,标注尺寸 20
指定尺寸线位置或[多行文字(M)/文字(T)/角度(A)]:	//在适当位置单击,完成标注
命令:↙	//回车,重复调用"直径标注"命令
选择圆弧或圆:	//选取 φ15 圆
标注文字 =15	//系统提示,标注尺寸 15
指定尺寸线位置或[多行文字(M)/文字(T)/角度(A)]:M↙	//选"多行文字"选项,打开"在位文字编辑器"对话框在文本框< >前面输入"2×",点"确定",结束"多行文字"命令
指定尺寸线位置或[多行文字(M)/文字(T)/角度(A)]:	//在适当位置单击,完成标注

操作完成,如图 3-68 所示。

第 13 步:标注角度(150°)、对齐标注(尺寸 36)和圆心标记。

(1)单击工具栏:标注→角度标注 △ 按钮,再单击直线 CB、CD,标注角度 150°。

(2)单击工具栏:标注→对齐标注 ⇘ 按钮,单击点 C、点 D(或回车后直接选择直线 CD),标注对齐尺寸 36。

(3)单击工具栏:标注→圆心标记 ⊕ 按钮,选择 R15 的圆弧,标记其圆心。

标注完成,如图 3-69 所示。

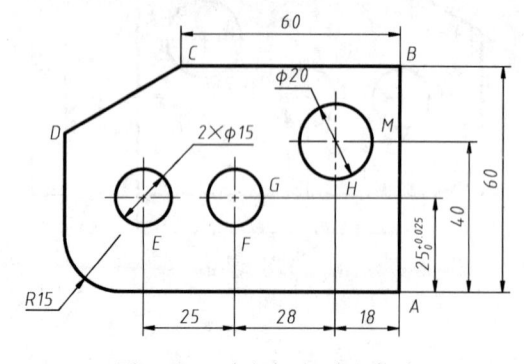

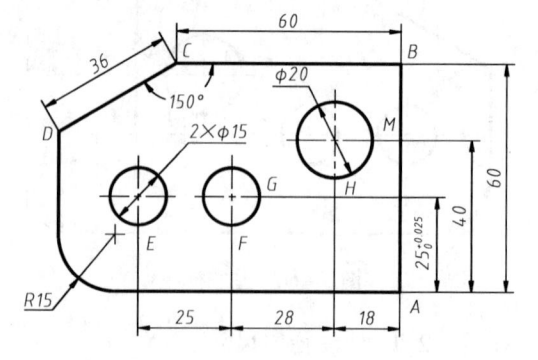

图 3-68 半径标注、直径标注   图 3-69 角度标注、对齐标注和圆心标记

第 14 步:保存图形文件。

三、知识链接

1. 尺寸标注基本概念

尺寸标注是绘图设计中的一项重要内容。图样上各实体对象的大小和位置均需要通过尺寸来表达。利用 AutoCAD 提供的尺寸标注和编辑功能,可以方便、准确地标注图样上各种尺寸。

1)尺寸的组成

一个完整的尺寸,其标注一般由延伸线(尺寸界线)、尺寸线、尺寸箭头和尺寸文字四部分组成,如图3-70所示。这四部分在 AutoCAD 系统中,一般是以块的形式作为一个实体存储在图形文件中。

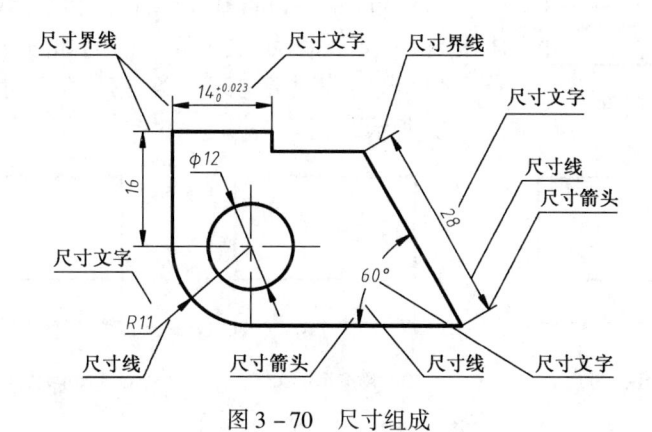

图 3-70 尺寸组成

2)尺寸标注的一般步骤

(1)建立尺寸标注样式。
(2)选择尺寸标注的类型。
(3)指定尺寸线的位置。
(4)标注文字。

2. 尺寸标注样式的创建和修改

1)标注样式管理器

在标注尺寸之前,一般应先根据国家标准的有关要求创建尺寸样式。

(1)调用命令的方式。

①工具栏:标注(或样式)→ 按钮。
②下拉菜单:标注(或格式)→标注样式。
③键盘命令:DIMSTYLE(或 D、DST、DDIM、DIMSTY)。
④功能区:默认→注释→ 按钮或者注释→标注面板右下角箭头 。

执行上述命令后,系统弹出"标注样式管理器"对话框,如图3-50所示。

(2)对话框说明。

该对话框中有"样式"和"预览"2个区及"置为当前""新建""修改""替代""比较"5个按钮。

2)"新建标注样式"对话框

"新建标注样式"对话框(图3-52)包含7个选项卡:"线""符号和箭头""文字""调整""主单位""换算单位""公差"。可以通过这7个选项卡来设置标注样式的特性。

(1)"线"选项卡(图3-52),用于设置尺寸线、延伸线的形式和特性等。

①"尺寸线"区,用于设置尺寸线的特性。

• "颜色""线型""线宽":一般设为"ByLayer"(随层)或"ByBlock"(随块)。

• "超出标记":设置超出标记的长度。该项在箭头被设置为"倾斜""建筑标记""小点""积分"和"无"等类型时才被激活。

• "基线间距":设置基线标注中各尺寸线之间的距离,一般国标标注中"基线间距"设置为8~10,如图3-71所示。

• "隐藏":分别指定第一条、第二条尺寸线是否被隐藏,如图3-72所示。

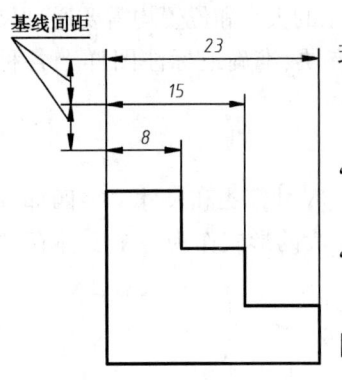

图3-71 基线间距

(a) 隐藏尺寸线1　　(b) 隐藏尺寸线2　　(c) 显示尺寸线1和尺寸线2

图3-72 尺寸线隐藏方式

②"延伸线"区,用于设置延伸线的特性等。

• "颜色""延伸线1线型""延伸线2线型""线宽":一般设为"ByLayer"(随层)或"ByBlock"(随块)。

• "隐藏":分别指定第一条、第二条尺寸界线是否被隐藏,如图3-73所示。

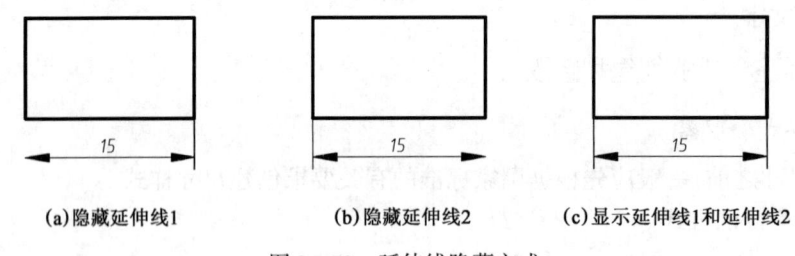

(a)隐藏延伸线1　　(b)隐藏延伸线2　　(c)显示延伸线1和延伸线2

图3-73 延伸线隐藏方式

• "超出尺寸线":指定尺寸界线在尺寸线上方伸出的距离,国标标注设为"3"。

• "起点偏移量":指定尺寸界线到定义该标注的原点的偏移距离,国标标注设为"0"。

(2)"符号和箭头"选项卡(图3-53),用于设置箭头、圆心标记、弧长符号和折弯半径标注的格式和位置。

①"箭头"区,用于设置箭头的形式和大小。

• 第一个:可用于设置第一个尺寸箭头的样式。

• 第二个:可用于设置第二个尺寸箭头的样式。

- 引线:可用于设置引线标注时有无箭头及箭头样式。
- 箭头大小:箭头的大小与图样的大小有关,一般设置为 3~5。

②"圆心标记"区,控制直径标注和半径标注的圆心标记和中心线的外观。
- 有"无""标记""直线"三个按钮,标注结果如图 3-74 所示。
- "大小"文本框:显示和设置圆心标记或中心线的长度。

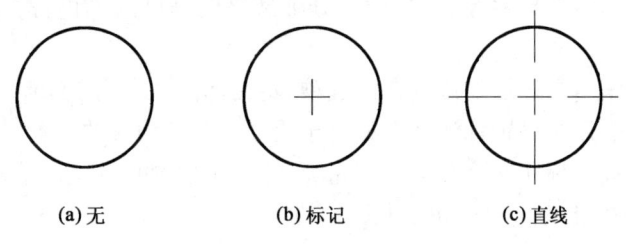

(a) 无　　(b) 标记　　(c) 直线

图 3-74　圆心标记

③"折断标注"区,控制折断标注的间距宽度,如图 3-75 所示。

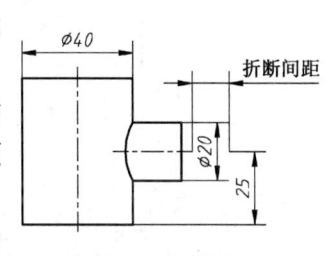

④"弧长符号"区,用于控制弧长标注中圆弧符号的位置与显示。有"标注文字的前缀""标注文字的上方"和"无"三个选项按钮,其标注结果如图 3-76 所示。

⑤"半径折弯标注"区,用于控制折弯半径标注时的折弯角度,如图 3-77 所示。

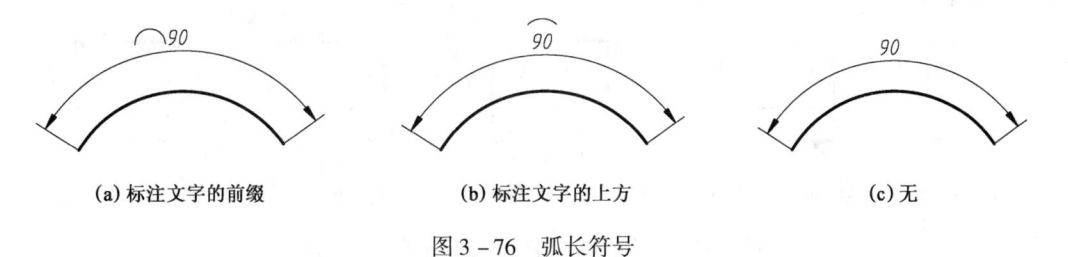

图 3-75　折断标注间距

(a) 标注文字的前缀　　(b) 标注文字的上方　　(c) 无

图 3-76　弧长符号

⑥"线性折弯标注"区,用于控制线性标注折弯的显示。线性折弯高度是通过形成折弯的角度的两个顶点之间的距离确定的,其值为折弯高度因子与文字高度之积,如图 3-78 所示。

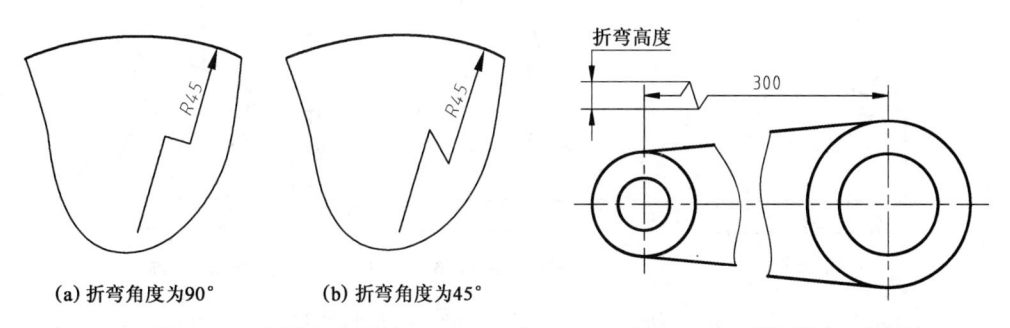

(a) 折弯角度为90°　　(b) 折弯角度为45°

图 3-77　折弯角度图

图 3-78　线性尺寸折弯标注

(3) "文字"选项卡(图 3-54),用于设置标注文字的外观、位置和对齐方式等。
①"文字外观"区,用于设置文字的样式、颜色、高度等。

- "文字样式":设置当前标注文字样式。可从下拉列表中选择一种文字样式,也可单击列表框右侧的按钮,在打开的"文字样式"对话框中设置新的文字样式。
- "文字颜色":设置标注文字的颜色,可从下拉列表中选择颜色。
- "填充颜色":设置标注中文字背景的颜色,一般设置成"无"。
- "文字高度":设置当前标注文字样式的高度,根据图形的大小进行设定。
- "分数高度比例":在尺寸标注中,设置分数文字的高度与当前标注文字样式的高度的比例。
- "绘制文字边框":复选框如果选择此选项,将在标注文字周围绘制一个边框。

②"文字位置"区,用于设置标注文字相对于尺寸线和延伸线的位置。
- "垂直":用于设置标注文字相对于尺寸线在垂直方向的位置。单击右边的下拉箭头,将弹出4个选项:居中、上方、外部、JIS,如图3-79所示。

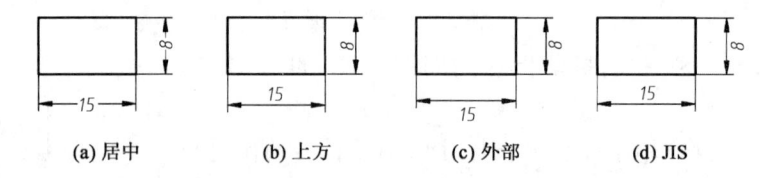

(a) 居中　　(b) 上方　　(c) 外部　　(d) JIS

图3-79　文字相对于尺寸线的4种位置

- "水平":用于设置尺寸文字相对于两条延伸线的位置。单击右边的下拉箭头,将弹出5个选项:居中、第一条延伸线、第二条延伸线、第一条延伸线上方、第二条延伸线上方,如图3-80所示。

(a) 居中　　(b) 第一条延伸线　　(c) 第二条延伸线　　(d) 第一条延伸线上方　　(e) 第二条延伸线上方

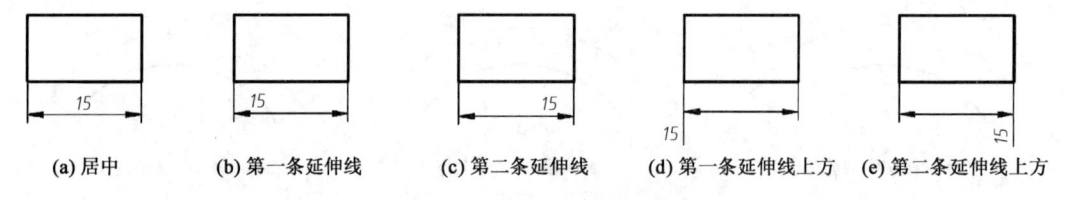

图3-80　尺寸文字相对于延伸线的5种位置

- "从尺寸线偏移":指的是文字底部与尺寸线的距离,一般设为0.6~2。

③"文字对齐"区,用于设置标注文字的放置方式,有"水平""与尺寸线对齐"和"ISO标准"3个选项,如图3-81所示。

(a) 水平　　(b) 与尺寸线对齐　　(c) ISO标准

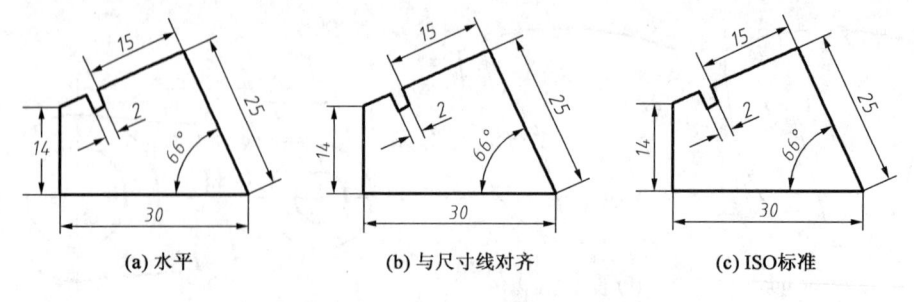

图3-81　文字对齐的3种方式

(4)"调整"选项卡(图3-55),用于控制标注文字、尺寸线、箭头和引线的放置等。
①"调整选项"区,根据延伸线之间的空间来控制文字和箭头的位置。如果有足够大的空

间,文字和箭头都将放在延伸线内;否则,将按照"调整选项"放置文字和箭头。

- "文字或箭头(最佳效果)":由系统根据两尺寸界线间的距离确定尺寸数字与箭头的放置形式。
- "箭头":如果尺寸数字与尺寸箭头两者仅够放一种,就将尺寸箭头放在尺寸界线外,尺寸数字放在尺寸线内;若尺寸数字也不足以放在尺寸线内,尺寸数字与尺寸箭头都放在尺寸界线外。
- "文字":如果尺寸箭头与尺寸数字两者仅够放一种,就将尺寸数字放在尺寸界线外,尺寸箭头放在尺寸界线内;但若尺寸箭头也不足以放在尺寸界线内,则尺寸数字与尺寸箭头都放在尺寸界线外。
- "文字和箭头":如果空间允许,就将尺寸数字与尺寸箭头都放在尺寸界线之间,否则都放在尺寸界线之外。
- "文字始终保持在延伸线之间":表示始终将文字放在延伸线之间。
- "若箭头不能放在延伸线内,则将其消除延伸线":表示当两延伸线之间无足够的空间放置尺寸箭头,则不显示尺寸箭头。

②"文字位置"区,设置标注文字离开其默认位置(由标注样式定义的位置)时的放置位置。有"尺寸线旁边""尺寸线上方,带引线""尺寸线上方,不带引线"3个选项,如图3-82所示。

(a) 尺寸线旁边　　(b) 尺寸线上方,带引线　　(c) 尺寸线上方,不带引线

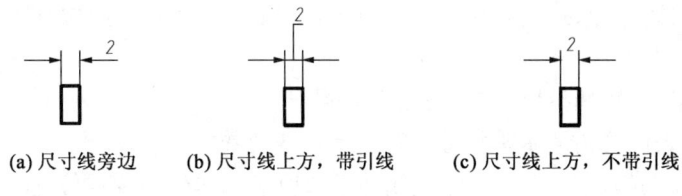

图3-82　文字3种位置

③"标注特征比例"区,用于设置全局标注比例或布局(图纸空间)比例等。所设置的尺寸标注比例因子将影响整个尺寸标注所包含的内容。

- "注释性":将创建注释性标注样式。
- "将标注缩放到布局":确定图纸空间内的尺寸比例系数。
- "使用全局比例":所有标注样式设置一个比例,该缩放比例并不更改标注的测量值。

说明:

将图形放大打印时,尺寸数字、尺寸箭头也随之放大,这不符合机械制图标准。此时可将"使用全局比例"的值设为图形放大倍数的倒数,就能保证打印出图时图形放大而尺寸数字、尺寸箭头大小不变。

④"优化"区,用于设置标注尺寸时的精细微调。

- "手动放置文字":忽略所有对正设置并把文字放在"尺寸线位置"提示下指定的位置。
- "在延伸线之间绘制尺寸线":表示 AutoCAD 会在两条延伸线之间绘制尺寸线,而不考虑两条延伸线之间的距离。

(5)"主单位"选项卡(图3-56),用于设置主单位的格式、精度和标注文字的前缀、后缀等。

①"线性标注"区,用于设置线性标注的格式和精度。

- "单位格式":用来设置所注线性尺寸单位,一般使用十进制,即默认设置为"小数"。
- "精度":用来设置线性基本尺寸数字中小数点后面的位数。

- "分数格式":用来设置线性基本尺寸中分数的格式。
- "小数分隔符":用来指定十进制单位中小数分隔符的形式。
- "舍入":用来设置线性基本尺寸值舍入(即取最近值)的规定。
- "前缀":用来在尺寸数字的前面加一个前缀,如圆直径尺寸要加"φ"(％％C)。
- "后缀":用来在尺寸数字的后面加一个后缀,如单位"cm"。

②"测量单位比例"区。
- "比例因子":根据绘图比例设置相应的比例因子,可直接标注形体的大小。例如,当图形采用1∶1比例绘制时,该"比例因子"设置为"1";当图形采用2∶1放大比例绘制时,"比例因子"设置为"0.5"。此时,图形标注的尺寸数值为原数值(即图形放大,标注的尺寸不放大)。
- "仅应用到布局标注":控制把比例因子仅用于布局中的尺寸。

③"消零"区。
- "前导":用来控制是否对前导"0"加以显示。选中将不显示十进制尺寸整数"0",如"0.05"显示为".05"。
- "后续":用来控制是否对后续"0"加以显示。选中"后续"选项,将不显示十进制尺寸小数后末尾的"0",如"0.50"显示为"0.5"。

④"角度标注"区,用来控制角度尺寸度量单位、精度及尺寸数字中"0"的显示。共有两个下拉列表。
- "单位格式":一般选择"十进制度数",即默认。
- "精度":用来设置角度基本尺寸小数后保留的位数。

(6)"换算单位"选项卡,其设置与"主单位"选项卡基本相同,不再讲述。

(7)"公差"选项卡(图3-83),用于控制标注文字中公差的格式及显示。

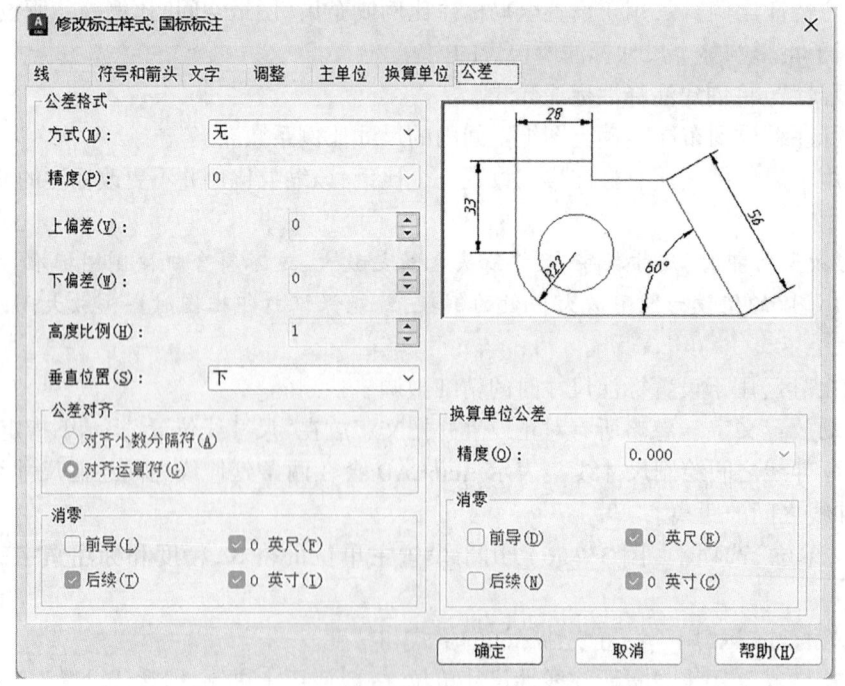

图3-83 "公差"选项卡

①"公差格式"区,用于设置公差标注格式。
  • "方式":设置计算公差的方法。该下拉列表框中有 5 种方式:无、对称、极限偏差、极限尺寸、基本尺寸,如图 3-84 所示。

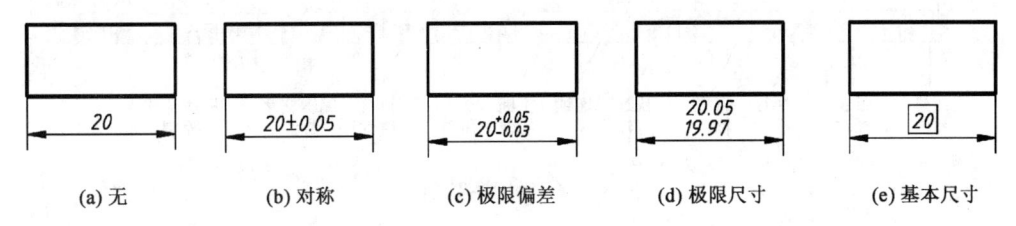

图 3-84 公差标注方式

  • "精度":用于设置偏差值的精度。
  • "上偏差":用来输入尺寸的上偏差值,上偏差默认状态是正值,若为负值应在数字前面输入"-"号。
  • "下偏差":用来输入尺寸的下偏差值,下偏差默认状态是负值,若为正值应在数字前面输入"-"号。
  • "高度比例":用来设定尺寸公差数字的高度。该高度是由公差数字的字高与基本尺寸的字高的比值来确定的。例如:"0.5"这个值相当于公差数字的字高是基本尺寸数字的字高的 0.5 倍。
  • "垂直位置":用于设置上下偏差相对于基本尺寸的位置。选项中包括三种位置,即"上""中"和"下",如图 3-85 所示。

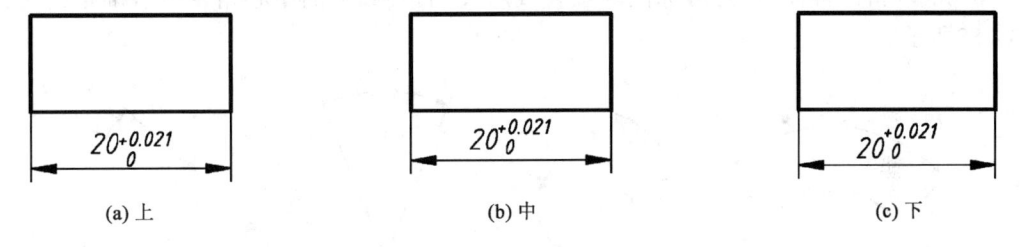

图 3-85 公差数字的对齐方式

②"公差对齐"项,堆叠时,用于控制上偏差值和下偏差值的对齐。
  • "对齐小数分隔符":通过值的小数分隔符堆叠值。
  • "对齐运算符":通过值的运算符堆叠值。
③"消零"项,用于确定是否显示偏差的前导零和后续零以及零英尺和零英寸部分。
④"换算单位公差"区,用于设置换算单位的精度和消零方式。

3. 尺寸标注

在创建了尺寸样式后,就可以进行尺寸标注了。为方便操作,在标注尺寸前,应将"尺寸线"图层设置为当前层,且打开自动捕捉功能,调用如图 3-86 所示的"标注"工具栏。

(1)线性标注,标注两点间的水平、垂直距离尺寸,在指定尺寸线的倾斜角后也可标注斜向尺寸,如图 3-49 所示。
(2)对齐标注,标注倾斜直线的长度,如图 3-49 所示。
(3)弧长标注,标注弧长,如图 3-87 所示。

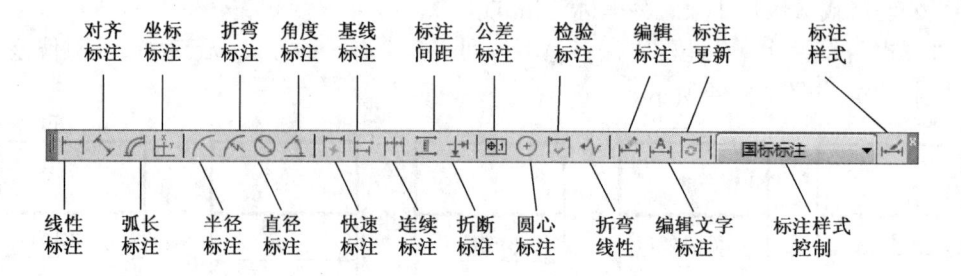

图 3-86 "标注"工具栏

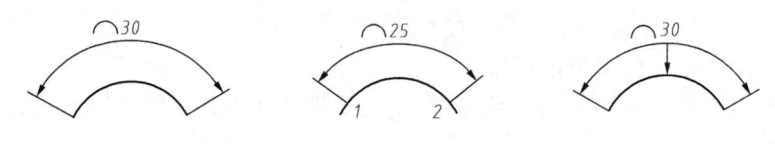

图 3-87 弧长标注

(4)半径标注,标注圆和圆弧的半径,并且自动添加半径符号"R",如图 3-49 所示。

(5)直径标注,标注圆和圆弧的直径,并且自动添加直径符号"φ",如图 3-49 所示。

(6)基线标注,用于标注有公共尺寸界线(作为基线)的一组相互平行的线性尺寸或角度尺寸,如图 3-53 所示。

(7)连续标注,用于标注与前一个标注或选定标注首尾相连的一组线性尺寸或角度尺寸,如图 3-49 所示。

(8)角度标注,标注角度,可标注两条直线所夹的角、圆弧的中心角及三点确定的角,如图 3-88 所示。

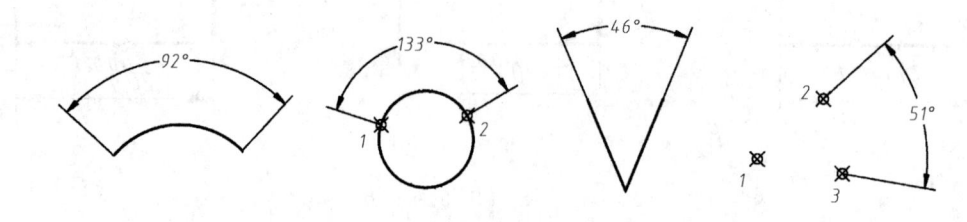

图 3-88 角度标注

(9)折弯标注,标注折弯形的半径尺寸,用于半径较大、尺寸线不便或无法通过其实际圆心位置的圆弧或圆的标注,如图 3-89 所示。

(10)折断标注,将选定的标注在其尺寸界线处,或尺寸线与图形中的几何对象(或其他标注)相交的位置打断,从而使标注更为清晰,如图 3-75 所示。

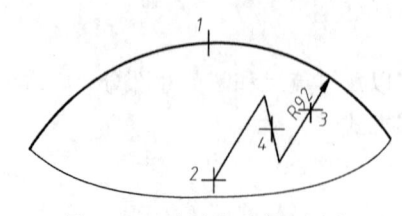

图 3-89 折弯标注圆弧半径

四、思考与练习

(1)在 AutoCAD 中,可以使用的尺寸标注类型有哪些?

(2)如何设置尺寸标注样式?

(3)绘制如图 3-90 所示图形,并进行尺寸标注,要求采用"国标标注"标注样式。

图 3-90　绘制图形练习

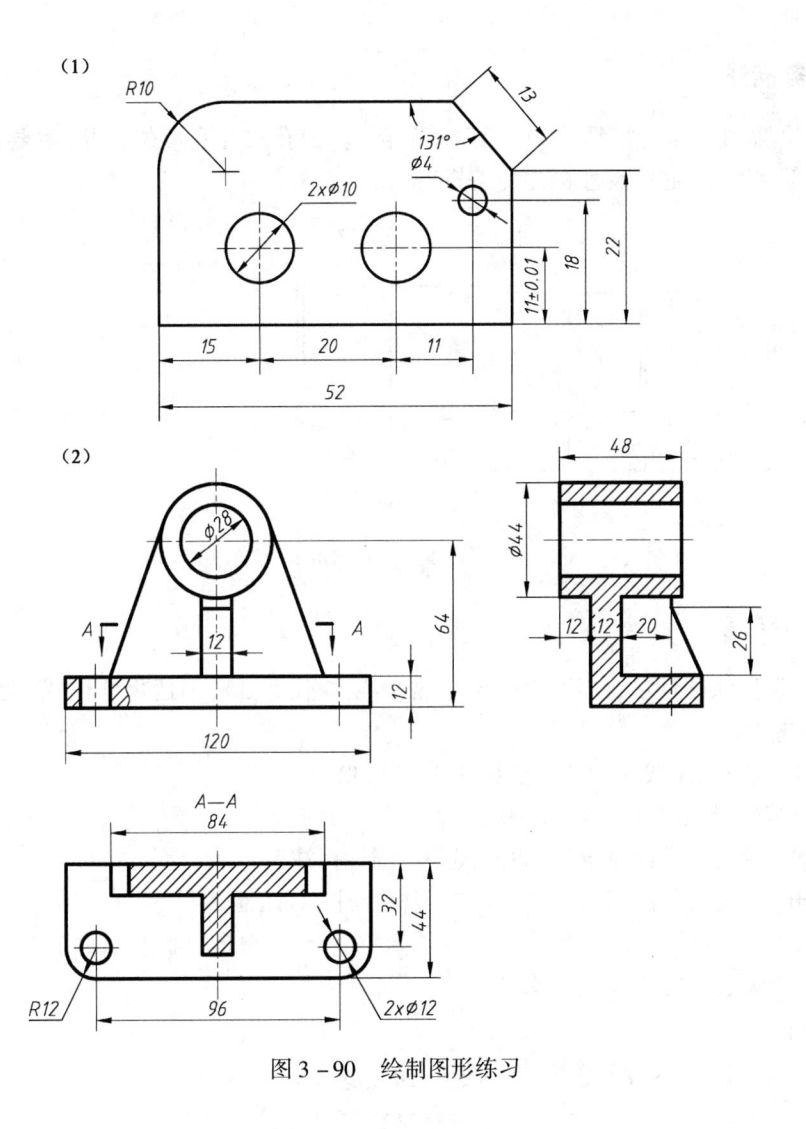

任务 5　引线标注

知识点

- 多重引线样式创建。
- 引线标注。
- 尺寸编辑。

任务 5　引线标注

技能点

- 能创建多重引线样式。
- 能进行引线标注。

一、任务描述

本任务讲解如何标注如图3-91所示轴的倒角、销孔尺寸及形位公差,主要涉及"多重引线样式创建""引线标注""尺寸标注的编辑"。

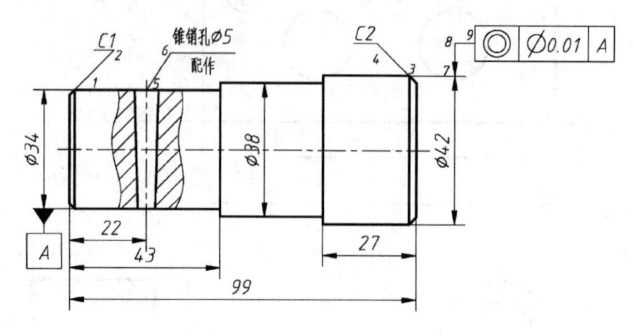

图3-91 引线标注

二、任务实施

第1步:设置绘图环境,创建文字样式(见本模块任务3),创建尺寸样式(见本模块任务4),操作过程略。

第2步:绘制轴,用线性命令标注尺寸34、38、42。

第3步:编辑径向尺寸为φ34、φ38、φ42。

(1)打开"标注样式管理器"对话框,选择"国标标注"。

(2)单击"替代",弹出"替代当前样式:国标标注"对话框。

(3)单击"主单位",在"前缀"文本框中输入"%%C",单击"确定",回到主对话框。

(4)单击"确定",完成替代样式操作。

(5)更新标注。

单击工具栏:标注→标注更新 按钮,操作步骤如下:

```
命令:_dimstyle                              //启动"标注更新"命令
当前标注样式:国标标注  注释性:否           //系统提示
当前标注替代:DIMPOST  %%C<>                //系统提示
输入标注样式选项[注释性(AN)/保存(s)/恢复(R)/
状态(ST)/变量(V)/应用(A)/?]<恢复>:_apply    //系统提示
选择对象:找到1个                            //选择径向尺寸34
选择对象:找到1个,总计2个                    //选择径向尺寸38
选择对象:找到1个,总计3个                    //选择径向尺寸42
选择对象:↙                                  //回车,结束命令,完成标注更新
```

第4步:创建"倒角"多重引线样式。

(1)单击:格式→多重引线样式,弹出"多重引线样式管理器"对话框,如图3-92所示。

(2)单击"新建",弹出"创建新多重引线样式"对话框,在"新样式名"文本框中输入样式名"倒角",如图3-93所示。

(3)单击"继续",弹出"修改多重引样式:倒角"对话框。

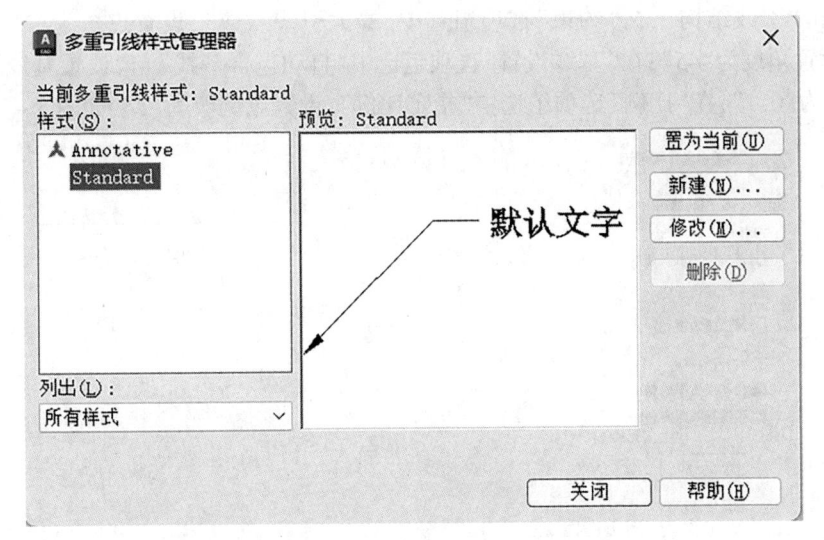

图3-92 "多重引线样式管理器"对话框

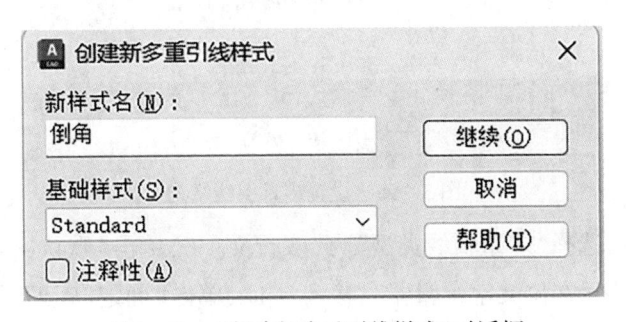

图3-93 "创建新多重引线样式"对话框

(4)单击"引线格式",在"常规"选项下设置引线的"类型"为"直线",在"箭头"选项下选择引线箭头的"符号"为"无",即设置引线不带箭头,如图3-94所示。

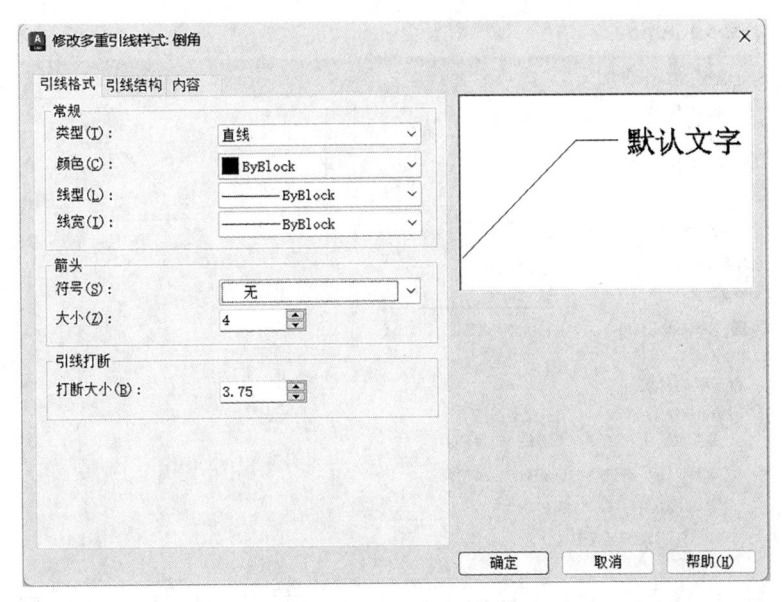

图3-94 设置多重引线格式

（5）单击"引线结构"，在"约束"选项组选中"最大引线点数"，设置点数为"2"，选中"第一段角度"，设置角度为"45"；在"基线设置"选项组选中"自动包含基线"与"设置基线距离"，并设置基线距离为"0.1"；在"比例"选项组选中"指定比例"，设置比例值为"1"，如图 3-95 所示。

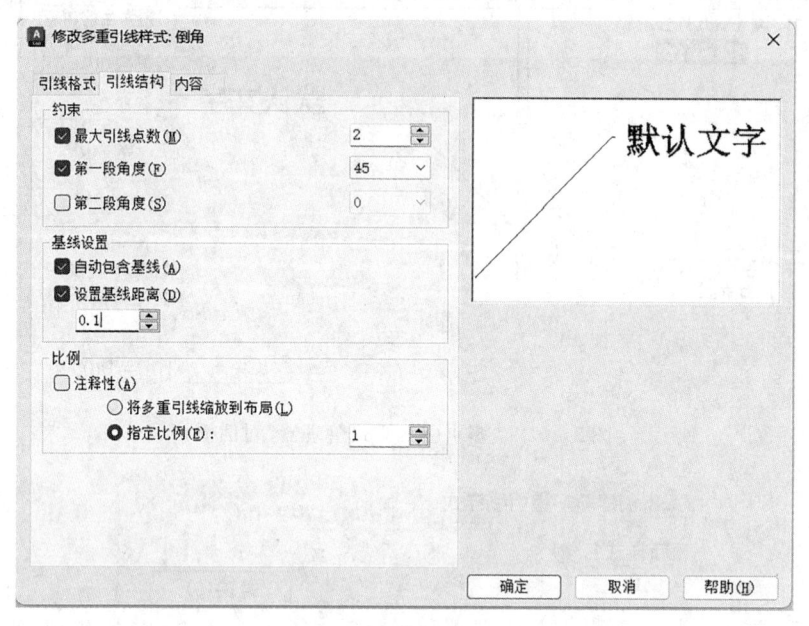

图 3-95　设置多重引线结构

（6）单击"内容"，选择"多重引线类型"为"多行文字"，单击"默认文字"文本框右侧的按钮 ，打开多行文字"在位文字编辑器"，输入"C1"，单击"确定"返回对话框，设置"文字样式"为"国标字"，"文字角度"为"保持水平"，"高度"为"5"（与尺寸标注设置的字高一致）；在"引线连接"选项组下选择"连接位置"均为"最后一行加下划线"（即设置倒角不论连接在引线的左方还是右方均在倒角下加划线），如图 3-96 所示。

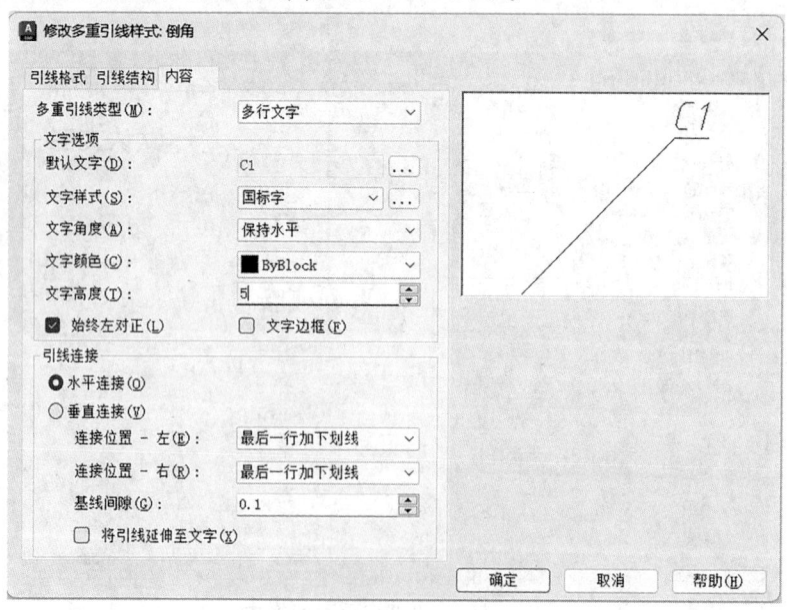

图 3-96　设置多重引线的注释内容

(7)单击"确定",返回主对话框,新的多重引线样式显示在"样式"列表中,并可在"预览"框内显示该样式外观,如图3-97所示。至此完成"倒角"样式的创建。

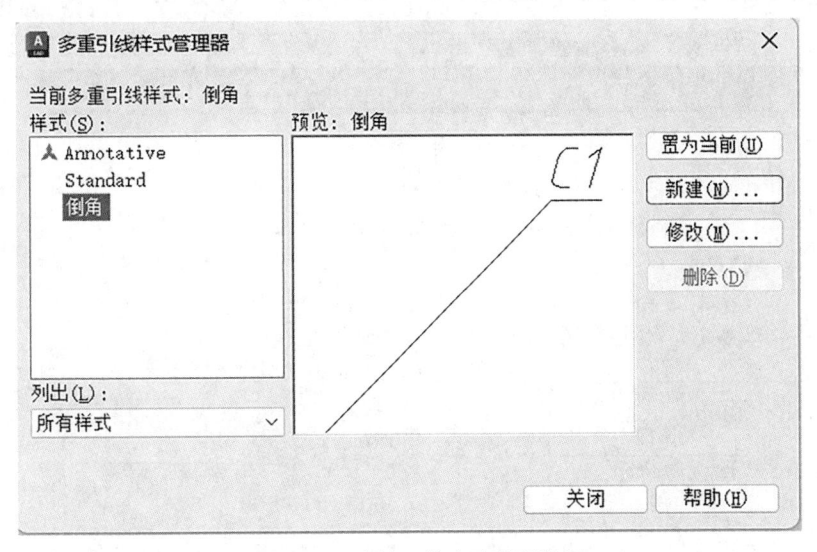

图3-97 "倒角"样式及其预览图

第5步:创建"销孔标注"样式。

(1)单击"新建",弹出"创建新多重引线样式"对话框,在"新样式名"文本框中输入样式名"销孔标注"。

(2)单击"继续",弹出"修改多重引样式:销孔标注"对话框。

(3)"引线格式"的参数不需改动;"引线结构"选项卡下不勾选"第一段角度",如图3-98所示。

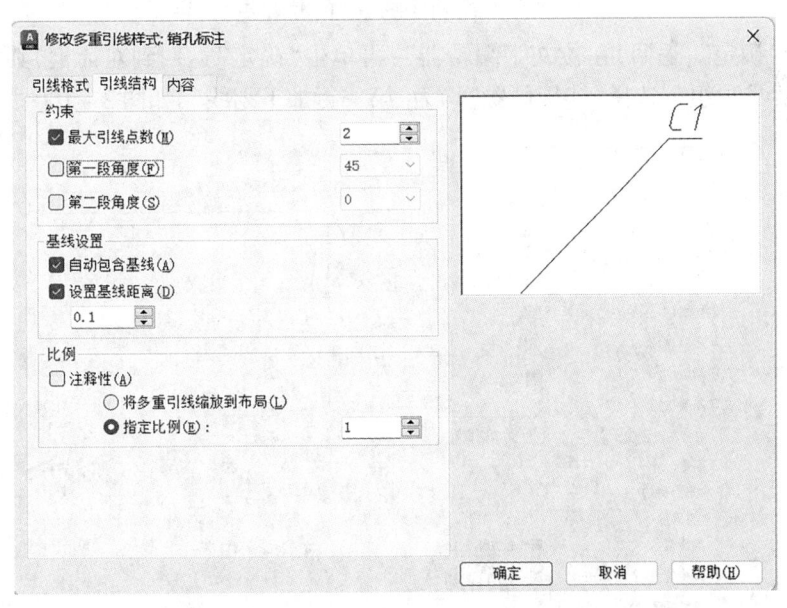

图3-98 设置"销孔标注"的引线结构图

(4)单击"内容",单击"默认文字"文本框右侧的按钮 [...] ,打开多行文字"在位文字编辑器",在打开的多行文字"在位文字编辑器"输入如图3-99(a)所示两行内容,单击 按钮,采用"居中"对齐;单击"行距"图标 按钮,选择"其他",弹出"段落"对话框,选中"段落行距",设置"行距"为"精确",设置"行距"为"4.5",如图3-99(b)所示。

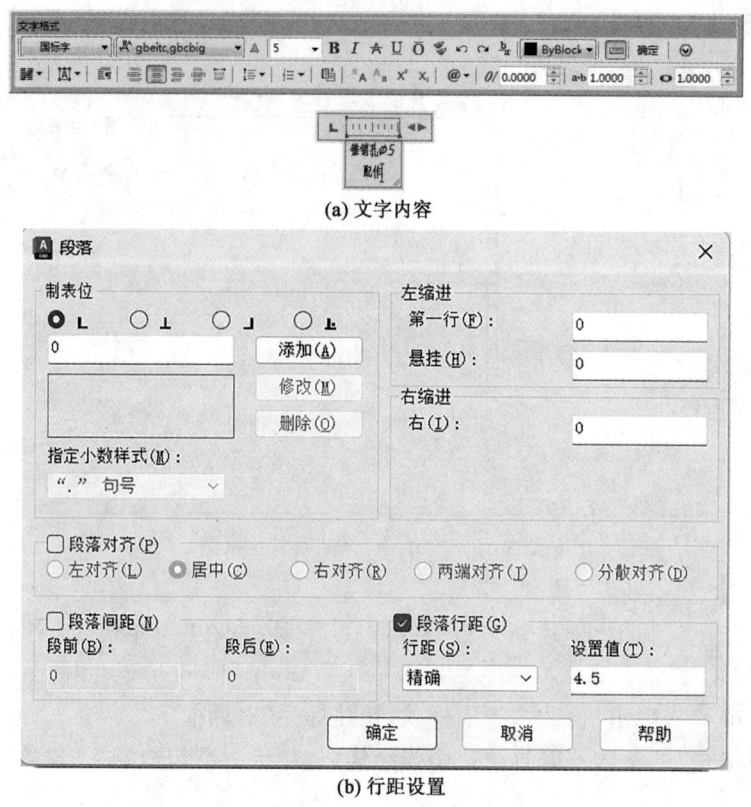

(a) 文字内容

(b) 行距设置

图3-99 设置"销孔标注"的默认文字内容

(5)单击"确定",返回"在位文字编辑器";再单击"确定"返回到对话框,其他选项不变,在"引线连接"选项组下选择"连接位置"均为"第一行加下划线",如图3-100所示。

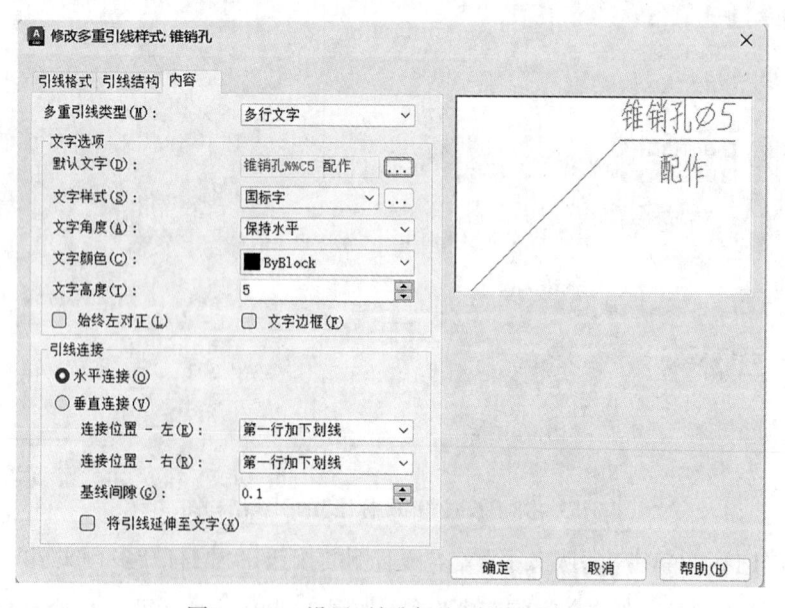

图3-100 设置"销孔标注"的注释内容

(6)单击"确定",返回到主对话框,新的多重引线样式显示在"样式"列表中,并可在"预览"框内显示该样式外观,如图3-101所示。

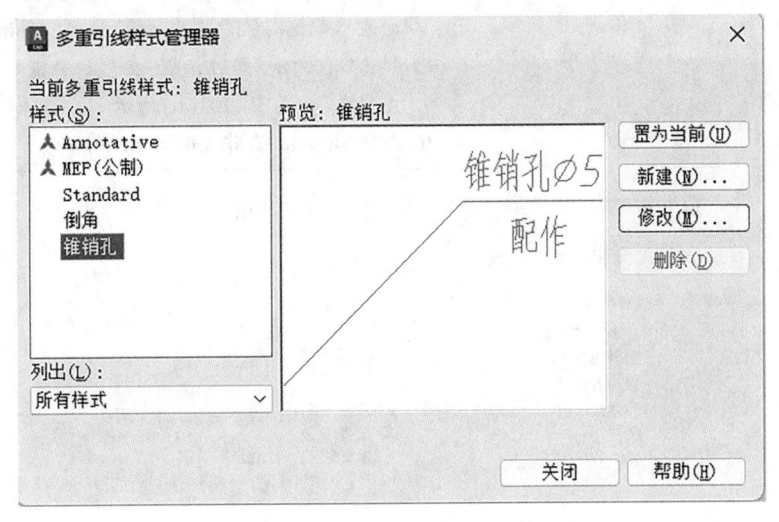

图3-101 "销孔标注"样式及其预览

第6步:选择"倒角"样式,单击"置为当前",将"倒角"样式设置为当前样式。单击"关闭",关闭"多重引线样式管理器"对话框,完成设置。

第7步:标注倒角。利用"多重引线"命令标注倒角尺寸。

单击工具栏:多重引线→ ⌒ (多重引线)按钮,操作步骤如下:

命令:_mleader	//启动"多重引线"命令
指定引线箭头的位置或[引线基线优先(L)/内容优先(C)/选项(O)]<选项>:	//捕捉点1,如图3-91所示
指定引线基线的位置:	//在适当位置拾取点2,如图3-91所示
覆盖默认文字[是(Y)/否(N)]<否>:↵	//回车。来用默认的文字"C1"
命令:↵	//回车,重复"多重引线"命令
指定引线箭头的位置或[引线基线优先(L)/内容优先(C)/选项(O)]<选项>:	//捕捉点3,如图3-91所示
指定引线基线的位置:	//在适当位置拾取点4,如图3-91所示
覆盖默认文字[是(Y)/否(N)]<否>:Y	//输入Y,回车,弹出"在位文字编辑器",在"在位文字编辑器"输入"C2"
单击"确定"	//关闭"在位文字编辑器",完成标注

第8步:标注销孔尺寸。

(1)将"销孔标注"设置为当前多重引线样式。

(2)利用"多重引线"命令采用默认文字标注销孔尺寸,方法同倒角标注,此处不再赘述。

第9步:利用"快速引线"命令标注形位公差。

命令行键入"QLEADER",操作步骤如下:

命令:_qleader	//调用"快速引线"命令
指定第一个引线点或[设置(S)]<设置>:↵	//回车,弹出"引线设置"对话框,设置"注释"类型为"公差",如图3-102(a)所示,单击确定,对话框关闭

指定第一个引线点或[设置(S)]<设置>:	//捕捉点7,如图3-91所示
指定下一点:	//打开极轴,垂直向上追踪拾取点8,如图3-91所示
指定下一点:	//向左水平追踪拾取点9,如图3-91所示
	弹出"形位公差"对话框,在形位公差对话框中设置公差形式,如图3-102(b)所示
单击"确定"	//关闭"形位公差对话框",完成标注

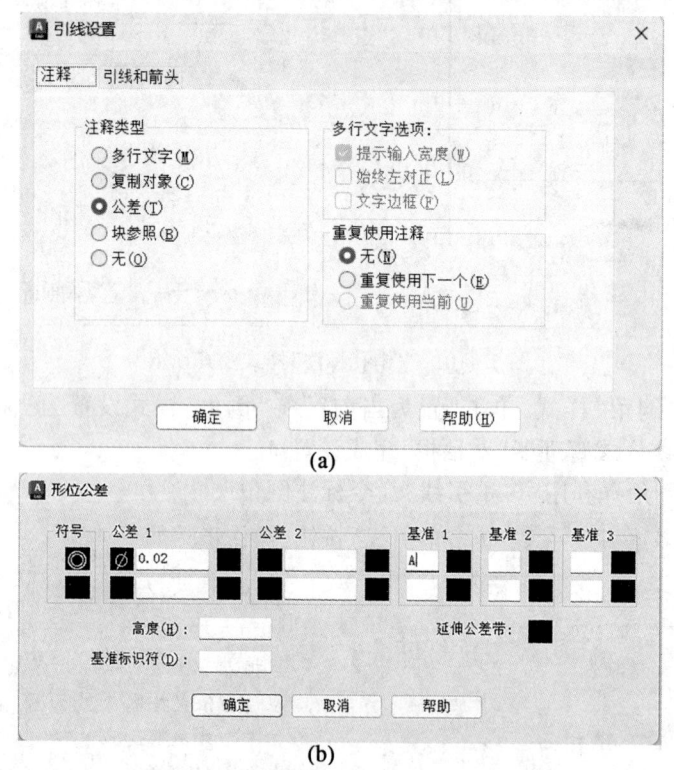

(a)

(b)

图3-102 设置"形位公差"对话框中各参数

三、知识链接

1. 多重引线样式

多重引线是由基线、引线、箭头和注释内容组成的标注,如图3-103所示。引线可以是直线或样条曲线,注释内容可以是文字、图块等多种形式。"多重引线"工具栏如图3-104所示。

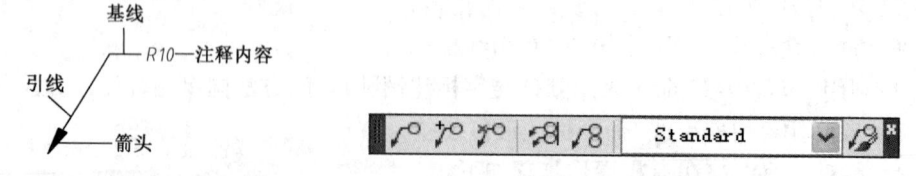

图3-103 多重引线的组成部分　　　　图3-104 "多重引线"工具栏

多重引线样式可以指定基线、引线、箭头和注释内容的格式,用以控制多重引线对象的外观。

1) 调用命令的方式

(1) 工具栏:多重引线→ 按钮。

(2)下拉菜单:格式→多重引线样式。

(3)键盘命令:MLEADERXTYLE。

(4)功能区:默认→注释→ 按钮或者注释→引线面板右下角箭头 。

执行上述命令后,弹出如图3-92所示的"多重引线样式管理器"对话框,在该对话框中可以新建多重引线样式或者修改、删除已有的多重引线样式。

2)"修改多重引线样式"对话框

该对话框有"引线格式""引线结构"和"内容"3个选项卡,对3个选项卡的各选项进行设置,也就设置了多重引线的特性。各选项卡含义如下:

(1)"引线格式"选项卡。

①"基本"选项组用于设置引线的类型(有"直线""样条曲线"和"无"3种类型)、颜色、线型和线宽。

②"箭头"选项组用于设置引线箭头的形状和大小。

③"引线打断"选项组用于设置打断引线标注时的折断间距。

(2)"引线结构"选项卡。

①"约束"选项组用于设置引线点数和角度。"最大引线点数"决定了引线的段数,系统默认的"最大引线点数"最小为2,仅绘制一段引线;"第一段角度"和"第二段角度"分别控制第一段与第二段引线的角度。

②"基线设置"选项组用于设置引线是否自动包含水平基线及水平基线的长度。当选中"自动包含基线"复选框后,"设置基线距离"复选框亮显,用户输入数值以确定引线包含水平基线的长度。

③"比例"选项组用于设置引线标注对象的缩放比例。一般情况下,用户在"指定比例"文本框内输入比例值,控制多重引线标注的大小。

(3)"内容"选项卡。

①"多重引线类型"选项组用于设置引线末端的注释内容的类型,有"多行文字""块"和"无"三种。

②当注释内容为多行文字时,应在"文字选项"选项组设置注释文字的样式、角度、颜色和高度。

③在"引线连接"选项组确定注释内容的文字对齐方式、注释内容与水平基线的距离。附着在引线两侧文字的对齐方式可以分别设置,如图3-105所示为"连接位置—左"和"连接位置—右"设置的9种情况。

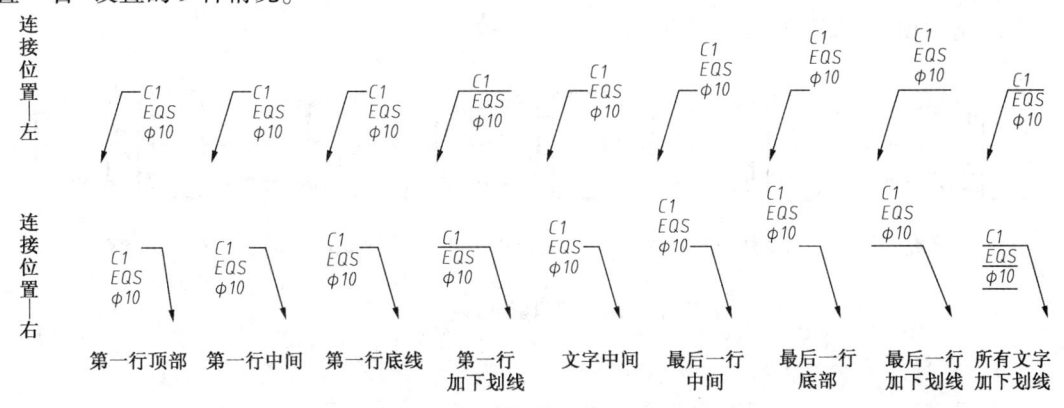

图3-105 多重引线与多行文字的连接方式

2. 多重引线标注

利用"多重引线"命令可以按当前多重引线样式创建引线标注对象,还可以重新指定引线的某些特性。

调用命令的方式如下:

(1) 工具栏:多重引线→ 按钮。

(2) 下拉菜单:标注→多重引线。

(3) 键盘命令:MLEADER。

(4) 功能区:默认→注释→ 按钮或者注释→引线→ 按钮。

3. 引线标注

"引线"命令的注释内容是多行文字、形位公差和块,还可以在图形中选定多行文字、单行文字、公差或块参照对象作为副本连接到引线末端。

在 AutoCAD 2025 中"引线"命令常用于形位公差的标注,其命令名为 QLEADER。

说明:

QLEADER 命令在 AutoCAD 2008 以前的版本中称为"快速引线",图标为 ,AutoCAD 2025 的"标注"工具栏中无此图标,用户可将其增加到"标注"工具栏中,以便快速标注形位公差。

4. 尺寸标注编辑

当需要更改已标出的尺寸标注时,不必删除它们并重新标注,可使用由 AutoCAD 所提供的编辑标注的有关命令来实现对尺寸标注的修改。

1) 编辑标注

"编辑标注"命令可以修改选定对象的文字内容,能旋转、修改或恢复标注文字,以及将尺寸界线倾斜指定角度。

(1) 调用命令的方式。

① 工具栏:标注→ 按钮。

② 键盘命令:DIMEDIT。

执行上述命令后,命令行提示:

输入标注编辑类型 [默认(H)/新建(N)/旋转(R)/倾斜(O)] <默认>:

(2) 选项说明,如图 3-106 所示。

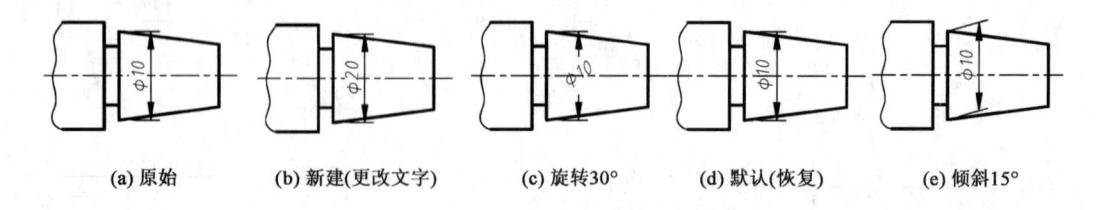

(a) 原始　　(b) 新建(更改文字)　　(c) 旋转30°　　(d) 默认(恢复)　　(e) 倾斜15°

图 3-106　编辑标注各选项图示

2) 编辑标注文字

"编辑标注文字"命令可以移动或旋转标注文字。

(1) 调用命令的方式。

①工具栏:标注→ 按钮。

②下拉菜单:标注→对齐文字→子菜单选项。

③键盘命令:DIMTEDIT。

执行上述命令后,命令行提示:

> 选择标注:(选择一标注对象)
> 为标注文字指定新位置或[左对齐(L)/右对齐(R)/居中(C)/默认(H)/角度(A)]:

(2) 选项说明,如图 3 – 107 所示。

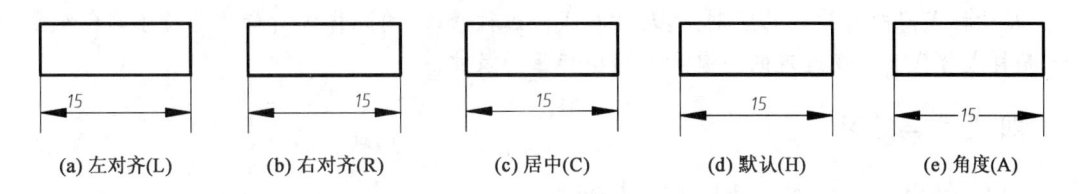

(a) 左对齐(L)　　(b) 右对齐(R)　　(c) 居中(C)　　(d) 默认(H)　　(e) 角度(A)

图 3 – 107　编辑标注文字各选项图示

3) 调整标注间距

"调整标注间距"命令可对平行的线性标注之间的间距或共享一个公共顶点的角度标注之间的间距做等距调整,还可以通过使用间距值"0"来对齐线性标注或角度标注。

调用命令的方式如下:

(1) 工具栏:标注→ 按钮。

(2) 下拉菜单:标注→标注间距。

(3) 键盘命令:DIMSPACE。

(4) 功能区:注释→标注→ 按钮。

执行上述命令后,命令行提示:

> 选择基准标注:(选择平行线性标注或角度标注)
> 选择要产生间距的标注:(选择平行线性标注或角度标注以从基准标注均匀隔开,并按 Enter 键)
> 输入值或[自动(A)]<自动>:(指定间距或按 Enter 键)

4) 标注更新

"标注更新"命令可以将图形中已标注的尺寸标注样式更新为当前尺寸标注样式。调用命令的方式如下:

(1) 工具栏:标注→ 按钮。

(2) 下拉菜单:标注→更新。

(3) 键盘命令:DIMSTYLE。

(4) 功能区:注释→标注→ 按钮。

5) 利用标注快捷菜单编辑尺寸标注

AutoCAD 提供有标注的快捷菜单,用户在选择需要编辑的标注对象后右击弹出快捷菜单,选择相应选项,可编辑标注文字的位置、修改标注文字的精度、更改所选对象的标注样式以及是否翻转箭头。

6）利用对象"特性"选项板编辑尺寸标注

在需要编辑的标注对象上右击，选择"特性"，打开"特性"选项板，用户可以查看所选标注的所有特性并对其进行修改。

7）编辑尺寸样式

用户可以在"标注样式管理器"对话框中通过单击"修改"来修改当前尺寸样式中的设置，或单击"替代"设置临时的尺寸标注样式，用来替代当前尺寸标注样式的相应设置。对话框中各选项的含义与"新建标注样式"对话框的相同，在此不再赘述。

说明：

尺寸样式修改与替代的区别是：尺寸样式一旦被修改，用此样式所标注的尺寸都会发生改变，而样式替代只改变选定的对象和其后所标注的尺寸。

四、思考与练习

（1）怎样更改当前图图形中已经标注的尺寸？
（2）"多重引线"标注有什么用途？
（3）绘制如图3-108所示轴并标注尺寸（基准符号暂不标注），要求采用"国标标注"标注样式和"倒角标注""销孔标注"多重标注样式进行标注。

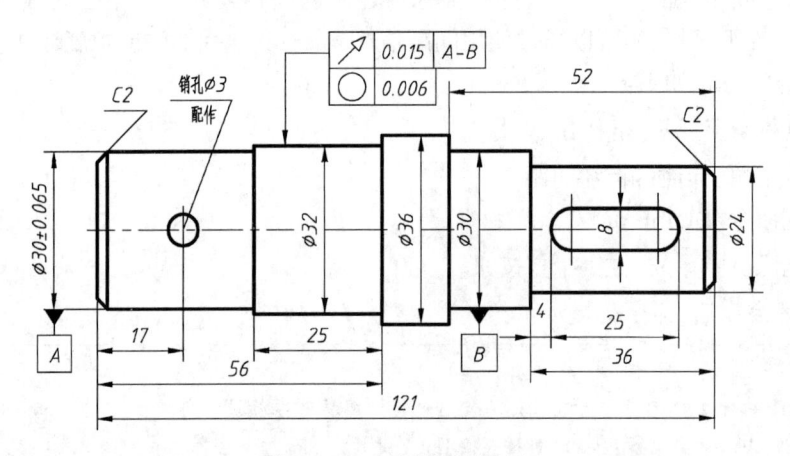

图3-108　绘制图形练习

任务6　图块的创建与应用

知识点

- 创建块（内部块）与写块（存储块）。
- 插入块。
- 块属性。

任务6　图块的创建与应用

技能点

● 能根据绘图需要创建各类块。

一、任务描述

在绘制工程图中,有许多重复出现的符号,例如机械设计中的表面粗糙度符号、形位公差基准符号等,把这些常用的符号和结构做成图块,在绘图时只需要插入图块,就可以方便快速地绘制相同或类同的结构和符号。

本任务讲解图块的创建与应用,如图3－109所示。

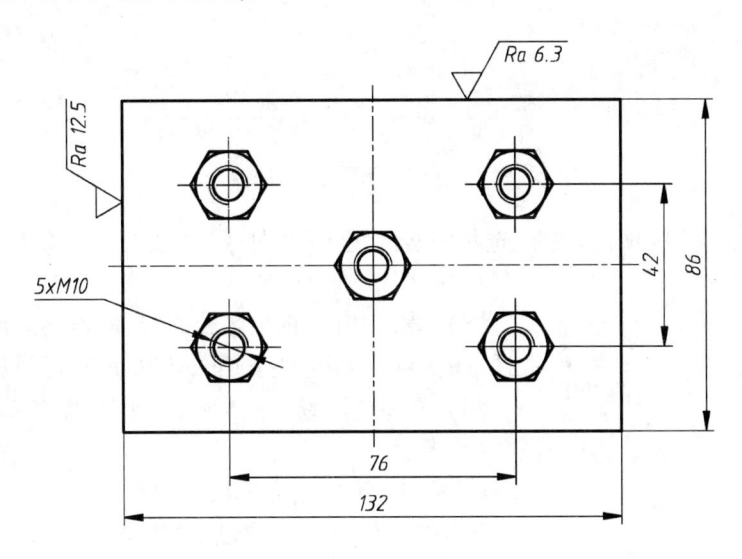

图3－109 图块的创建与应用

二、任务实施

第1步:设置绘图环境,建文字样式和尺寸标注样式,绘制图形,操作过程略,如图3－110所示。

第2步:将螺母俯视图创建为内部块。

(1)绘制螺母俯视图,如图3－111所示。

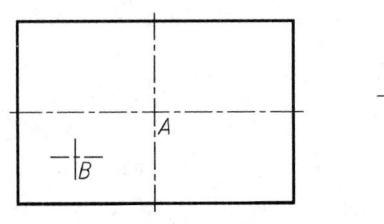

图3－110 绘矩形板及中心线　　图3－111 螺母俯视图

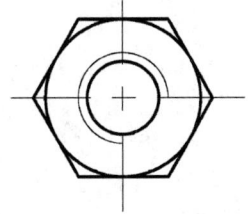

(2)单击工具栏:绘图→创建块 按钮,弹出如图3－112所示的"块定义"对话框。

(3)在"名称"下拉列表中输入"螺母俯视"。

图 3-112 "块定义"对话框

(4)单击"对象"选项区域的"选择对象",返回绘图区域,选择螺母俯视,回车,返回对话框。

(5)单击"基点"选项区域的"拾取点",返回绘图区域,拾取螺母的中心点作为块的插入点,拾取后返回对话框。

(6)选中"按统一比例缩放",其余参数的设置如图 3-112 所示。

(7)单击"确定",完成块的创建。

第 3 步:插入一个"螺母俯视"块。

(1)单击:插入→块,弹出"插入"对话框,在"最近使用的项目"中选择"螺母俯视",设置比例值为 1,旋转角度为 0°,如图 3-113 所示。

(2)单击"确定",返回绘图区,拾取点 A,如图 3-110 所示,确定块的插入位置。

第 4 步:键入 MINSERT 命令,插入矩形阵列"螺母俯视"块。

图 3-113 "插入"对话框

```
命令:_minsert                                    //调用"插入矩形阵块"命令
输入块名或[?]:螺母俯视↙                         //输入块名称
单位:毫米  转换:1.0000                           //系统提示
指定插入点[基点(B)比例(S)/旋转(R)]:              //捕捉 B 点,如图 3-110 所示
指定旋转角度<0>:                                 //回车,选择默认值
输入行数(---)<1>:2                              //输入行数为 2
输入列数(|||)<1>:2                              //输入列数为 2
输入行间距或指定单位单元(---):42↙              //输入行间距 42
指定列间距(|||):76↙                             //输入行间距 76
```

第5步:绘制表面粗糙度符号。

(1)将0层置为当前,用正多边形命令作任意边长的正三边形,如图3-114(a)所示,作图过程略。

(2)用缩放命令将图3-114(a)所示的正三边形,缩放成高为H_1的正三边形,并经分解、延伸等命令操作,完成如图3-114(b)所示图形。其中,根据国标规定(GB/T 131—2006),当数字和字母高度为h时,$H_1=1.4h$,$H_2\approx 2.1H_1$。

(3)绘制完整符号,如图3-113(c)所示,图中各部分尺寸是以字高"5"为例绘制的。

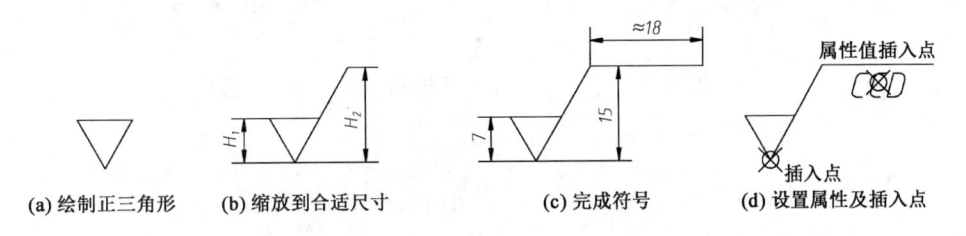

(a) 绘制正三角形　(b) 缩放到合适尺寸　(c) 完成符号　(d) 设置属性及插入点

图3-114　创建带有属性的块——表面粗糙度

说明:

表面粗糙度符号的大小与图中尺寸标注样式所设的字高是一致的,本图中的字高设为"5",故此符号以字高5为例绘制。

第6步:定义表面粗糙度的属性。

(1)单击菜单:绘图→块→定义属性,弹出如图3-115所示"属性定义"对话框,在"标记"文本框中输入属性标记"CCD",在"提示"文本框中输入提示内容"请输入粗糙度值",在"默认"文本框中输入默认粗糙度参数代号"Ra 3.2",在"文字设置"选项选择"对正"方式为"正中","文字样式"为"国标字","文字高度"为"5",如图3-115所示。

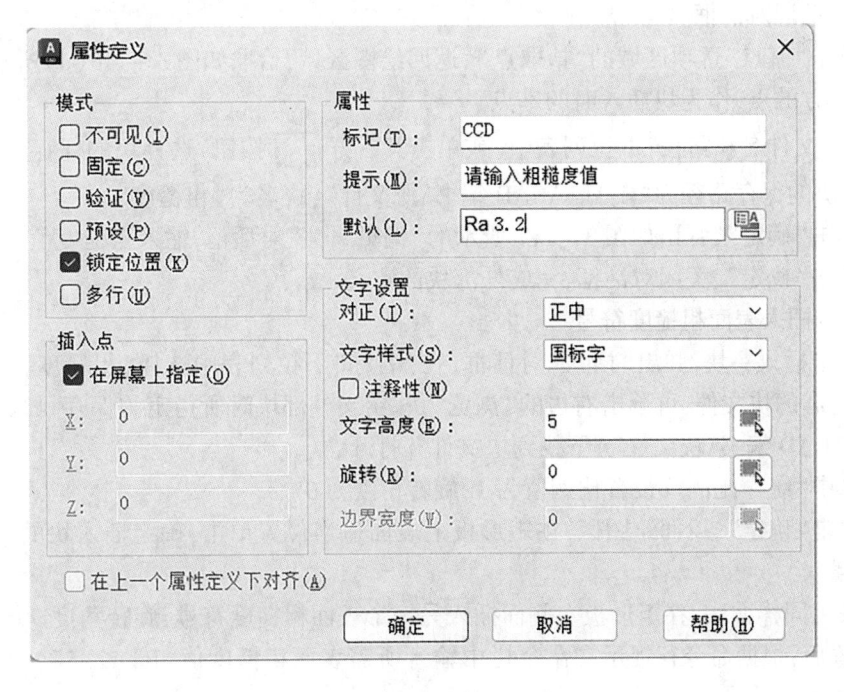

图3-115　"属性定义"对话框

127

(2)单击"确定"按钮,返回绘图区,在表面粗糙度符号水平线的下方适当位置[如图3-114(d)中所示位置]单击,确定属性的位置。

第7步:创建表面粗糙度写块(块存盘)。

(1)键入"WBLOCK"命令,回车,弹出如图3-116所示"写块"对话框。

图3-116 "写块"对话框

(2)在"源"选项区域选择"对象",指定通过选择对象方式确定所要定义块的来源。

(3)单击"对象"选项区域的"选择对象",返回绘图区域,选择已定义属性的表面粗糙度符号,回车,返回对话框。

(4)单击"基点"选项区域的"拾取点",返回绘图区域,拾取如图3-115(d)所示表面粗糙度符号最下方的点,作为块插入时的基点。

(5)在"文件名和路径"下拉列表中(或单击其右方 ... 按钮)选择块的保存路径、确定块名,本例中块的保存路径为"E:\lgx\CAD 编书\块文件",块名为"粗糙度"。

(6)单击"确定",弹出如图3-117所示的"编辑属性"对话框,输入粗糙度值。

(7)单击"确定",关闭对话框,完成外部块的定义。

第8步:插入表面粗糙度符号。

(1)单击插入→块,弹出"插入"对话框,在"名称"下拉列表中选择"粗糙度"。若下拉列表中没有所需的块文件,可单击右边的"浏览",在定义外部块时所指定的保存目录(如本例中的"E:\lgx\CAD 编书\块文件")下找到块文件并打开。

(2)选中"统一比例",设置比例值为1,旋转角度为0°。

(3)单击"确定",返回绘图区,在矩形板上表面适当位置单击,确定插入块的位置,回车,完成块的插入。

(4)采用同样方法,在矩形板左侧面插入另一个表面粗糙度符号,旋转角度90°,在指定插入块的位置后,根据命令行提示在命令栏中输入所需表面粗糙度值"Ra 12.5",回车,完成第二个块的插入。

图 3-117 "编辑属性"对话框

第9步:保存图形文件。

三、知识链接

1. 图块的概念

在工程设计中,有很多图形元素需要大量重复应用,例如螺栓、螺母、垫圈、轴承等标准件和常用件,以及表面粗糙度代号、标题栏等。对这些多次重复使用的图形如果每次都从头开始绘制,显然麻烦费时。

在 AutoCAD 中,将逻辑上相关联的一系列图形对象定义成一个整体,称之为块。系统把块视作单一的对象,可方便地对其进行诸如插入、移动、复制以及镜像等操作。图块分内部图块与外部图块两种。

2. 创建块(内部块)

调用命令的方式如下:

(1)工具栏:绘图→ 按钮。
(2)下拉菜单:绘图→块→创建块。
(3)键盘命令:BLOCK。
(4)功能区:默认→块→ 按钮。

3. 写块(存储块)

调用命令的方式如下:
(1)键盘命令:WBLOCK。

(2)功能区:默认→块→ [写块] 按钮。

利用写块命令可以将当前图形中的块或图形对象保存为独立的 AutoCAD 图形文件,以便在其他图形文件中调用。写块与创建内部块的过程非常相似,不同之处在于内部块只能在当前图形文件中使用,而写块是以文件的形式保存在硬盘中的,因此使用得更为广泛。

4. 插入块

图形被定义为块后,可通过"插入块"命令直接调用,插入到图形中的块称为块参照。插入块时可以一次插入一个,也可一次插入呈矩形阵列排列的多个块参照。调用"插入块"命令的方式如下:

(1)工具栏:绘图→ [ ] 按钮。

(2)下拉菜单:插入→块。

(3)键盘命令:INSERT 或 I。

(4)功能区:默认→块→ [ ] 按钮。

5. 块属性与属性编辑

当块图形中需要加入与图形相关的文字信息时,要对该图块定义属性。这些属性是对图形的标识或文字说明,是块的组成部分,必须事先进行定义。一个属性包括属性标记和属性值,一个图块可以有多个属性,每个属性只能有一个标记,属性值可以是常量也可以是变量。定义带属性的块前应先定义属性,然后将属性和要定义成块的图形一起定义成块。在插入这种图块时,可以用同一个图块名插入不同的文字(属性值)。

1)调用命令的方式

(1)下拉菜单:绘图→块→定义属性。

(2)键盘命令:ATTDEF 或 ATT。

(3)功能区:默认→块→ [ ] 按钮或者插入→块定义→ [ ] 按钮。

2)定义属性

见本任务中第三步,此处不再赘述。

3)编辑已插入的属性图块

如果要对已插入的属性图块进行修改,只需要双击某属性文字,即可打开"增强属性编辑器"对话框,如图 3-118 所示。

"属性"选项卡:列出了当前块的各个属性的标记、提示和属性值。在"值"右边的编辑框中,用户可以输入新的属性值来代替旧的属性值。

"文字"选项卡:显示块属性文字的样式、对正方式、字高、旋转角度,用户可以直接在编辑框中修改,如图 3-119 所示。

"特性"选项卡:可以修改属性文字的图层、线型、颜色等,如图 3-120 所示。

四、思考与练习

(1)"创建块"命令与"块存盘"命令有什么区别?

(2)绘制标题栏并将标题栏定义为属性块并保存,如图 3-121 所示,标题栏中带括号的文字定义为属性,块的插入点为右下角点。

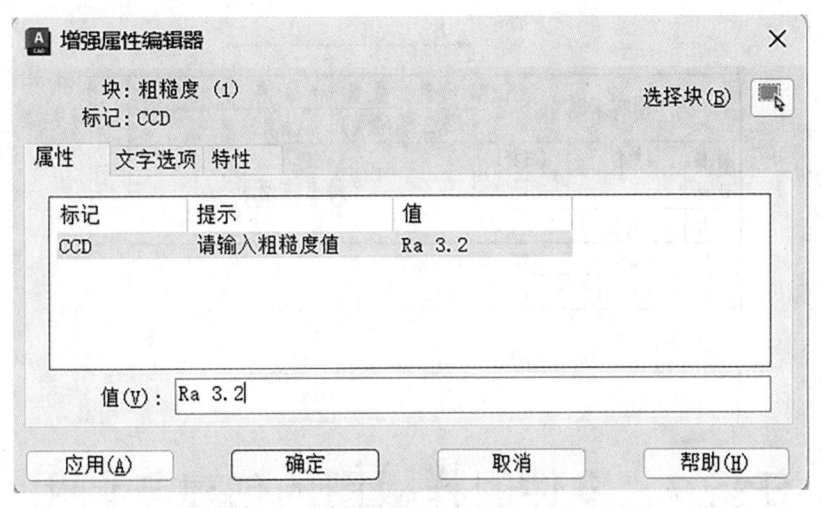

图 3–118 "增强属性编辑器"中"属性"选项

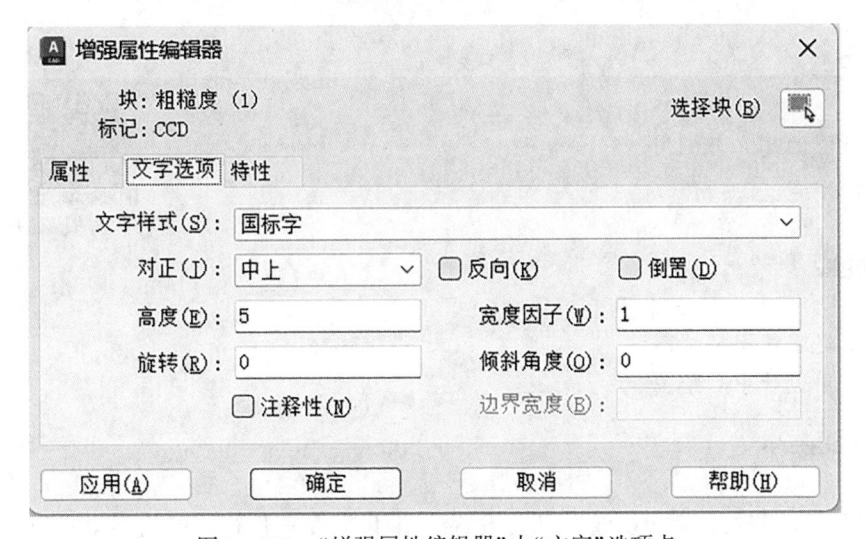

图 3–119 "增强属性编辑器"中"文字"选项卡

图 3–120 "增强属性编辑器"中"特性"选项卡

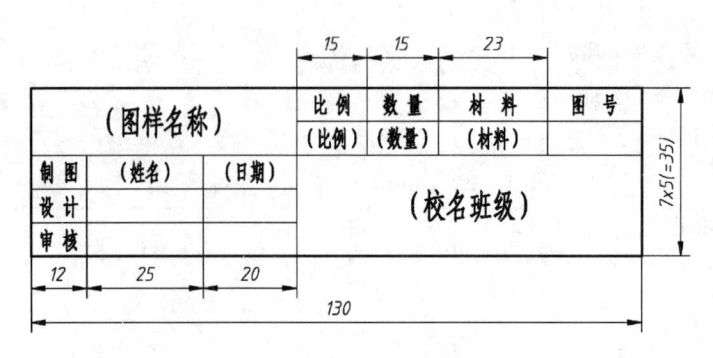

图 3-121　标题栏样式

任务7　零件图样板图的创建与调用

知识点

- 样板图的建立与调用。
- 设计中心。

任务7　零件图样板图的创建与调用

技能点

- 能创建零件图样板图。
- 能应用设计中心绘图。

一、任务描述

在绘制工程图时,如果每次绘图都要设置绘图环境,是一件很烦琐的事情。为了加快绘图速度,减少重复操作,创建样板图是一个较好的途径。样板图即是把每次都需要设置的绘图环境做成样板图文件,每次新建文件时直接调用即可。

本任务讲解符合我国国家标准 A4 横放装订的样板文件的建立与调用,主要涉及"设计中心"等命令。

二、任务实施

1. 建立样板文件

第1步:创建一个新图形文件。

单击工具栏:标准→新建 ,弹出如图 3-122 所示"选择样板"对话框,选择"acadiso.dwt"样板文件,单击"打开",以此为基础建立样板文件。

第2步:设置绘图单位。

单击下拉菜单:格式→单位,弹出如图 3-123 所示"图形单位"对话框,设置长度"类型"为"小数","精度"为"0.000";设置角度"类型"为"十进制度数","精度"为"0.0"。

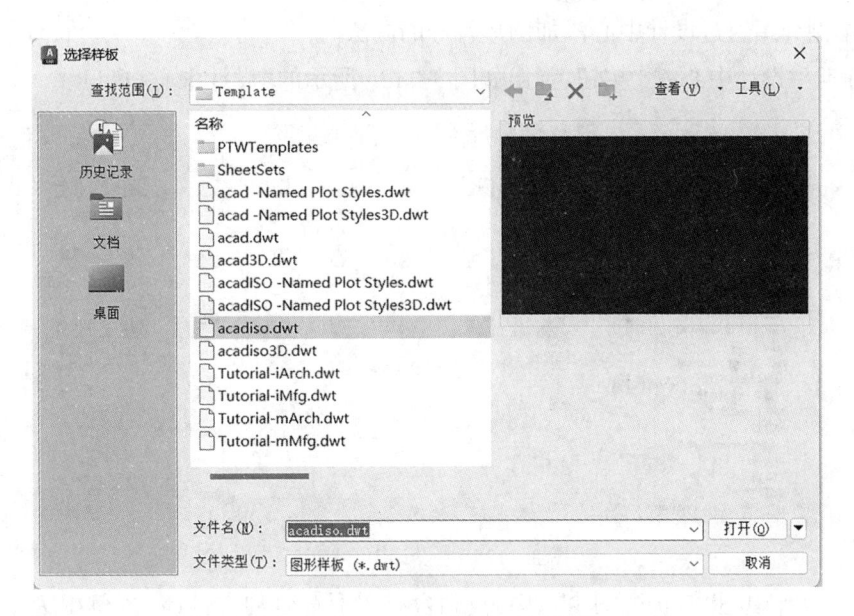

图 3-122 "选择样板"对话框图

第 3 步:设置 A4 图形界限(A4 图幅,297×210),绘制图框。本例绘制 A4 图框,横放,留装订边,其尺寸如图 3-124 所示。

图 3-123 "图形单位"对话框

图 3-124 A4 横放留装订边图框尺寸

用"ZOOM"命令显示全图(键入"ZOOM",回车,键入"A",回车。)

第 4 步:设置图层(粗实线、细实线、细点画线、虚线、尺寸、文字、剖面线等常用图层)。

第 5 步:设置文字样式(见本模块任务 3)。

第 6 步:设置尺寸标注样式(见本模块任务 4)。

第 7 步:绘制标题栏并将标题栏定义为属性块,标题栏的尺寸、样式及属性块的要求见本模块任务 6 中思考与练习图 3-121。

第 8 步:定义常用符号图块(表面粗糙度图块、形位公差基准图块、剖切符号等),用户可以通过创建属性块的方法(见本模块任务 6),也可以通过设计中心将已有的图形符号图形添加进来。本例介绍通过设计中心添加图形符号的方法。

(1)单击标准→设计中心 按钮,弹出如图 3-125 所示的"设计中心"窗口。

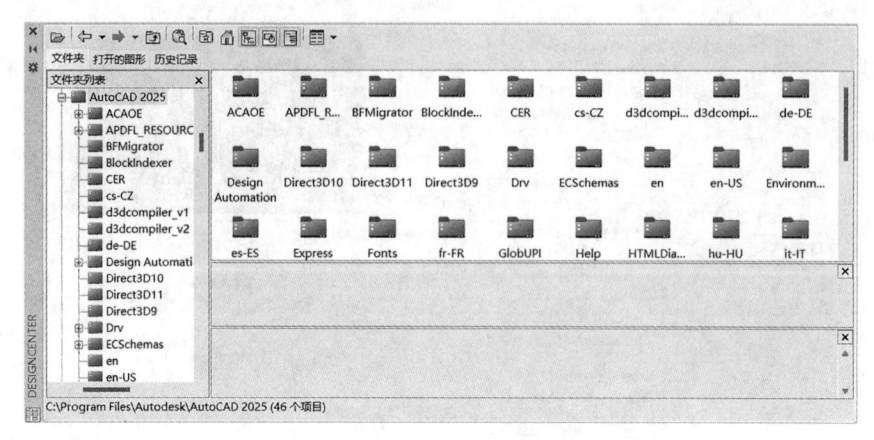

图 3-125 "设计中心"窗口

(2)在"设计中心"树状视图窗口中,找到含有图形符号的文件(如本例中为"从动轴"),如图 3-126 所示。

图 3-126 显示图形文件内容的"设计中心"窗口

(3)双击内容区的中的"块",则显示该文件中所有的图块,如图 3-127 所示。

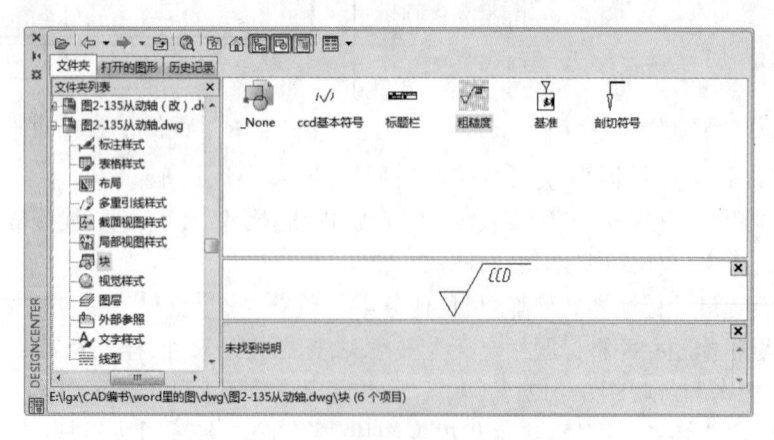

图 3-127 通过"设计中心"调用符号块

(4)直接拖动所需块到绘图区或右击后在弹出的菜单中选择"插入块",以插入块的方式将所需图块添加到当前图形中。

第9步:保存为样板文件。

(1)单击菜单:文件→另存为,弹出如图3－128所示的"图形另存为"对话框,在"文件类型"下拉列表框中选择"AutoCAD图形样板(＊.dwt)",输入文件名为"A4横放装订"。

图3－128　"图形另存为"对话框

(2)单击"保存",弹出如图3－129所示"样板选项"对话框,在"说明"中输入"A4横放装订样板图",单击"确定",完成样板文件的建立。

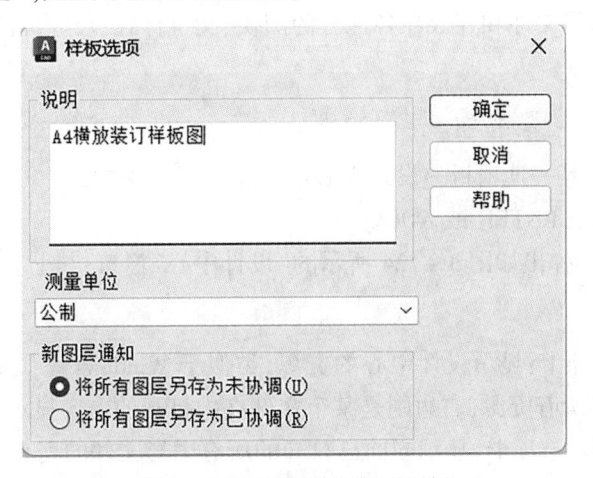

图3－129　"样板选项"对话框

工程图的图幅有 A0、A1、A2、A3、A4 5 种,分横放和竖放,可以将"图形界限"和"图幅边框"修改后,另存为多个图形样板文件。

2. 调用样板文件

第 1 步:单击文件→新建,系统会自动打开"选择样板"对话框,如图 3-130 所示。

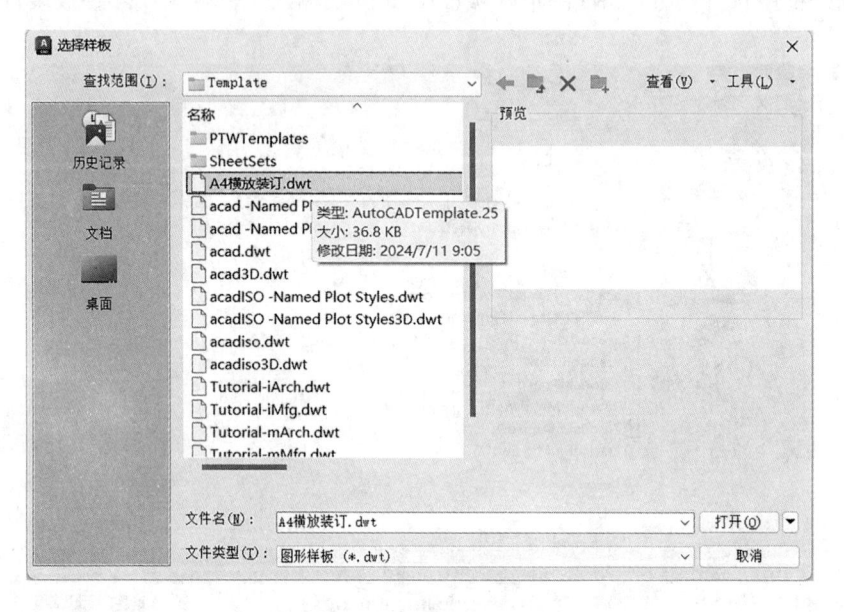

图 3-130 "选择样板"对话框

第 2 步:在"名称"下拉列表中选择"A4 横放装订",双击打开即可。

三、知识链接

1. 设计中心的概述

AutoCAD 设计中心提供了管理、查看和重复利用图形的强大工具与工具选项板功能,用户可以通过设计中心浏览本地资源,甚至从 Internet 上下载文件,可以将符号库或一张图样的图层、图块、文字样式、尺寸标注样式、线型、布局等复制到当前图形中。利用设计中心的"搜索"功能可以方便地查找已有图形文件和存放在各地方的图块、文字样式、尺寸标注样式、图层等。

1)调用命令的方式

(1)工具栏:标准→ ▦ 按钮。

(2)下拉菜单:工具→选项板→设计中心。

(3)键盘命令:ADCENTER 或 ADC。

执行上述命令后,弹出如图 3-124 所示的"设计中心"窗口,其上有 4 个选项卡。

2)选项卡说明

(1)"文件夹"选项卡:显示设计中心的资源,类似于 Windows 系统的资源管理器,左边的树状结构显示系统的所有资源,右边则是某个文件夹中打开的内容显示,如图 3-129 所示。

(2)"打开的图形"选项卡:显示当前已打开的所有图形文件的列表。

(3)"历史记录"选项卡:列出最近 2 个通过设计中心访问过的图形文件列表。

(4)"联机设计中心"选项卡:可联接到 Internet,访问数以万计的符号、制造商的产品信息以及内容搜索者的站点。

2. 设计中心的常用功能

1)复制功能

利用设计中心,可以很方便地把其他图形文件中的图层、图块、文字样式、标注样式、线型等复制到当前图形中,操作方法如下:

方法一:用拖拽方式复制。在设计中心"文件夹"选项卡中选择要复制的一个或多个内容(图块、图层、文字样式、标注样式等),用鼠标拖拽到当前图形中即完成复制。

方法二:用剪贴板复制,即可在设计中心选择要复制的内容,右击该内容,选择"复制"命令,在当前窗口中右击绘图区,选择"粘贴"即可完成复制。

2)打开图形文件功能

方法一:用右键菜单打开图形文件。在设计中心的内容显示框中右击某图形文件名,选择"在应用程序窗口中打开",即可将该文件打开并设置为当前图形。

方法二:拖拽某图形文件到当前窗口的绘图区外(在工具栏上或在命令行上均可),即可打开该图形文件。

3)查找功能

单击"设计中心"工具栏上的"搜索"按钮,可打开"搜索"对话框,如图3-131所示。

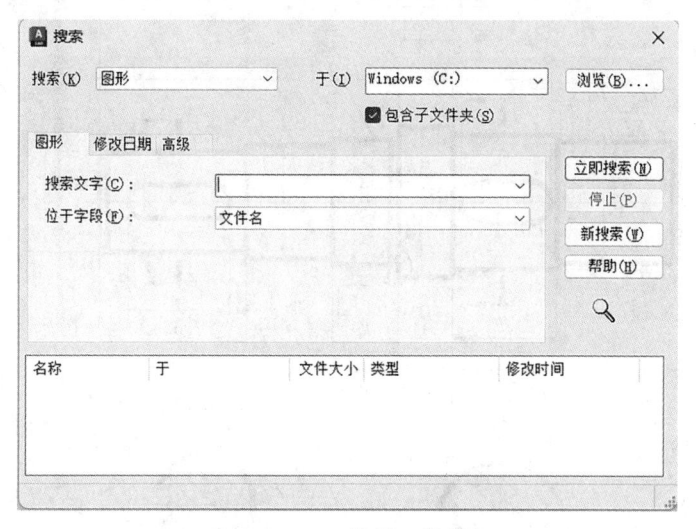

图 3-131 "搜索"对话框

在"搜索"下位列表中选择要查找的图形内容(图形、图层、文字样式等);在"于"下拉列表中可指定要搜索的位置;在"搜索文字"中可填写要搜索的文字;在"位于字段"中可指定文件名、标题、主题、作者或关键字。

四、思考与练习

(1)建立 A0、A1、A2、A3 共 4 种图幅,横(竖)放装订的样板图,存为多个图形样板文件,以备用。

(2)AutoCAD 设计中心有哪些功能?

任务 8　轴零件图的绘制

知识点

- 利用样板文件创建图形。
- 轴类零件绘制方法与技巧。

任务 8　轴零件图的绘制

技能点

- 能熟练绘制轴类零件。

一、任务描述

绘制如图 3-132 所示的齿轮传动减速器从动轴零件图，主要涉及绘制零件图的一般步骤及绘制零件图时需注意的问题。

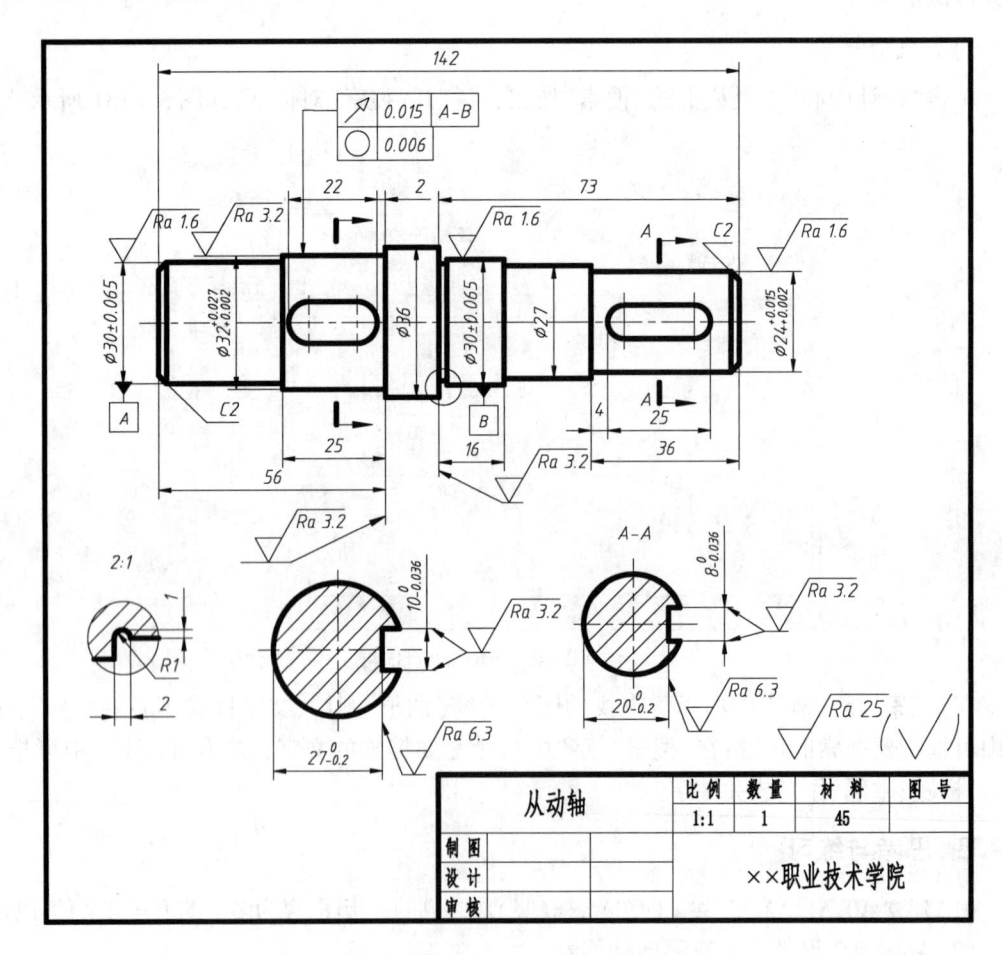

图 3-132　齿轮传动减速器从动轴零件图

二、任务实施

第1步:根据零件的比例和尺寸,调出 A4 横放装订的样板图(见本模块任务7 创建),保存图形,名称为"从动轴.dwg"。

第2步:绘制主视图。

(1)画长度142 的中心线,再画垂直线和水平线,如图3 – 133(a)所示。

(2)调用"延伸"命令,将各段垂直线延伸到中心线,如图3 – 133(b)所示。

(3)调用"镜像"命令,完成轴的主体结构视图,如图3 – 133(c)所示。

(4)画键槽、倒角,完成轴的主视图,如图3 – 133(d)所示。

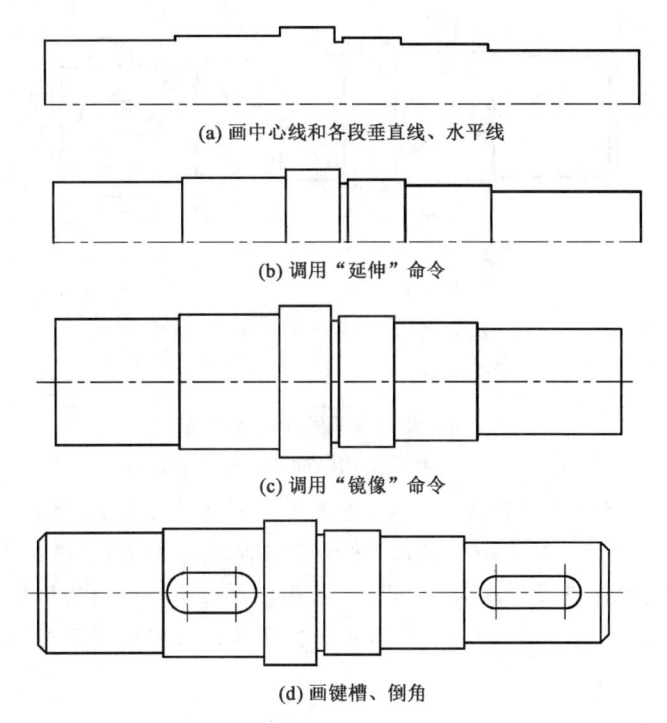

(a) 画中心线和各段垂直线、水平线

(b) 调用"延伸"命令

(c) 调用"镜像"命令

(d) 画键槽、倒角

图3 – 133 绘制主视图

第3步:绘制移出断面图和局部放大图。

(1)绘制移出断面图。轴径 $\phi 32$ 处移出断面图作图顺序:画直径为 32 的圆,调用"直线"命令,捕捉圆心,向右追踪,输入距离"11",得到 A 点;然后向上作直线,长度5,再作水平线捕捉与圆的交点单击,得到键槽一半,利用"镜像"命令完成整个键槽,并修剪多余的线段。用同样的方法完成轴径 $\phi 24$ 处的移出断面图,如图3 – 134(a)所示。

(2)绘制局部放大图。在要放大的位置画一个大小合适的圆,再把图形整体复制到别处,如图3 – 134(a)所示,修剪多余部分,再按2∶1 的比例放大图形,如图3 – 134(b)所示,将放大图移动到合适位置进行编辑。注意:因为图形已经放大2 倍,故编辑时尺寸也要放大2 倍进行。

(3)绘制剖切符号和剖面符号。用多段线命令绘制剖切符号,用图案填充命令绘制剖面线,结果如图3 – 134(b)所示。

第4步:标注尺寸。

说明:

局部放大图的标注问题是图形放大了2 倍,但标注出来的必须是实际尺寸。要解决这个

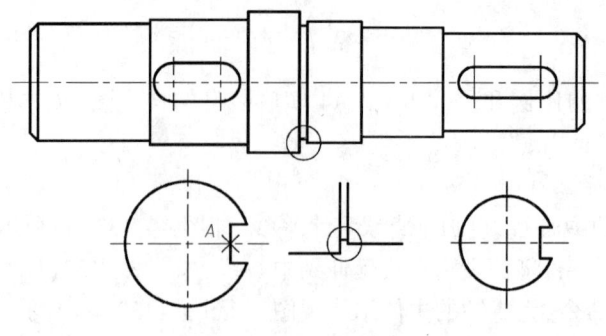

(a) 绘制移出断面图和局部放大图

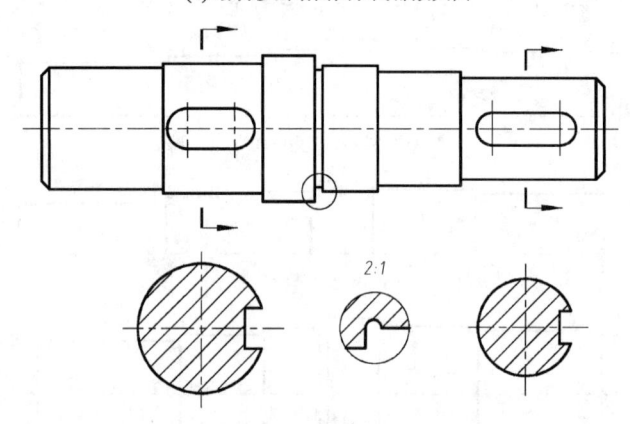

(b) 完成移出断面图和局部放大图

图 3-134　绘制移出断面图和局部放大图

问题很容易,一是可用尺寸标注替代方式,二是再新建一种标注样式,这两种方式都必须进入"标注样式管理器"对话框,单击按钮,进入"主单位"选项卡,在"测量单位比例"栏目内的"比例因子(E)"项目中,把比例因子改为"0.5"(如果图形放大4倍时则改为0.25)。因为局部放大图的标注尺寸不多,大可不必如此麻烦,只要在标注每个尺寸时都不采用默认的标注数字,而用多行文本修改尺寸数字就可以了。

第5步:标注粗糙度及形位公差。

表面粗糙度代号和基准代号采用插入块(属性块)方式标注。用"qleader(引线标注)"命令标注形位公差。

第6步:书写技术要求和修改标题栏各要素。

(1)采用"多行文字"编写技术要求。

(2)双击标题栏中需要更改属性的位置,在弹出的"增强属性编辑器"中填写属性值。

第7步:单击"保存"按钮,保存文件。

三、知识链接

零件图的种类繁多这里就不再一一介绍,现把绘制零件图的一般方法步骤总结如下:

(1)根据零件视图的数量和尺寸确定绘图的比例和图幅的大小(尽量采用1:1比例)。

(2)调用一张样板文件图(或新建一张图,设置该零件的绘图环境)。

(3)按1:1比例绘制零件图的图形(绘图前按下"极轴""对象捕捉""对象追踪"按钮)。

(4)标注尺寸(若零件图的比例为放大或缩小时,要注意修改标注样式的比例与其对应)。

(5)标注相关的技术要求(表面粗糙度符号、形位公差要求等)。

（6）填写标题栏、注写技术要求及其他文字说明。
（7）保存文件。

综合练习

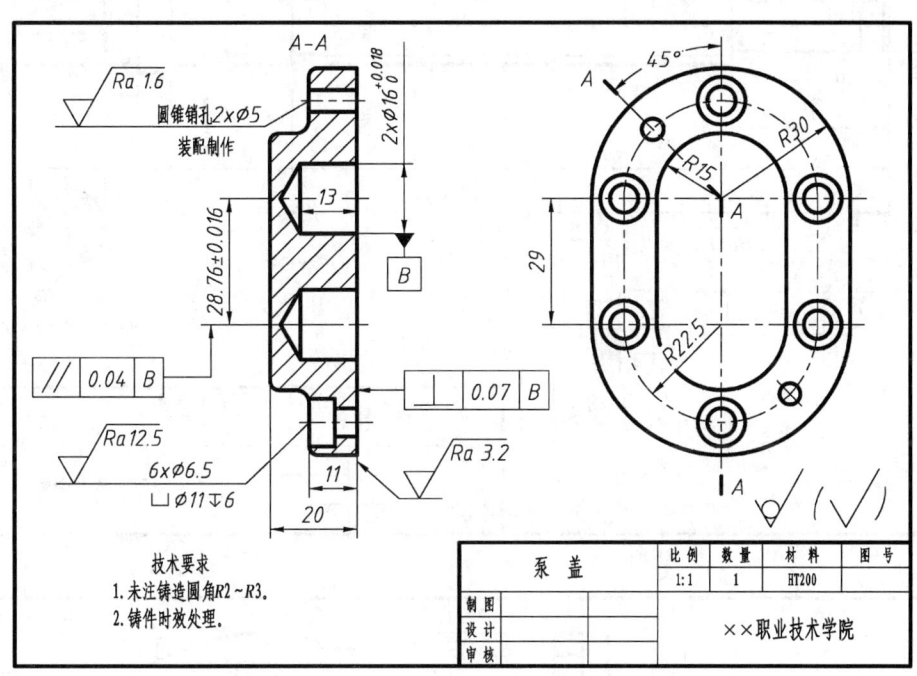

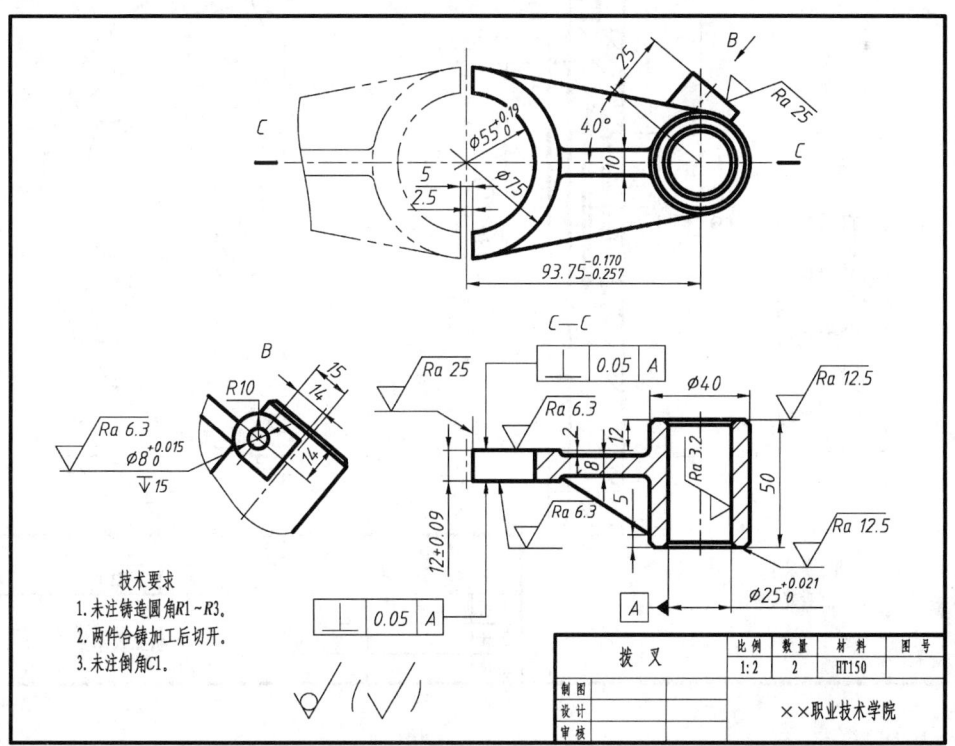

142

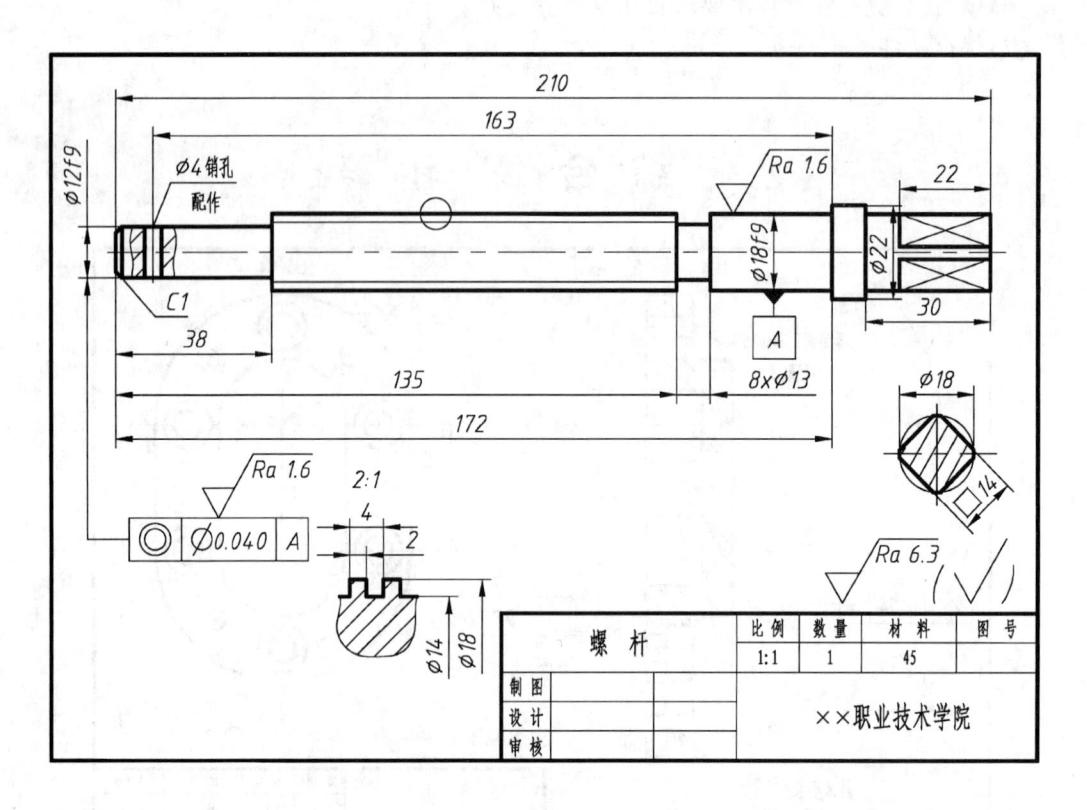

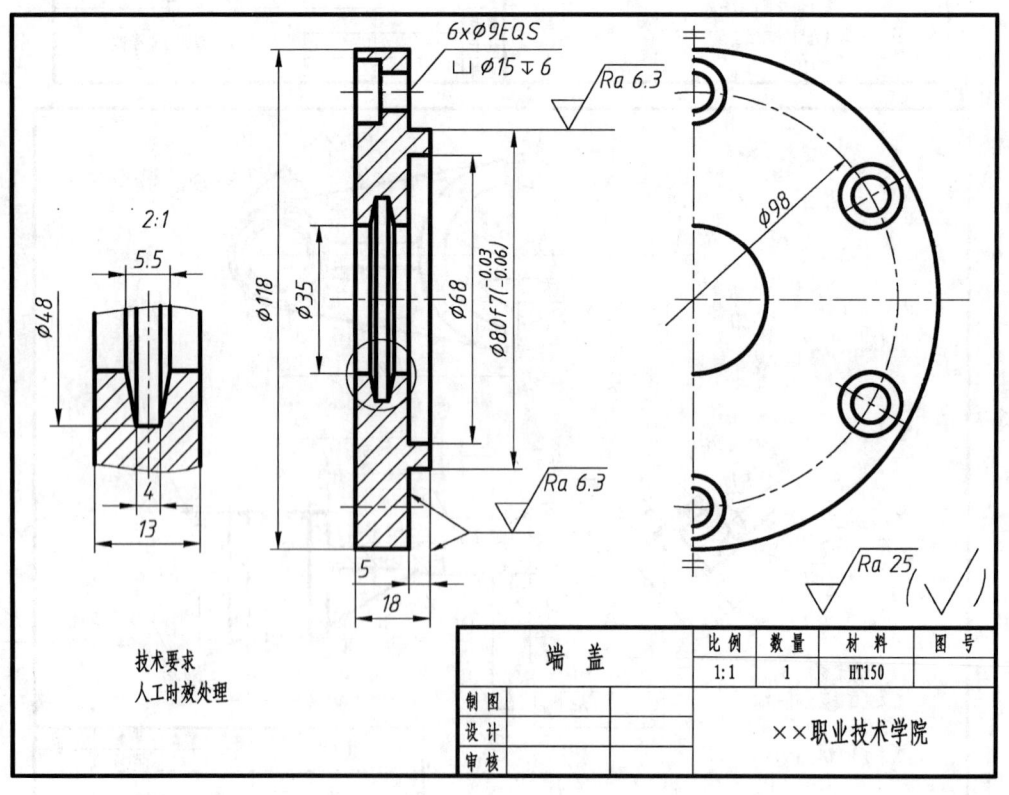

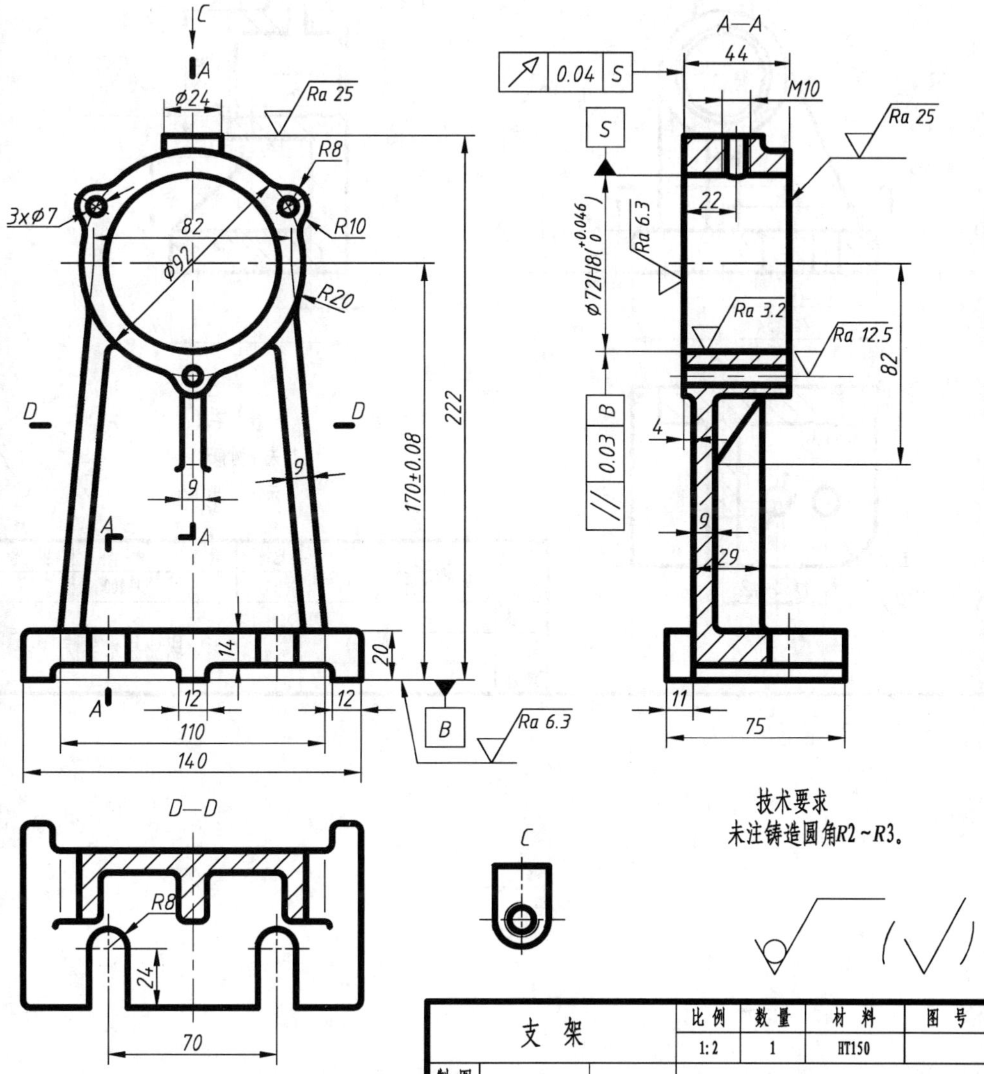

技术要求
未注铸造圆角R2～R3。

支 架	比例	数量	材料	图号
	1:2	1	HT150	
制图			××职业技术学院	
设计				
审核				

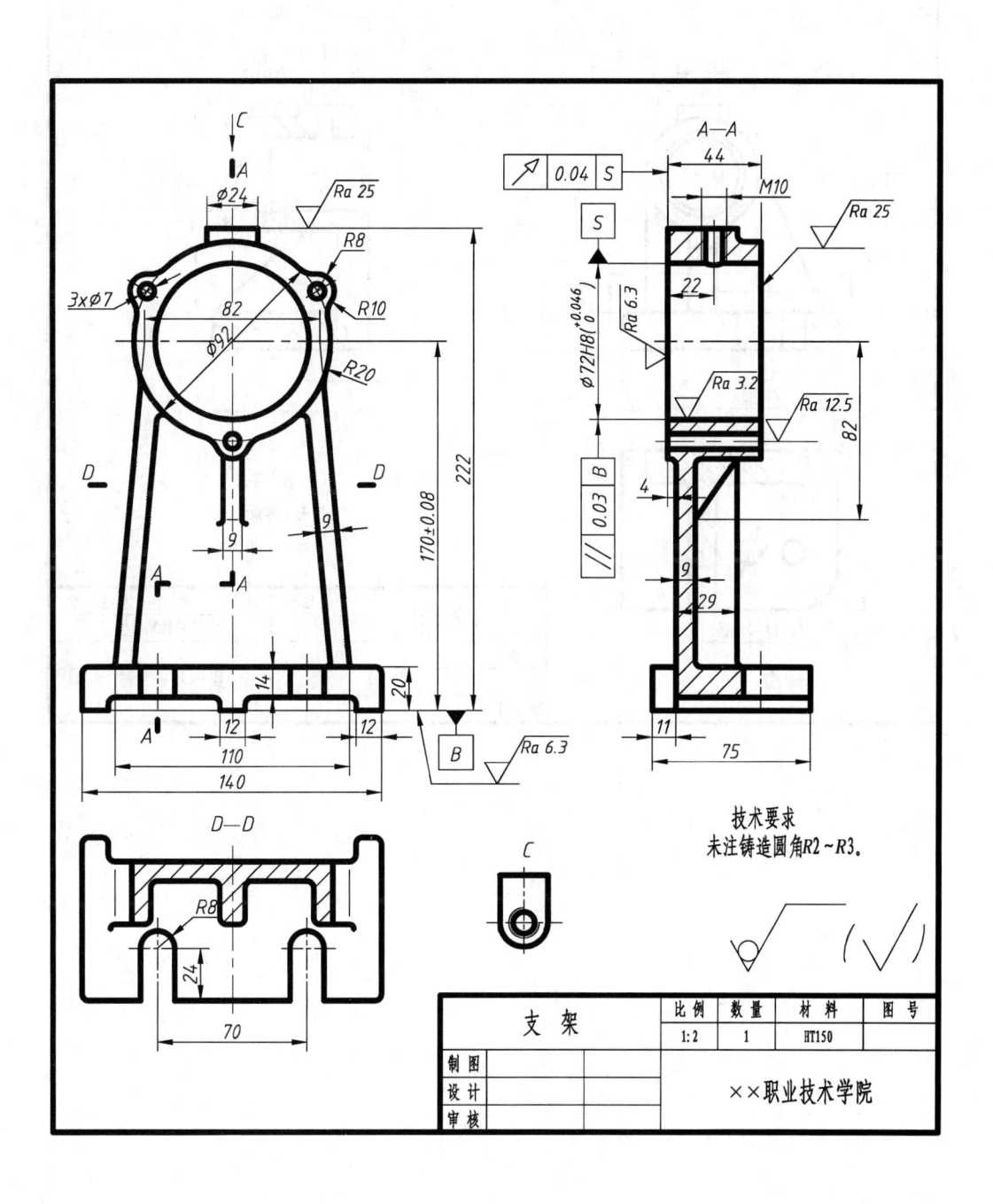

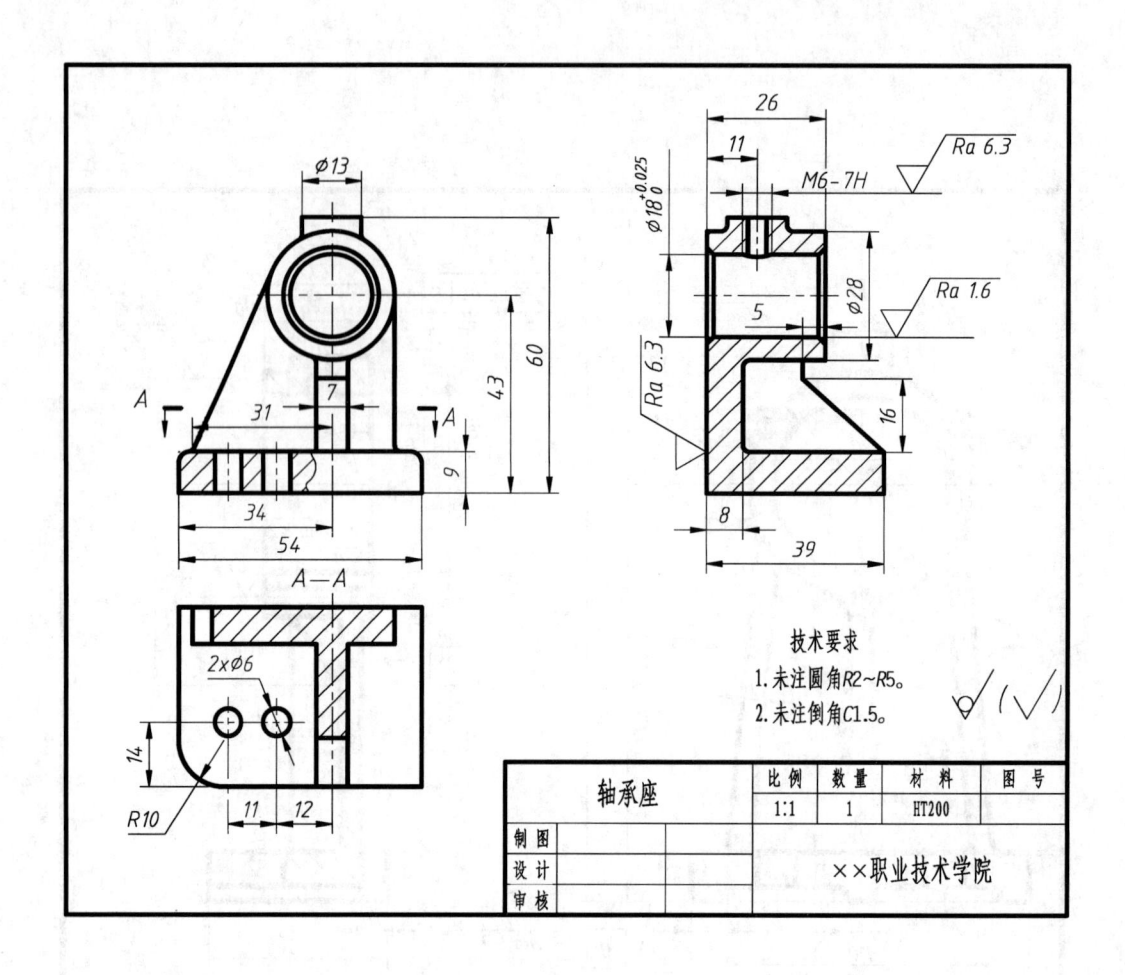

技术要求
1. 未注圆角R2~R5。
2. 未注倒角C1.5。

轴承座	比例	数量	材料	图号
	1:1	1	HT200	
制图			××职业技术学院	
设计				
审核				

模块四

绘制装配图

模块导入

"团结就是力量,团结才能胜利。全面建设社会主义现代化国家,必须充分发挥亿万人民的创造伟力。"本模块通过凸缘联轴器装配图的绘制实践培养学生的大局意识、集体意识和团结合作精神。形成个人服从集体的整体观,树立服从大局的纪律意识。

任务　凸缘联轴器装配图的绘制

知识点

- 绘制插入图块。
- 创建表格样式。
- 插入表格。
- 编辑表格。

任务　绘制装配图

技能点

- 能编辑图块。
- 能创建表格样式。
- 能编辑表格。

一、任务描述

本任务讲解用图4-2、图4-3所示的凸缘联轴器的零件图和图4-4所示的标准件图拼画如图4-1所示凸缘联轴器装配图的过程,详细讲述装配图的绘制方法、步骤及明细栏表格样式的创建与填写,主要涉及"表格样式""插入表格""编辑表格"等命令。

装配图是零部件加工和装配过程中的重要文件。在 AutoCAD 中绘制装配图的方法主要有三种:(1)使用写块命令定义块然后拼装;(2)利用设计中心组合图形;(3)在多文档环境下进行复制、粘贴。本任务主要介绍利用块来拼画装配图的方法。

本实例的制作思路:首先要绘制各个零件图,然后启用"wblock"命令将其保存成块,依次将各块插入到主视图、左视图中。对于漏画的图线可以根据投影规律进行补画,对于多余的图线可以进行修剪、打断及删除等命令处理。最后,标注装配图中的尺寸,给各个零件编写序号,填写标题栏、明细栏及技术要求等。

二、任务实施

第1步:绘制零件图,并创建为外部块。

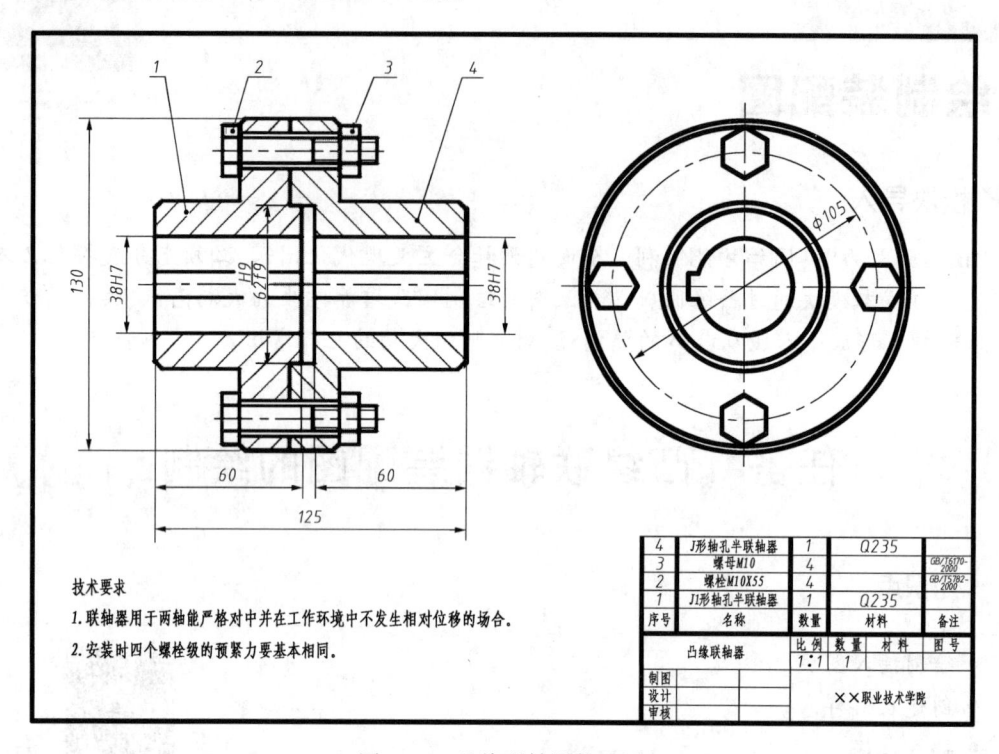

图 4-1　凸缘联轴器装配图

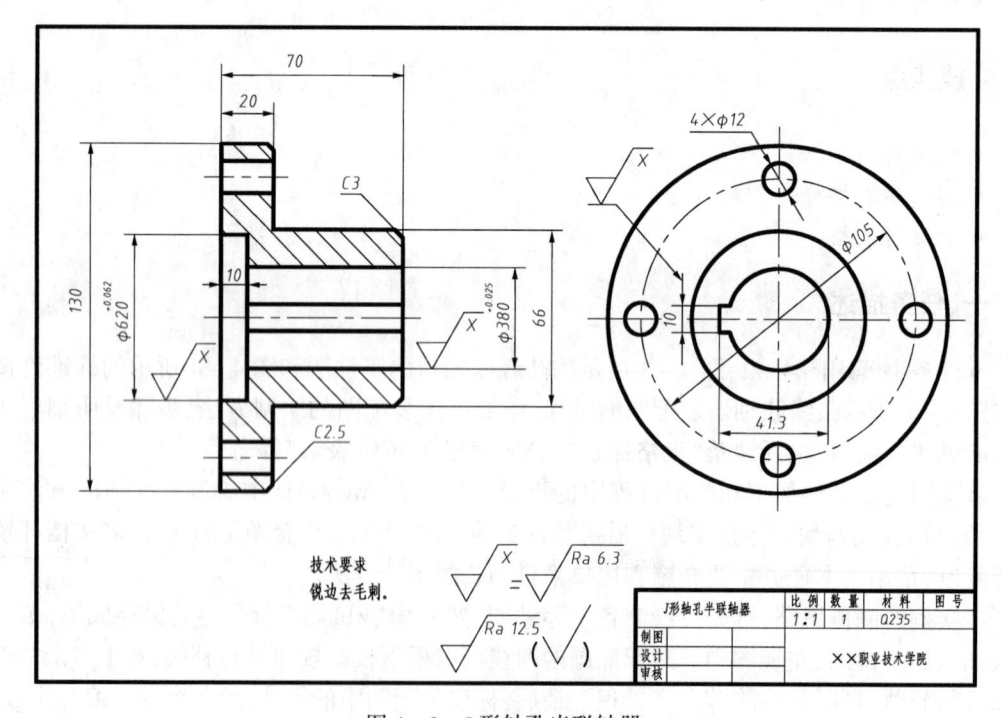

图 4-2　J形轴孔半联轴器

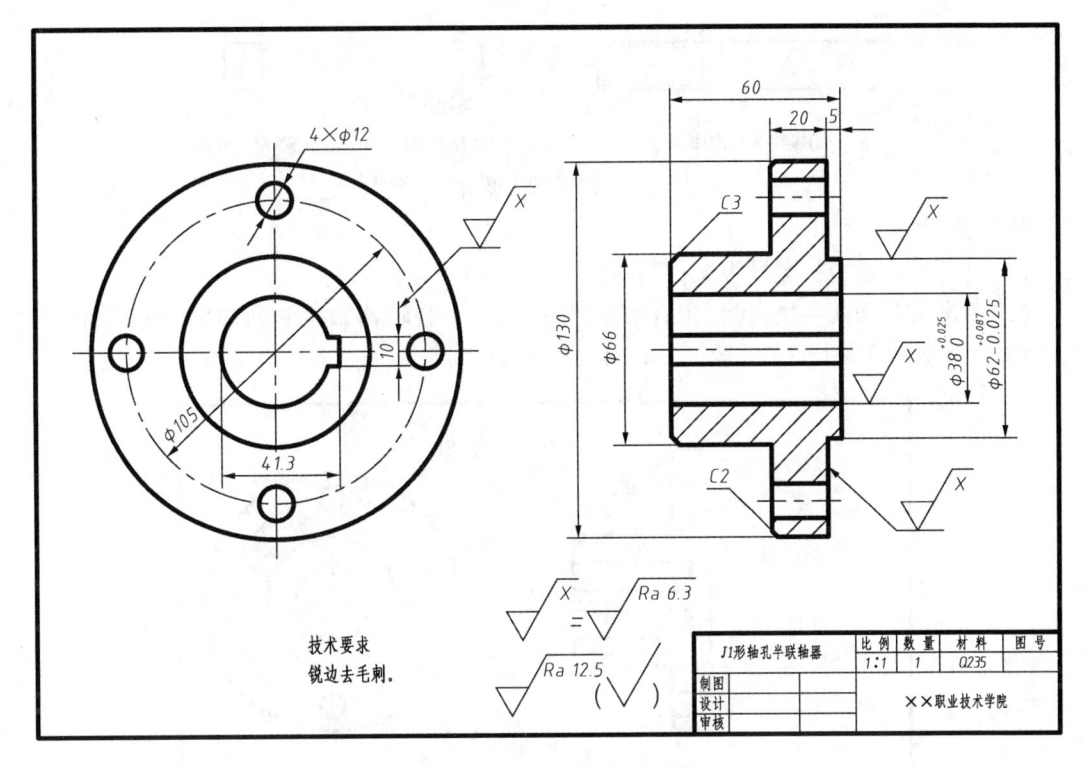

图 4-3　J1 形轴孔半联轴器

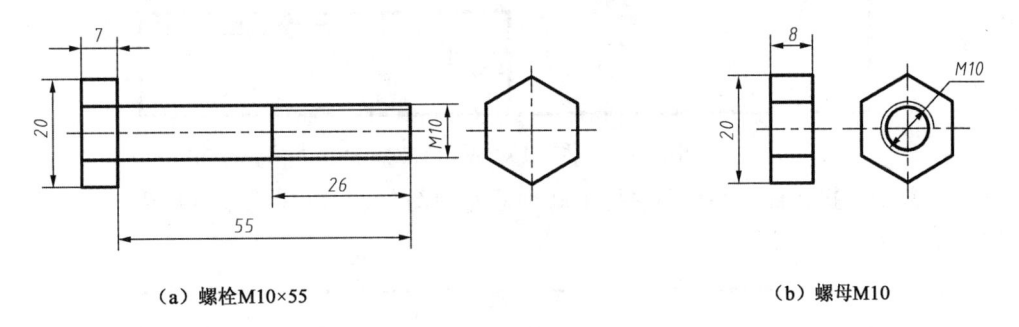

(a) 螺栓 M10×55　　(b) 螺母 M10

图 4-4　螺栓螺母简化画法各部分尺寸

(1) 打开相应的样板文件。本例打开模块三任务 7 思考与练习中创建的"A3 横装机械样板文件"。

(2) 新建一个图形文件,按照图 4-2 所示的尺寸绘制 J 形轴孔半联轴器零件图,不标尺寸。

(3) 在命令行输入"wblock"命令,选择主视图和左视图将其保存成块。块的名字为"J 形轴孔半联轴器",基点选择左视图圆心。

(4) 按照图 4-3 所示的尺寸绘制 J1 形轴孔半联轴器零件图,选择其左视图将其保存成块。块的名字为"J1 形轴孔半联轴器左视图",基点为右上方角点 A,如图 4-5 所示。

(5) 按照图 4-4 所示的尺寸简化画出螺栓、螺母,并且存为外部块,B、C、D 分别为插入基点,如图 4-6 所示。注意创建块的时候不要选择中心线,不然插入块时会有多条中心线重合。

图 4-5　绘制完成的 J1 形轴孔半联轴器左视图块

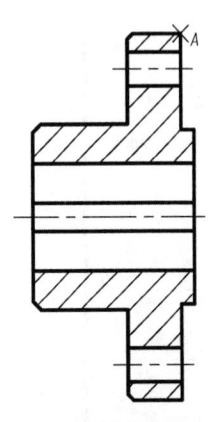

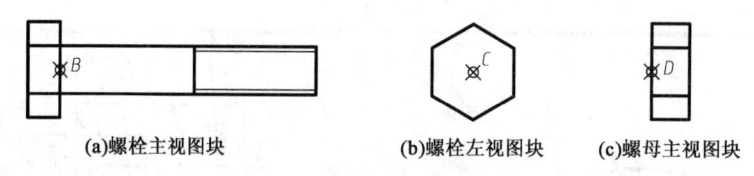

(a)螺栓主视图块　　　(b)螺栓左视图块　　　(c)螺母主视图块

图4-6　绘制完成的螺栓和螺母块

第2步:拼装装配图。

(1)打开"A3横装机械样板文件"。

(2)单击菜单插入→块,找到保存好的"J形轴孔半联轴器"块,在屏幕合适位置单击,插入完成,然后分解图块(便于修改),如图4-7所示。

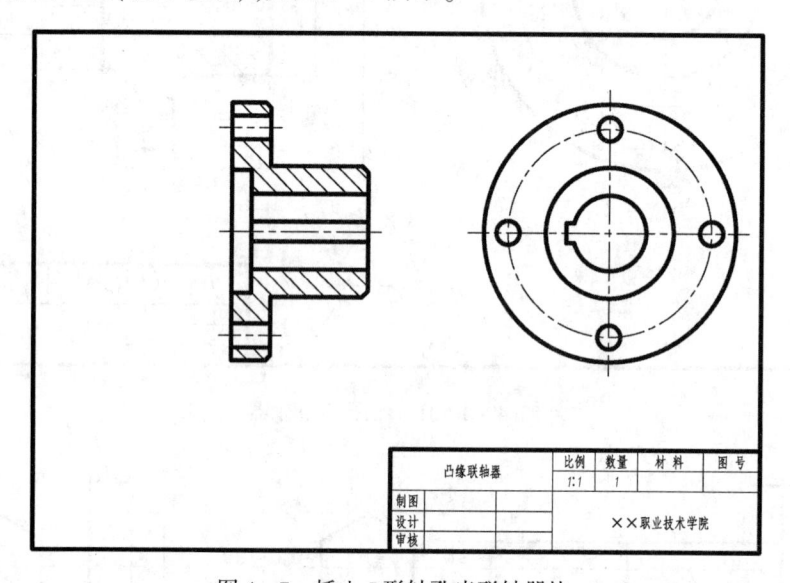

图4-7　插入J形轴孔半联轴器块

(3)重复上述操作插入"J1形轴孔半联轴器左视图"块。以A为基点插入,分解图块,修剪多余图线,如图4-8所示。

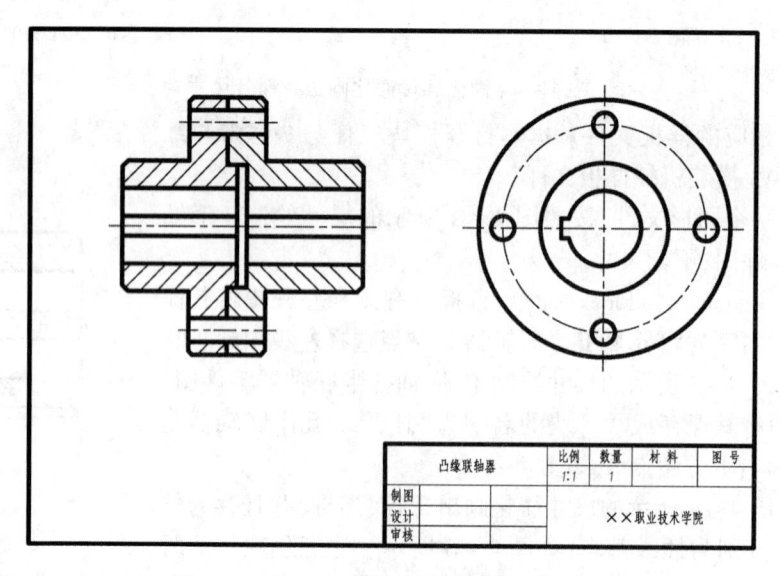

图4-8　插入J1形轴孔半联轴器左视图块

(4)以 B 为基点插入螺栓主视图块,以 D 为基点插入螺母主视图块,以 C 为基点插入螺栓左视图块。然后分解图块,并作修改,左视图补画两个倒角圆,如图 4-9 所示。

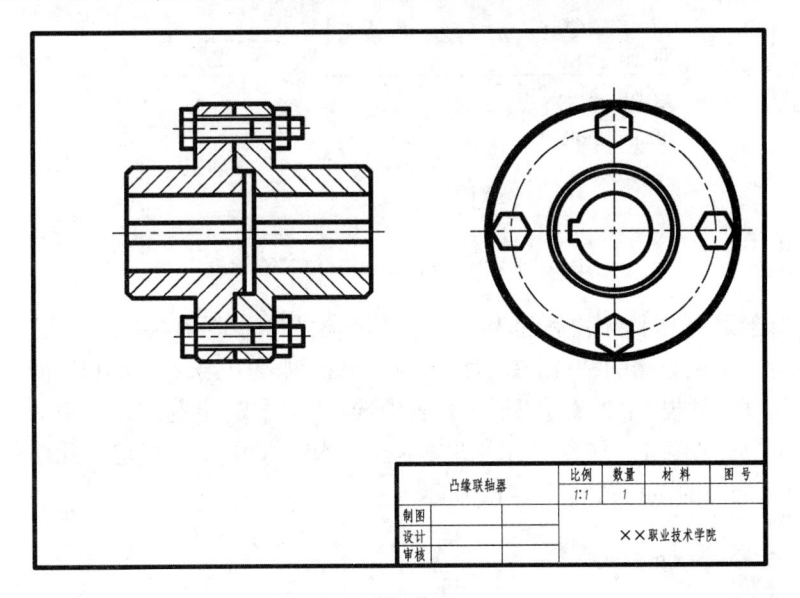

图 4-9　插入螺栓、螺母

第 3 步:标注装配图必要尺寸,填写标题栏和技术要求。

第 4 步:标注零件序号。标注零件序号直接采用"多重引线标注",新建一个"序号"引线标注样式,引线样式的建立见模块三任务 5。

第 5 步:绘制填写明细栏。

1.创建明细栏表格样式

(1)单击菜单:格式→表格样式,弹出如图 4-10 所示的"表格样式"对话框。

绘制填写明细栏

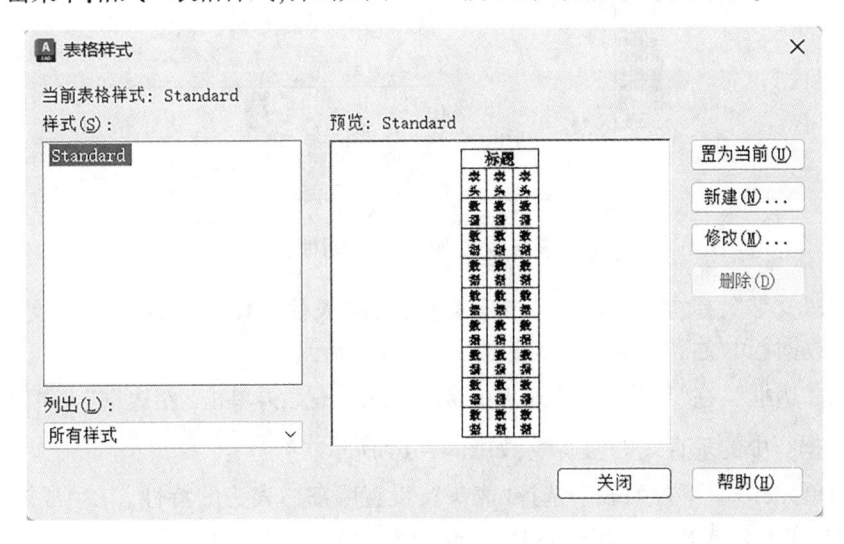

图 4-10　"表格样式"对话框

(2)单击"新建"按钮,弹出"创建新的表格样式"对话框,在"新样式名"文本框中输入"明细栏",如图 4-11 所示。

图4-11 "创建新的表格样式"对话框

(3)单击"继续"按钮,弹出"新建表格样式:明细栏"对话框,在"单元样式"下拉列表中选择"数据",设置明细栏数据的特性,在"表格方向"下拉列表中,选择"向上",即明细栏的数据由下向上填写。在"常规"中,"对齐"下拉列表中选择"正中",指定明细栏中的数据书写在表格的正中间;在"页边距"的"垂直""水平"文本框中均输入"0.1",指定单元格中的文字与上下左右单元边距之间的距离,如图4-12所示。

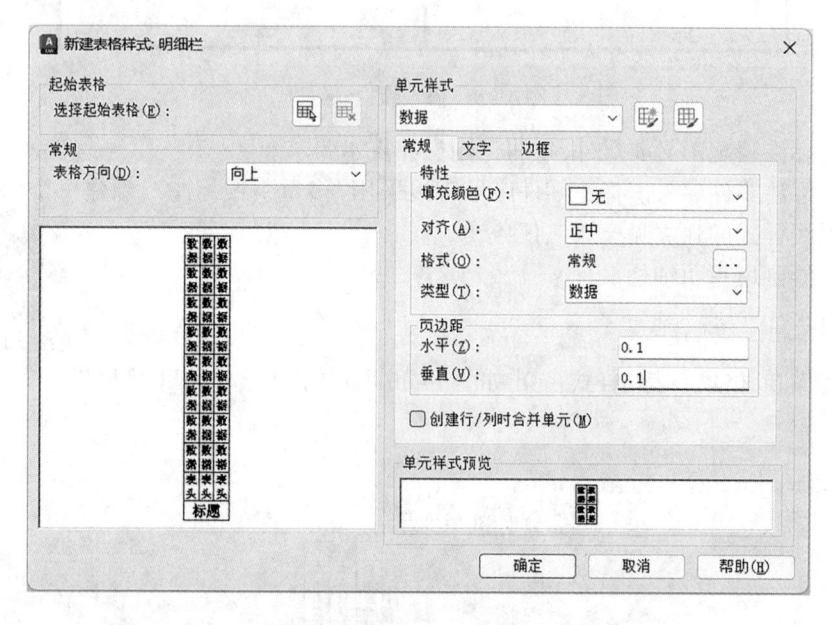

图4-12 "新建表格样式:明细栏"对话框的"常规"选项卡

(4)单击"文字",在"文字样式"下拉列表中选择"长仿宋体","文字高度"文本框中输入"3.5",确定数据行中文字的样式及高度,如图4-13所示。

(5)单击"边框",在"线宽"下拉列表中选择"0.3mm",再单击"左边框"和"右边框",设置数据行中的垂直线为粗实线,如图4-14所示。

(6)在"单元样式"下拉列表中选择"表头",设置明细栏表头的特性。在"常规"中的设置和明细栏数据单元样式相同,如图4-15所示。

(7)在"文字"中选择或输入如图4-16所示的内容,设置表头文字样式为"长仿宋体",文字高度为"5"。

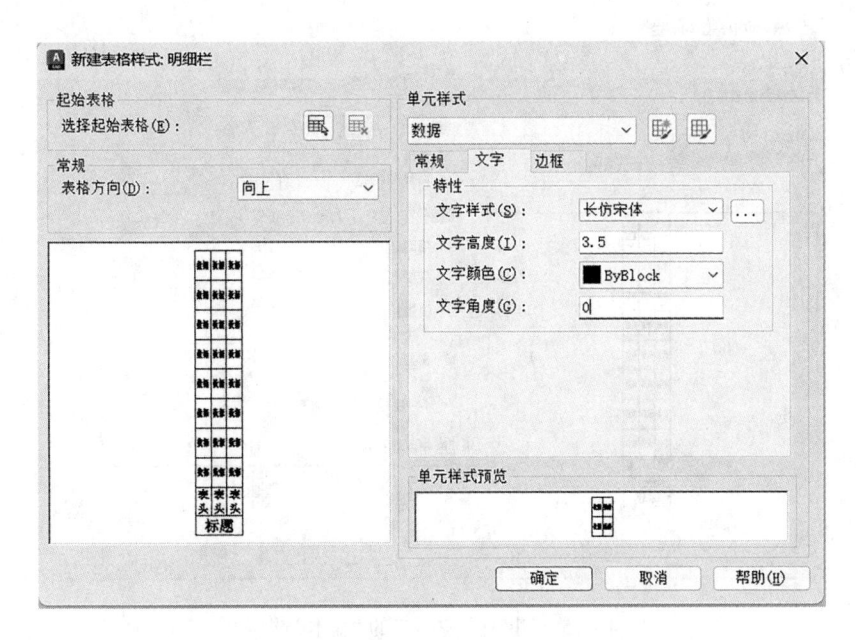

图 4-13 "新建表格样式:明细栏"对话框的"文字"选项卡

图 4-14 "新建表格样式:明细栏"对话框的"边框"选项卡

(8)在"边框""线宽"下拉列表中选择"0.3mm",再单击"上边框"、"左边框"和"右边框",设置表头最下的水平线和表头中的垂直线为粗实线,如图 4-17 所示。

(9)单击"确定",返回到"表格样式"对话框,如图 4-18 所示,单击"置为当前",将"明细栏"表格样式置为当前表格样式。

(10)单击"关闭",完成表格样式的创建。

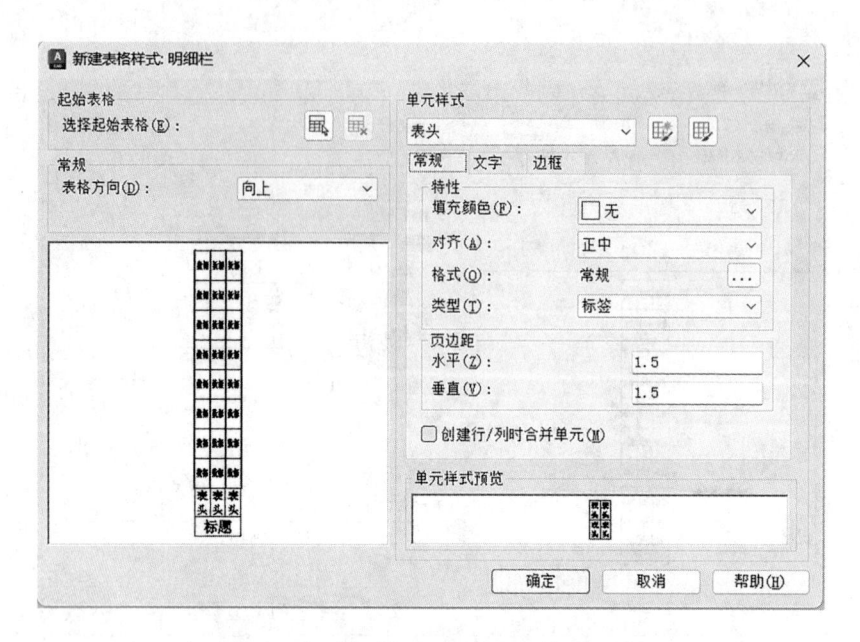

图 4-15　明细栏"表头"的"基本"选项卡

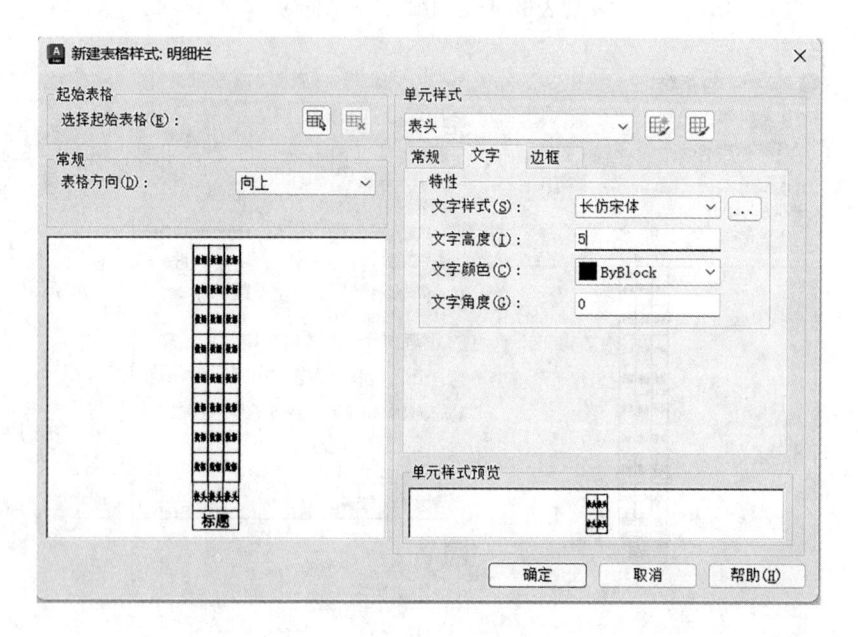

图 4-16　明细栏"表头"的"文字"选项卡

2. 插入表格

（1）单击工具栏：绘图→ 按钮，执行"表格"命令，打开"插入表格"对话框，在"表格样式"列表下选择"明细栏"，设置插入方式为"指定插入点"，按图 4-19 所示设置其余参数，将"第一行单元样式"设置为"表头"、"第二行单元样式"设置为"数据"，明细栏共有 5 行 5 列，但行和列设为 3 行 5 列（因为标题、表头都各算一行），列宽为 20，行高为 1 行。

（2）单击"确定"后，返回绘图环境，在绘图区任意位置指定插入点，则插入空表格，并显示多行文字编辑器，输入相应表头文字，如图 4-20 所示。

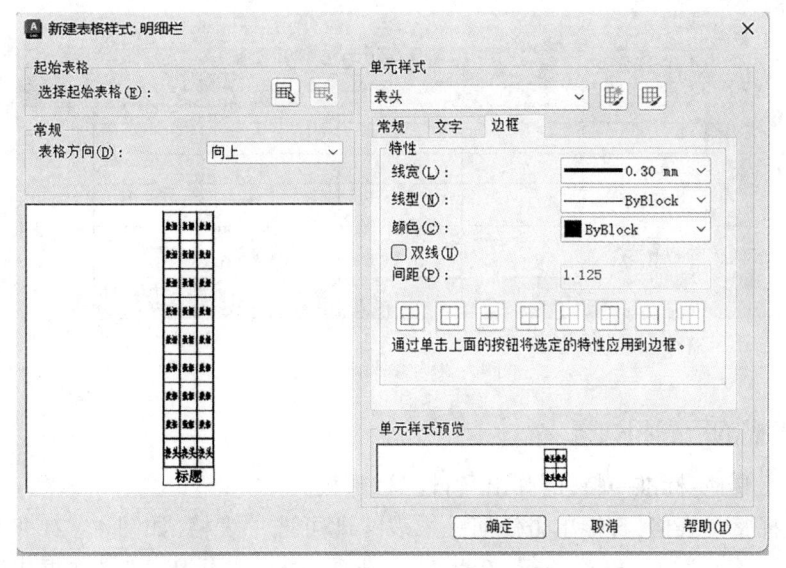

图 4-17 明细栏"表头"的"边框"选项卡

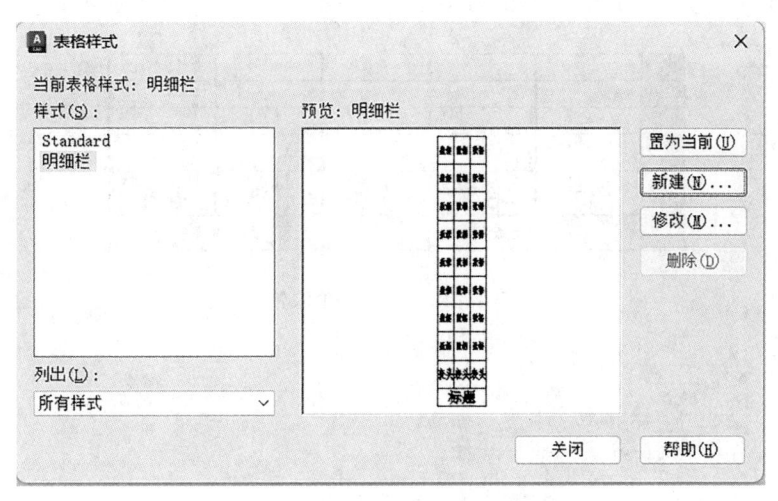

图 4-18 "表格样式对话框"

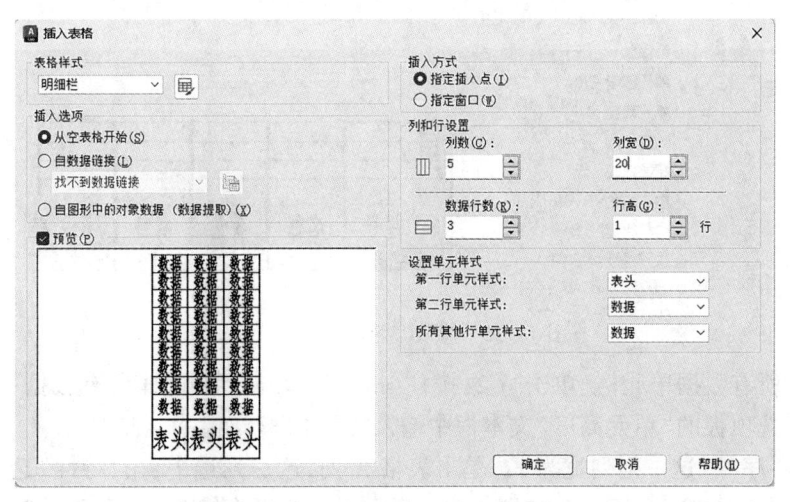

图 4-19 设置"插入表格"对话框

153

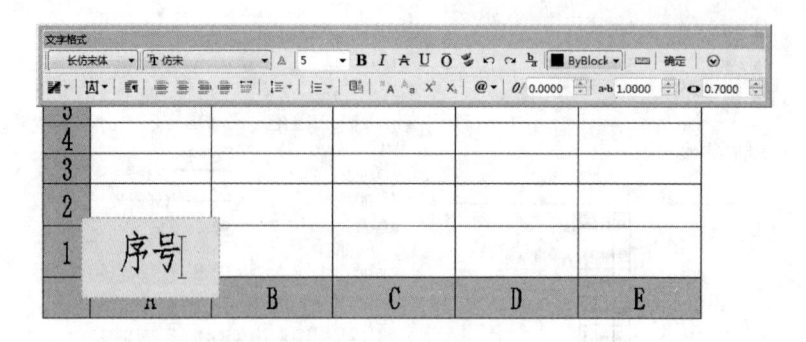

图4-20 填写表头内容

3. 修改表格的行高和列宽

(1)单击工具栏:标准→特性,弹出"特性"选项板。

(2)先选择整个表格,直接单击任何一根表线即可选中表格,如图4-21所示,然后单击行1,就选择了"表头"单元格这一行,在"特性"选项板的"单元高度"文本框中输入"10",回车,如图4-22所示。

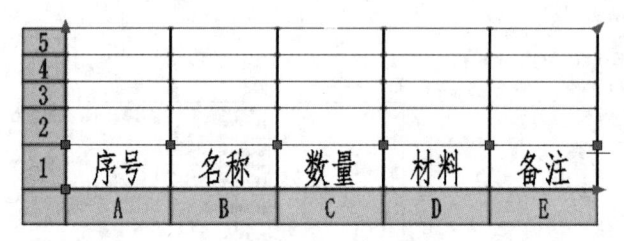

图4-21 选中整个表格

图4-22 修改"表头"单元格行高

(3)选择所有数据单元格,单击行2,按住shift再单击行5,这样所有数据行就全部选中了,在"特性"选项板的"单元高度"文本框中输入"7",回车,如图4-23所示。

(4)调整"序号"这一列列宽为12,单击表格A列,这一列选中,在"特性"选项板的"单元宽度"文本框中分别输入列宽12,如图4-24所示。同样操作修改其他列宽为规定尺寸。

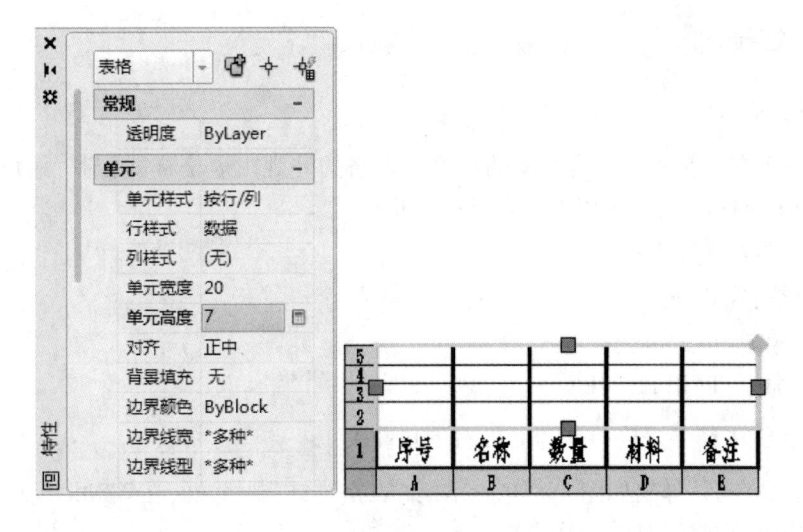

图 4-23　修改"数据"单元格行高

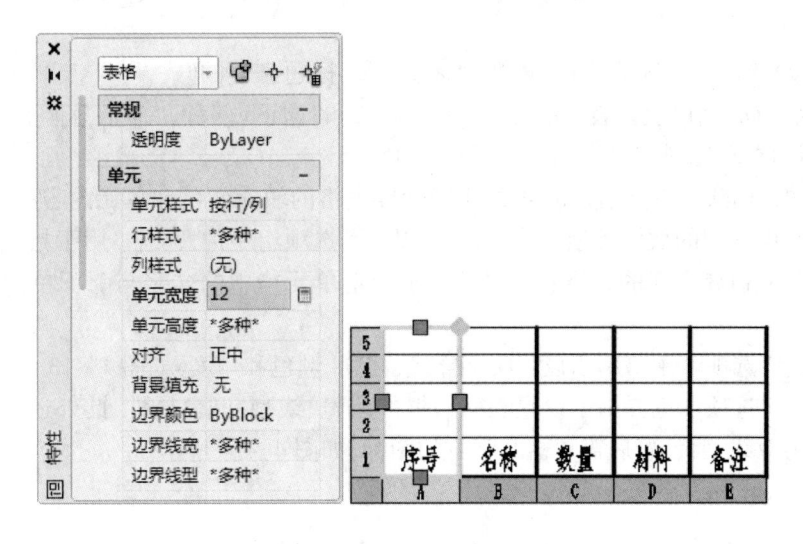

图 4-24　修改"序号"这一列列宽

(5)依次在各单元格中输入相应的文字或数据,并加以编辑(选择合适的字体样式,汉字长仿宋体,字母和数字选择国标字),填写完成后,单击"确定"按钮退出,完成明细栏的插入,如图 4-25 所示,至此明细栏绘制填写完成。

4	J形轴孔半联轴器	1	Q235	
3	螺母M10	4		GB/T6170—2000
2	螺栓M10×55	4		GB/T5782—2000
1	J1形轴孔半联轴器	1	Q235	
序号	名称	数量	材料	备注

图 4-25　明细栏尺寸和参数

第 6 步:将填写好的明细栏移动到标题栏上方,保存图形文件。

三、知识链接

1. 表格样式

表格是一个在行和列中包含数据的对象。表格的外观由表格样式控制,用户可以使用默认表格样式 STANDARD,也可以创建自己的表格样式。

调用命令的方式如下:

(1)工具栏:样式→ ▦ 按钮。

(2)下拉菜单:格式→表格样式。

(3)键盘命令:TABLESTYLE。

(4)功能区:注释→表格→展开面板右下角箭头 ↘ 。

执行上述命令后,弹出如图 4-10 所示的"表格样式"对话框,在该对话框中可以新建表格样式或者修改、删除已有的表格样式。

"新建表格样式明细栏"对话框如图 4-12 所示,在该对话框可以设置表格的特性,各选项含义如下:

(1)"单元样式",系统默认有"数据""表头"和"标题"三种样式。

(2)表格方向,用以设置表格的方向,有"向上"和"向下"两种,"向上"即明细栏的数据由上向下填写;"向下"即明细栏的数据由下向上填写。

(3)"常规"选项卡中"特性"选项组用于设置表格的填充颜色和单元内容的对齐方式,还可以设置表格中各行的数据类型和格式。"页边距"选项组中的"水平"用于指定单元格中的文字与左右单元边界之间的距离;"垂直"用于指定单元格中的文字与上下单元边界之间的距离。

(4)"文字"选项卡主要用于设置文字样式、高度、颜色和角度,如图 4-13 所示。

(5)"边框"选项卡主要用于设置表格边框的线宽、线型、颜色属性,此外还可以设置有无边框或是否为双线型,设置后需单击其下方的图标,如图 4-14 所示。

2. 绘制表格

在设置好表格样式后,用户可以利用 TABLE 命令创建表格。

1)调用命令的方式

(1)工具栏:绘图→ ▦ 按钮。

(2)下拉菜单:绘图→表格。

(3)键盘命令:TABLE。

(4)功能区:注释→表格→ ▦ 按钮。

执行命令后弹出如图 4-19 所示的"插入表格"对话框。

2)选项说明

(1)"表格样式"用于在"表格样式名称"下拉列表框中选择一种表格样式,也可以单击右面的按钮新建或修改表格样式。

(2)"插入选项"用于指定插入表格的方式。"从空表格开始"表示输入一个空白表格,"自数据连接"表示插入一个含有电子表格中数据的表格。

(3)"插入方式"用于指定插入表格的位置。"指定插入点"用于指定表格左上角或左下角的位置。"指定窗口"通过在绘图区指定窗口来确定表格的大小和位置。

(4)"列和行设置"用于指定插入表格的列和行的数目以及列宽和行高。

(5)"设置单元样式"可以设置第一行、第二行和其他所有行的单元样式。系统默认第一行是标题、第二行是表头、第三行以后是数据,用户可根据自己表格的样式来修改,具体操作见本节明细栏绘制。

3. 表格编辑

创建表格后,要是对表格不满意还可以对表格进行编辑。

(1)修改表格的列宽与行高。使用表格的夹点或表格单元的夹点进行修改,该方式通过拖动夹点(图4-26)更改表格的列宽和行高。也可以利用特性选项板修改列宽和行高值,其操作方法已经在本节例题中讲述。

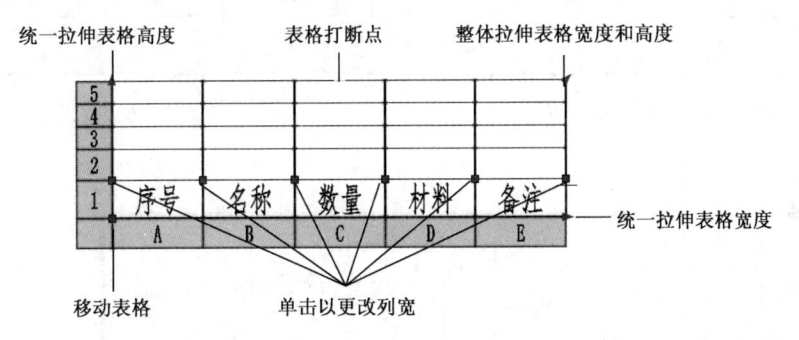

图4-26 用"夹点"编辑表格

(2)利用"表格"工具栏编辑表格。在选中表单元或表单元区域后,"表格"工具栏会自动弹出,通过单击其中的按钮,可对表格的行或列进行插入或删除,可合并单元、取消单元合并、调整单元边框等,如图4-27所示。

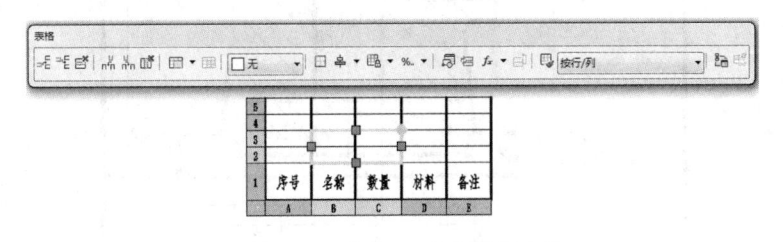

图4-27 "表格"工具栏编辑表格

(3)编辑表格内容。要编辑表格内容,只需双击表单元进入文字编辑状态即可。要删除表单元中的内容,应首先选中表单元,然后按 Delete 键。

四、思考与练习

(1)绘制装配图的方法有几种?

(2)用图块拼装成装配图时应该注意什么?

(3)绘图题。

①绘制如图4-28至图4-31所示顶尖的4个零件图。

②利用图块插入法绘制如图4-32所示顶尖的装配图。

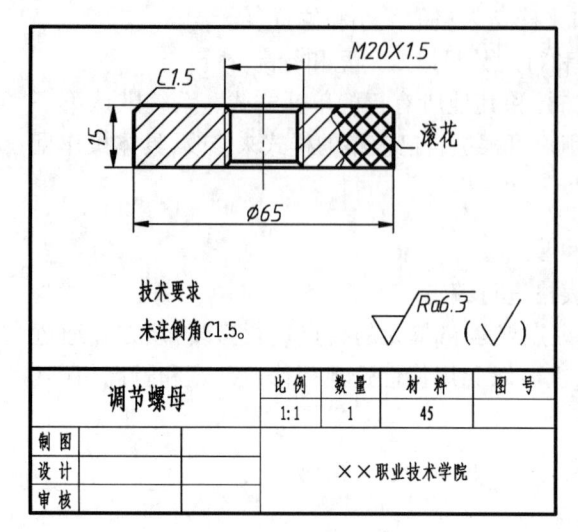

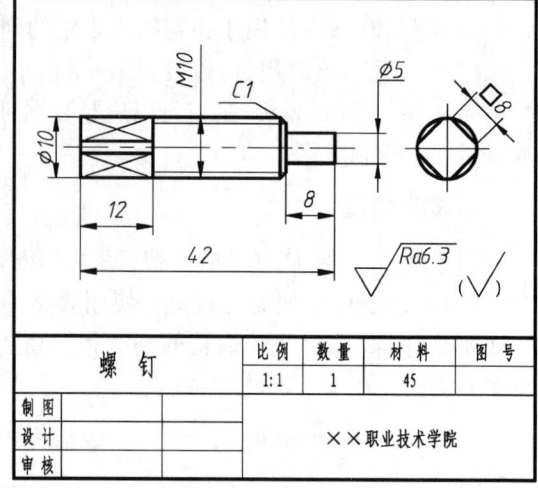

图 4-28 调节螺母

图 4-29 螺钉尺寸

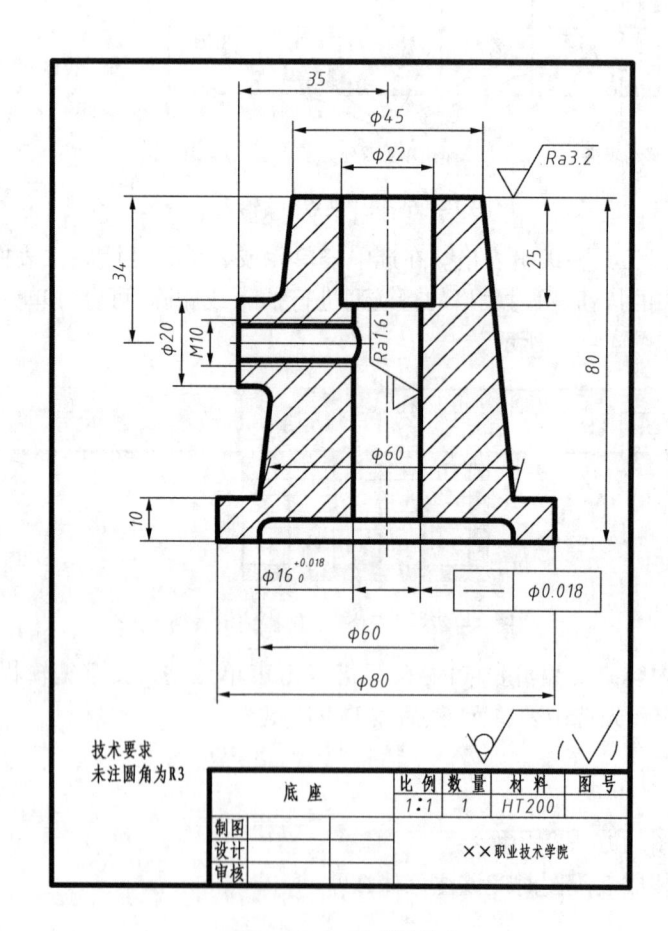

图 4-30 底座尺寸

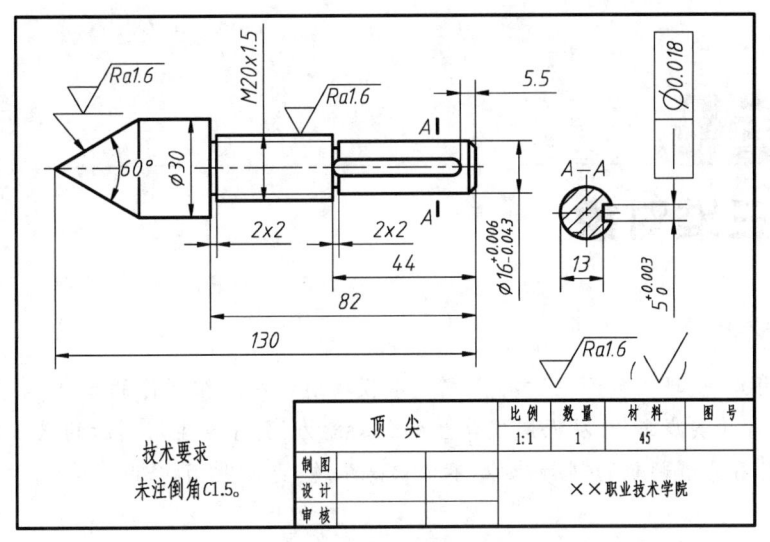

图 4-31　顶尖尺寸

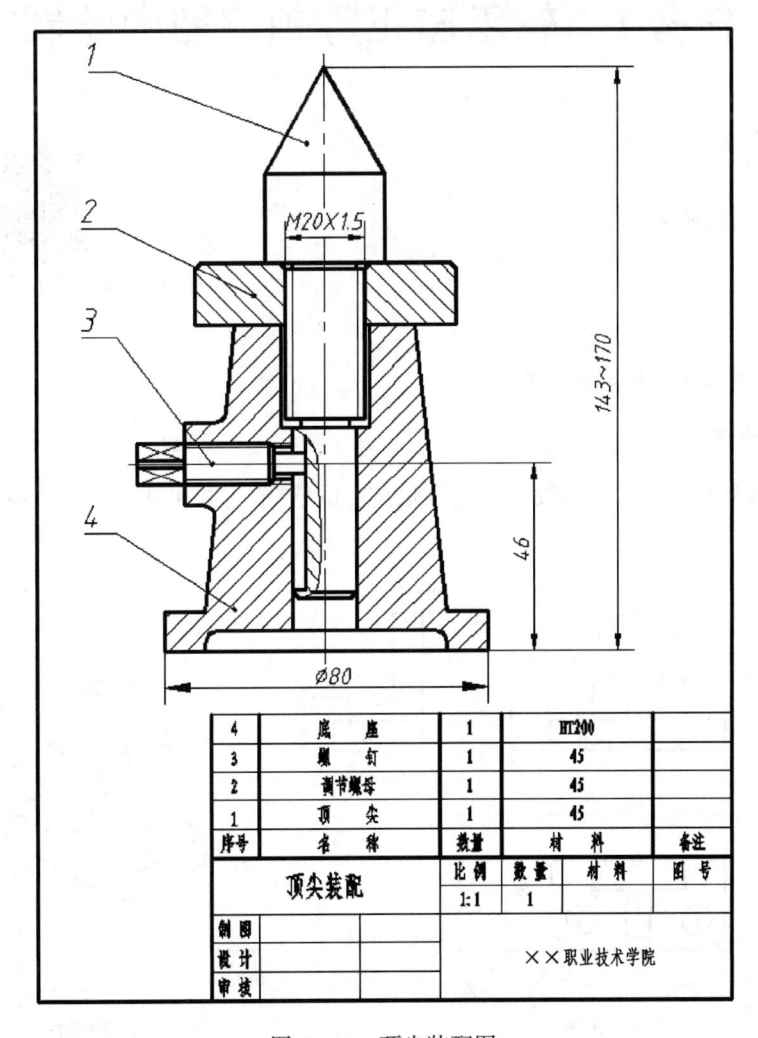

图 4-32　顶尖装配图

模块五

绘制三维对象

模块导入

"实践没有止境,理论创新也没有止境。"本模块通过对三维实体的绘制,实现真正意义上的指导机械设计的实践工作,从而激发学生的创新能力,引导学生用创新的思维方式去解决问题,培养学生具备弯道超越的创新精神,不仅仅是跟跑,更要做领跑者。

任务1 轴承座正等轴测图的绘制

知识点

● 等轴测捕捉的应用。

技能点

● 用等轴测捕捉绘制正等轴测图。

任务1 轴承座正等轴测图的绘制

一、任务描述

本任务讲解如图 5-1 所示轴承座正等轴测图的绘制,主要讲述如何在二维绘图环境绘制三维对象。

(a) 三视图 (b) 正等轴测图

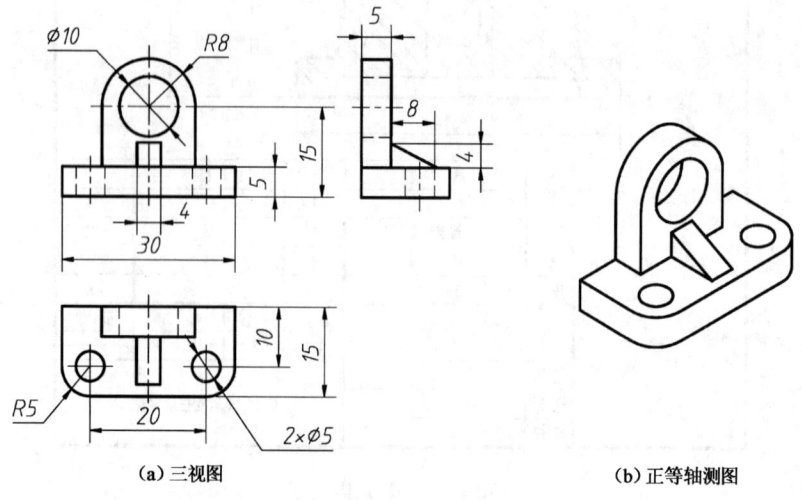

图 5-1 轴承座的三视图及正等轴测图

二、任务实施

第1步：设置轴测图绘图环境。

新建一个图形文件,打开状态栏等轴测草图 ，点击下拉按钮选择 顶部等轴测平面，打开正交 绘图模式、 （对象捕捉）、 （对象捕捉追踪）、 （显示/隐藏线宽）、 （动态输入）按钮,对象捕捉模式设为端点、中点、圆心、象限点、交点捕捉。注意绘图操作在正交模式状态。

第2步：绘制底板。

(1)用直线命令绘制底框,如图5-2(a)所示。

(2)定圆心,用画椭圆命令绘制圆角,如图5-2(b)所示。

单击"绘图"工具栏 按钮,操作步骤如下：

命令：_ellipse	//启动"椭圆"命令
指定椭圆轴的端点或[圆弧(A)/中心点(C)/等轴测圆(I)]:i↙	//选择"等轴测圆"选项
指定等轴测圆的圆心：	//指定图5-2(b)中的O_1
指定等轴测圆的半径或[直径(D)]:5↙	//输入圆角半径

同样的操作以O_2为圆心绘制另一个圆角。

(3)同上操作绘制两个φ5的圆孔,修剪多余图线,如图5-2(c)所示。

(4)点击轴测草图下拉按钮选择 右等轴测平面，切换到右等轴测平面,以A为基点复制底面线框到B点,位移为5,如图5-2(d)所示。

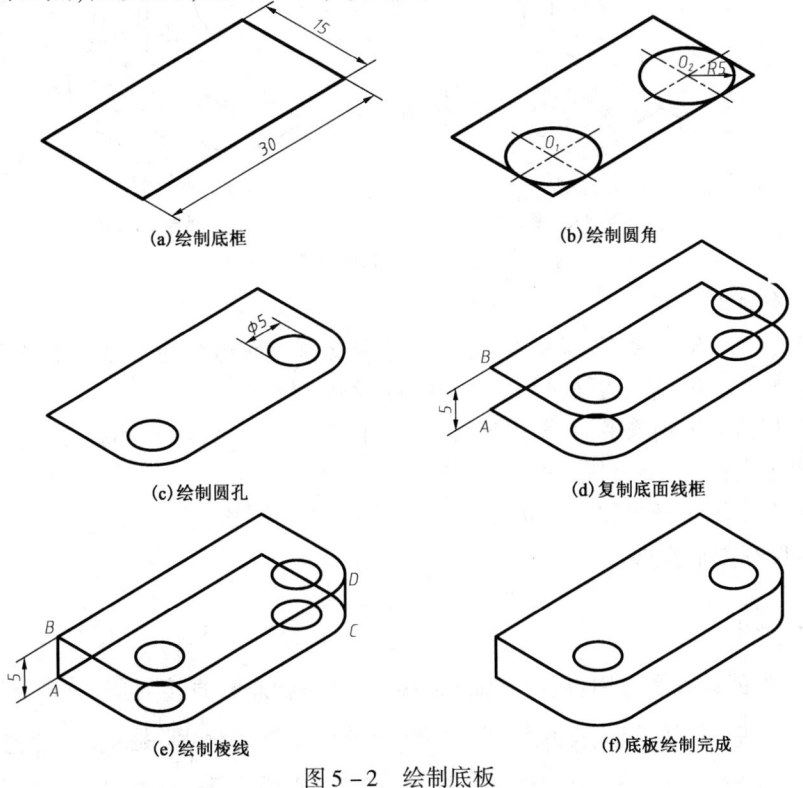

(a)绘制底框　　　　　　　　　(b)绘制圆角

(c)绘制圆孔　　　　　　　　　(d)复制底面线框

(e)绘制棱线　　　　　　　　　(f)底板绘制完成

图5-2　绘制底板

(5)绘制直线 AB 和 CD，CD 绘制用捕捉象限点，如图 5-2(e)所示。

(6)修剪多余图线，底板绘制完成，如图 5-2(f)所示。

第 3 步：绘制支撑板。

(1)用等轴测圆的命令绘制支撑板 R8 半圆和 φ10 的圆孔，捕捉底板上表面后面边线的中点 E，向上追踪 10，定 O 为圆心，如图 5-3(a)所示。

(2)绘制两相切直线，修建多余图线，如图 5-3(b)所示。

(3)点击轴测草图下拉按钮选择 **左等轴测平面**，切换到左等轴测平面，以 A 为基点向前复制支撑板后面线框到 B 点，位移为 5，如图 5-3(c)所示。

(4)绘制相切直线，补画所缺线，修剪多余图线，如图 5-3(d)所示，注意绘制切线要捕捉轴测圆的象限点。

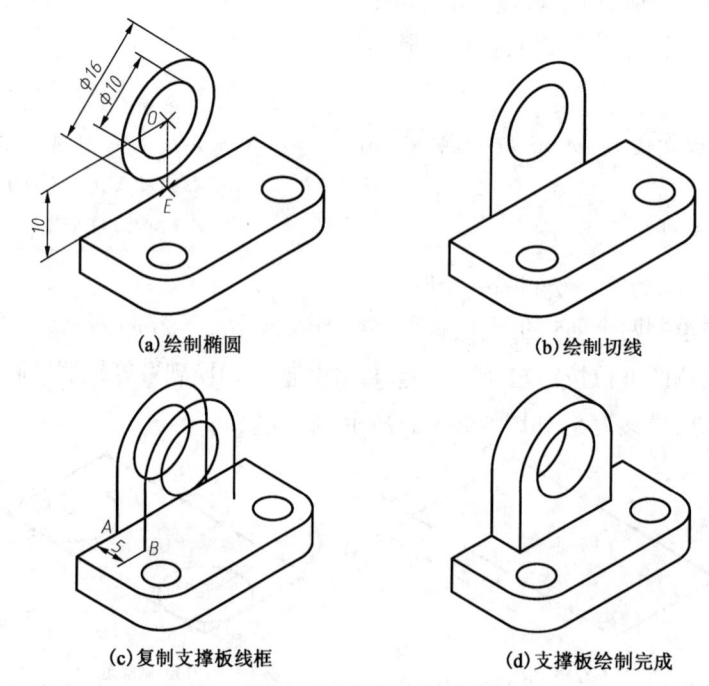

(a)绘制椭圆　　　　　　　　　(b)绘制切线

(c)复制支撑板线框　　　　　　(d)支撑板绘制完成

图 5-3　绘制支撑板

第 4 步：绘制肋板。

(1)切换到右等轴测平面，调用直线命令，捕捉支撑板底边线的中点 A，向左追踪 2 单击，向上画线，距离为 4，继续画线作出如图 5-4(a)所示线框。

(2)切换到顶部等轴测平面，调用直线命令，作出如图 5-4(b)所示线框。

(3)关闭正交模式，绘制其他边线，如图 5-4(c)所示。

(4)修剪多余图线，如图 5-4(d)所示，至此轴承座轴测图绘制完成。

第 5 步：保存图形文件。

三、知识链接

等轴测捕捉的设置和应用：启用等轴测捕捉可以在状态栏直接启用，单击状态栏 ，单击下拉按钮可以有三种模式选择进行切换，分别是 **顶部等轴测平面**、**左等轴测平面**、**右等轴测平面**。也可以反复按【F5】键或快捷键【Ctrl】+【E】进行

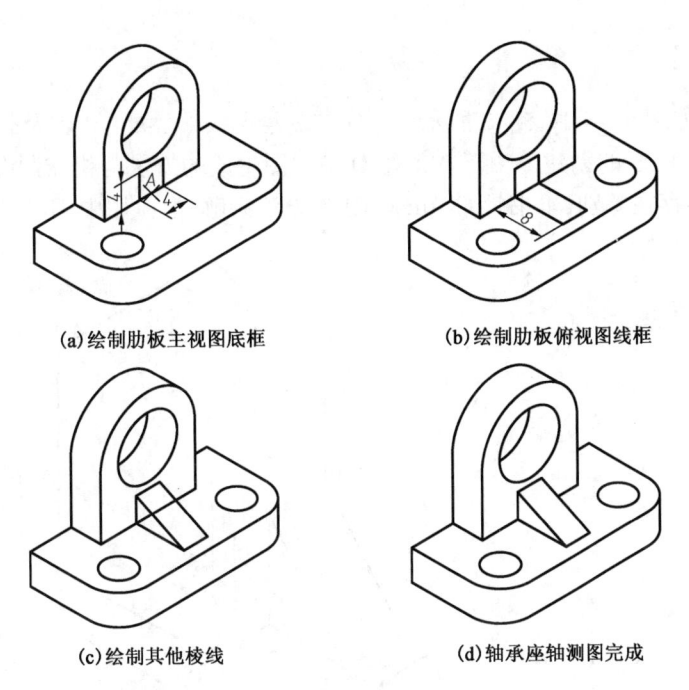

(a) 绘制肋板主视图底框　　　　(b) 绘制肋板俯视图线框

(c) 绘制其他棱线　　　　　　　(d) 轴承座轴测图完成

图 5-4　绘制肋板

切换。在等轴测捕捉模式，光标将变成正等轴测光标，如图 5-5 所示。在等轴测捕捉模式下画图，要注意选择正交模式。

(a) 左等轴测平面　　　(b) 顶部等轴测平面　　　(c) 右等轴测平面

图 5-5　正等轴测光标的三种样式

任务 2　基本几何体的创建及三维观察

知识点

- 长方体和楔体的创建。
- 布尔运算。
- 三维观察。
- 用户坐标系。

任务 2　基本几何体的创建及三维观察

技能点

- 配合三维实体观察方法灵活地进行 UCS 的创建。

一、任务描述

本任务介绍如图 5-6、图 5-7 所示三维实体的绘制及观察,主要涉及长方体和楔体的创建、三维观察以及 UCS 的创建。由于 AutoCAD 中视图生成的方法与机械制图中的投影法有所不同,故仰视图会存在差别,本书针对 AutoCAD 的方法讲解,但应用中仍以投影法为准。

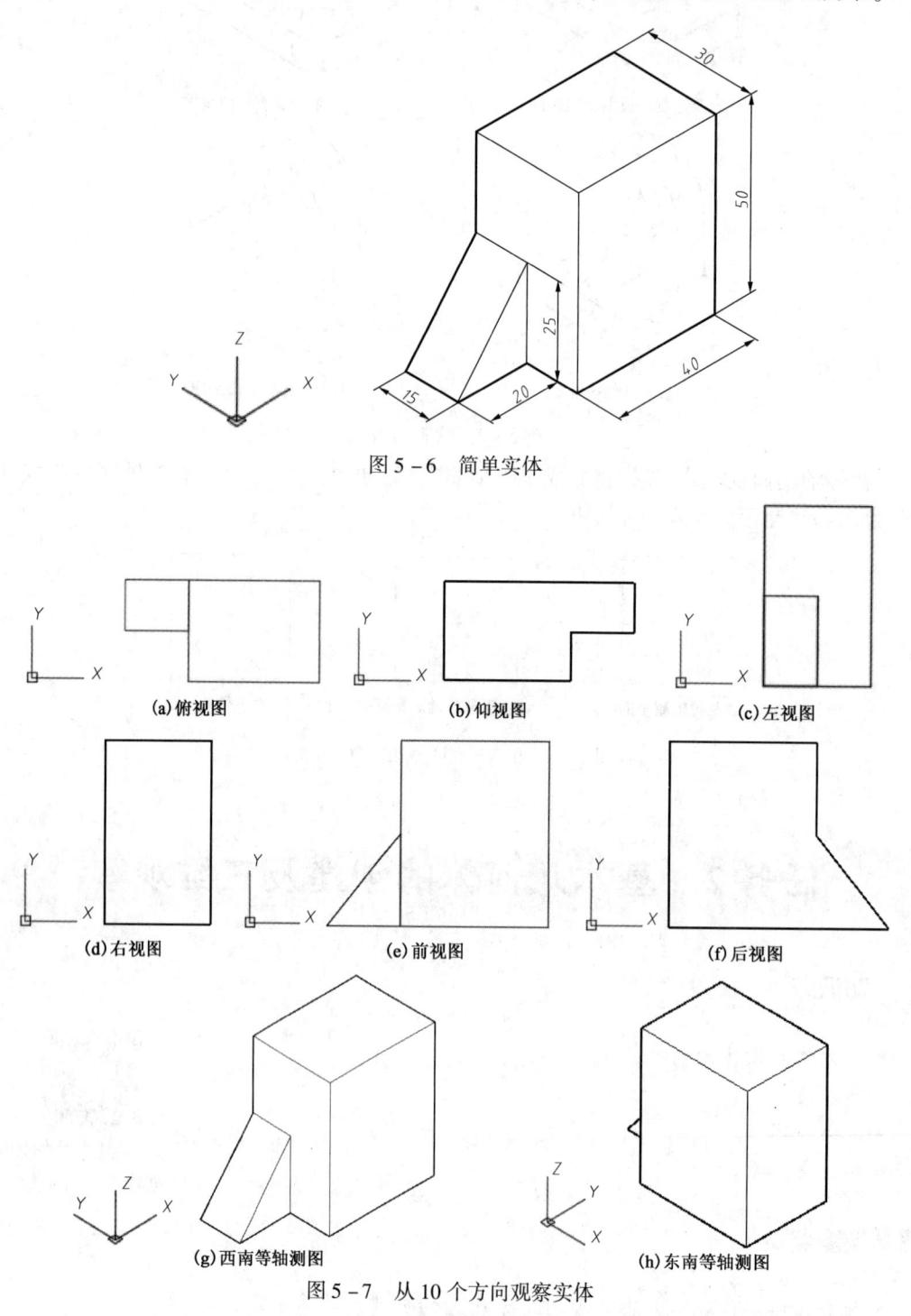

图 5-6 简单实体

(a) 俯视图 (b) 仰视图 (c) 左视图

(d) 右视图 (e) 前视图 (f) 后视图

(g) 西南等轴测图 (h) 东南等轴测图

图 5-7 从 10 个方向观察实体

(i) 东北等轴测图　　　　　　　　　　　　(j) 西北等轴测图

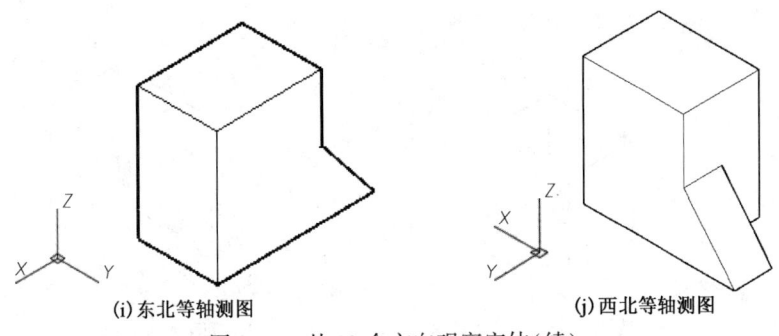

图 5-7　从 10 个方向观察实体(续)

二、任务实施

第1步:创建三维实体。

(1)将工作空间切换为三维建模空间,设置必要的绘图环境,状态栏选择正交模式,关闭栅格显示。

(2)在功能区单击:常用→视图→未保存的视图的下拉按钮,在列表中选择"西南等轴测",将观察方向设置为轴测观察方向,坐标系发生变化,如图 5-8(a)所示。

(3)创建 40×30×50 的长方体,如图 5-8(b)所示。

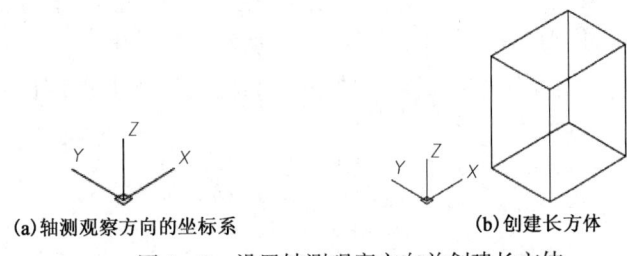

(a)轴测观察方向的坐标系　　　　　　　(b)创建长方体

图 5-8　设置轴测观察方向并创建长方体

在功能区单击:常用→建模→ 按钮的下拉按钮,选择 按钮,操作步骤如下:

命令:_box	//启动"长方体"命令
指定第一个角点或[中心(C)]	//任意指定一点为长方体的角点
指定其他角点或[立方体(C)/长度(L)]:l✓	//选择指定长、宽、高方式创建长方体
指定长度:40✓	//输入长方体的长度
指定宽度:30✓	//输入长方体宽度
指定高度或[两点(2p)]:50✓	//输入长方体高度

(4)创建 20×15×25 的楔体。

①转换坐标系。设置坐标系绕 Z 轴旋转 180°,旋转后的坐标系如图 5-9(a)所示。

功能区单击:常用→坐标→ (绕 Z 轴旋转)按钮,操作步骤如下:

命令:_ucs	//系统提示
当前 UCS 名称:*没有名称*	//系统提示
指定 UCS 的原点或[面(F)/命名(NA)/对象(OB)/上一个(P)/视图(V)/世界(W)/X/Y/Z/Z 轴(ZA)]<世界>:_Z	//系统提示
指定绕 Z 轴的旋转角度<90>:180✓	//设置坐标系绕 Z 轴旋转 180°

②创建楔体,如图5-9(b)所示。

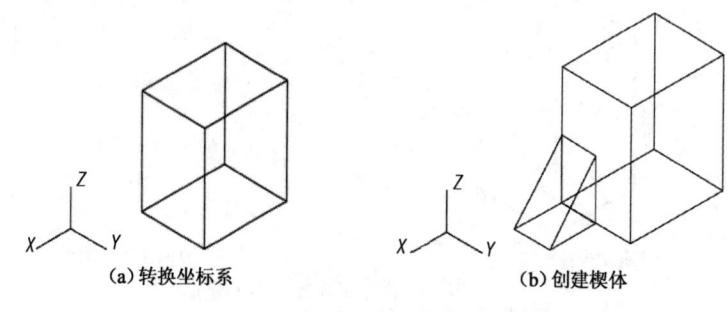

(a)转换坐标系　　　　(b)创建楔体

图5-9　转换坐标系并创建楔体

在功能区单击:常用→建模→ 按钮下拉按钮,选择 按钮,操作步骤如下:

```
命令:_wedge                          //启动"楔体"命令
指定第一个角点或[中心(C)]:           //在长方体的右下前角点单击,如图5-9(a)所示
指定其他角点或[立方体(C)/长度(L)]:l  //选择指定长、宽、高方式创建楔体
指定长度<50.0000>:20                 //输入楔体长度
指定宽度<30.0000>:15                 //输入楔体宽度
指定高度或[两点(2P)]50.0000>:25      //输入楔体高度
```

③将长方体和楔体用并集合并,合并后如图5-6所示。

在功能区单击:常用→实体编辑→ (实体并集)按钮,操作步骤如下:

```
命令:_union                    //启动"并集"命令
选择对象:指定对角点:找到2个    //选择长方体和楔体
选择对象:                      //回车结束选择
```

说明:

在AutoCAD中实体的长、宽、高方向定义规则:与X轴平行的方向称为长,与Y轴平行的方向称为宽,与Z轴平行的方向称为高。

第2步:从10个方向观察三维实体。

在功能区单击:常用→视图→未保存的视图,点击下拉按钮,在列表中依次选择俯视、仰视、左视、右视、前视、后视、西南等轴测、东南等轴测、东北等轴测、西北等轴测,可从如图5-7所示的10个方向观察实体。

说明:

观察实体时如要使看不见的线条不显示以增强立体感,可在功能区单击:常用→视图→二维线框按钮,在其下拉列表中选择"隐藏",则消隐显示实体,图5-7(g)、图5-7(h)、图5-7(i)、图5-7(j)便采用了该方式显示。

三、知识链接

1. 设置三维视图

绘制三维模型时,由于模型有多个面,仅从一个角度不能观看到模型的其他面,因此,应根据情况选择相应的观察点。三维视图样式有多种,其中包括俯视、仰视、左视、右视、前视、后视、西南等轴测、东南等轴测、东北等轴测和西北等轴测。

调用命令的方式:
(1)菜单栏:视图→三维视图命令中的子命令,如图 5 – 10(a)所示。
(2)功能区:常用→视图,单击"未保存的视图"下拉按钮,在打开的下拉列表中选择相应的视图选项即可,如图 5 – 10(b)所示。
(3)功能区:视图→命名视图,单击"未保存的视图"下拉按钮,在打开的下拉列表中选择相应的视图选项即可,如图 5 – 10(c)所示。
(4)在绘图区中单击"视图控件"图标,在快捷菜单中选择相应的视图选项即可,如图 5 – 10(d)所示。

(a)菜单栏三维视图命令 　　(b)常用选项卡视图面板

(c)视图选项卡命名视图面板 　　(d)视图控件快捷菜单

图 5 – 10　三维视图设置

2. 三维坐标系

三维坐标系分为世界坐标系和用户坐标系两种。其中世界坐标系为系统默认坐标系,它的坐标原点和方向是固定不变的;用户坐标系则可根据绘图需求,改变坐标原点和方向,使用较为灵活。在 AutoCAD 2025 中,使用 UCS 命令可创建用户坐标系。

1)调用命令的方式

(1)工具栏:UCS→按不同方式建立用户坐标系(图 5 – 11)。

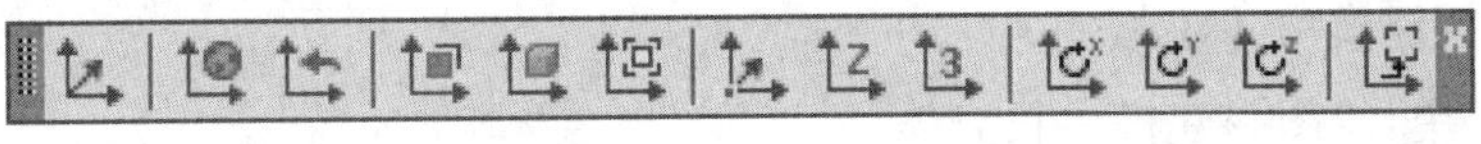

图 5 – 11　"UCS"工具栏

(2)下拉菜单:工具→新建 UCS。

(3)键盘命令:UCS。

(4)功能区:常用→坐标→相关新建 UCS 按钮。

2)操作过程

命令:_UCS	//系统提示
当前 UCS 名称:*没有名称*	//系统提示
指定 UCS 的原点或[面(F)/命名(NA)/对象(OB)/上一个(P)/	
视图(V)/世界(W)/X/Y/Z/Z 轴(ZA)]<世界>:_Z	//系统提示

3)其他选项说明

(1)指定 UCS 的原点:使用一点、两点或三点定义一个新的 UCS。指定单个点后,命令提示行将提示"指定 X 轴上的点或<接受>",此时,按回车键选择"接受"选项,当前 UCS 的原点将会移动而不会更改 X、Y 和 Z 轴的方向;如果在此提示下指定第二个点,UCS 将绕先前指定的原点旋转,以使 UCS 的 X 正半轴通过该点;如果指定第三点,UCS 将绕 X 轴旋转,以使 UCS 的 Y 的正半轴包含该点。

(2)面(F):用于将 UCS 与三维对象的选定面对齐,UCS 的 X 轴将与找到的第一个面上最近的边对齐。

(3)命名(NA):按名称保存并恢复通常使用的 UCS 坐标系。

(4)对象(OB):根据选定的三维对象定义新的坐标系。新 UCS 的拉伸方向为选定对象的方向。此选项不能用于三维多段线、三维网格和构造线。

(5)上一个(P):恢复上一个 UCS 坐标系。程序会保留在图纸空间中创建的最后 10 个坐标系和在模型空间中创建的最后 10 个坐标系。

(6)视图(V):以平行于屏幕的平面为 XY 平面建立新的坐标系,UCS 原点保持不变。

(7)世界(W):将当前用户坐标系设置为世界坐标系。UCS 是所有用户坐标系的基准,不能被重新定义。

X/Y/Z:绕指定的轴旋转当前 UCS 坐标系。通过指定原点和正半轴绕 X、Y 或 Z 轴旋转。

Z 轴(ZA):用指定 Z 的正半轴定义新的坐标系。选择该选项后,可以指定新原点和位于新建 Z 轴正半轴上的点;或选择一个对象,将 Z 轴与离选定对象最近的端点的切线方向对齐。

4)动态 UCS

使用动态 UCS 功能,可以在创建对象时使 UCS 的 XY 平面自动与实体模型上的平面临时对齐。在状态栏中单击"允许/禁止动态 UCS"按钮,即打开或关闭动态 UCS 功能。

3. 长方体

"长方体"命令可以创建实体长方体,且所创建的长方体的底面始终与当前 UCS 的 XY 平面(工作平面)平行。

1)调用命令的方式

(1)工具栏:建模→ 按钮。

(2)下拉菜单:绘图→建模→长方体。

(3)键盘命令:BOX。

(4)功能区:常用→建模→▢按钮。

2)创建长方体的几种方法

(1)指定角点方式创建长方体:该方式通过先指定的两个角点,确定一矩形作为长方体的长和宽,再指定高度的方法创建长方体。

(2)指定长度方式创建长方体:该方式通过指定长方体的长、宽、高来创建长方体。

(3)指定中心点的方式创建长方体:该方式通过先指定长方体的中心,再指定角点和高度(或再指定长、宽、高)的方法创建长方体。

(4)创建立方体:创建长方体时选择"立方体"选项,可创建一个长、宽、高相同的长方体。

4. 楔体

"楔体"命令可创建五面的三维实体,楔体的底面与当前 UCS 的 XY 平面平行,斜面正对第一个角点,楔体的高度与 Z 轴平行。

调用命令的方式如下:

(1)工具栏:建模→▢按钮。

(2)下拉菜单:绘图→建模→楔体。

(3)键盘命令:WEDGE。

(4)功能区:常用→建模→▢按钮。

楔体创建方法与长方体类似,这里就不再赘述。

5. 布尔运算

布尔运算用于对二维面域或三维实体进行"并集""交集""差集"运算,以创建新的二维面域或三维实体。

1)并集

"并集"命令将多个二维面域或三维实体合并为一个新的二维面域或二维实体,调用命令的方式如下:

(1)工具栏:建模→▢按钮。

(2)下拉菜单:修改→实体编辑→并集。

(3)键盘命令:UNION 或 UNI。

(4)功能区:常用→实体编辑→▢按钮。

2)差集

"差集"命令从一个二维面域或三维实体选择集中减去另一个二维面域或三维实体选择集,从而创建一个新的二维面域或三维实体,调用命令的方式如下:

(1)工具栏:建模→▢按钮。

(2)下拉菜单:修改→实体编辑→差集。

(3)键盘命令:SUBTRACT 或 SU。

(4)功能区:常用→实体编辑→▢按钮。

注意:实体相减时应先选取被减实体。

3)交集

"交集"命令将多个二维面域或三维实体相交的部分创建为一个新的二维面域或三维实体。调用命令的方式如下：

(1)工具栏：建模→ 按钮。

(2)下拉菜单：修改→实体编辑→交集。

(3)键盘命令：INTERSECT 或 IN。

(4)功能区：常用→实体编辑→ 按钮。

任务3　简单三维实体的创建

知识点

- 圆柱体的创建。
- 多段体的创建。
- 其他基本几何体的创建。

任务3　简单三维实体的创建

技能点

- 绘制基本体组合的简单三维实体。

一、任务描述

本任务讲解如图 5-12 所示简单三维实体的绘制方法和步骤，新增命令主要有"圆柱体""多段体"。另外本任务中还将介绍圆锥体、球体、圆环体和棱锥体。

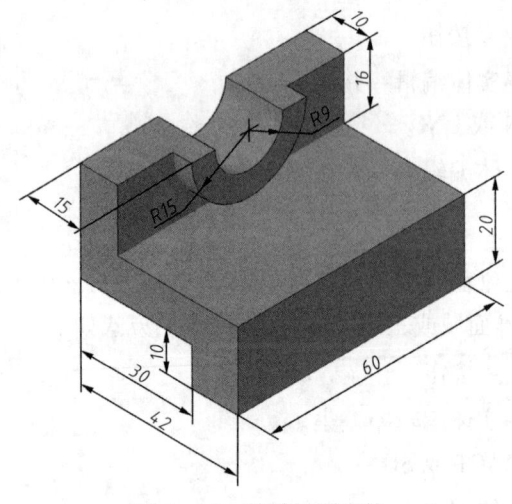

图 5-12　简单三维实体

二、任务实施

第1步：将工作空间切换为三维建模空间，设置必要的绘图环境，将观察方向设置为"西南等轴测"观察方向，视觉样式选择"二维线框"。

第2步：创建60×42×20的底板长方体，如图5-13所示。

操作步骤如下：

命令：_box	//启动"长方体"命令
指定第一个角点或[中心(C)]：	//任意指定一点为下底板的角点
指定其他角点或[立方体(C)/长度(L)]：@60,42↙	//输入长方体对角点
指定高度或[两点(2P)]<50.0000>：20↙	//输入长方体的高度

第3步：用同样的方法创建60×30×10的长方体，如图5-14所示。

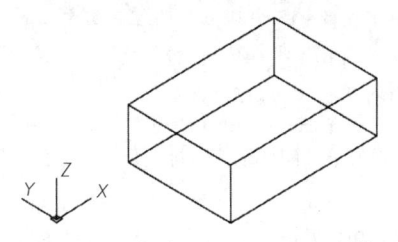

图5-13　创建60×42×20长方体 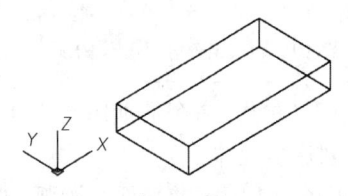　　图5-14　创建60×30×10长方体

第4步：选择60×30×10的长方体，右击，在弹出的快捷菜单中选择"移动"，将其移动到底板长方体的A点，如图5-15所示。

第5步：运用布尔差集运算将小长方体从大长方体中去掉，如图5-16所示（视觉样式选用隐藏）。

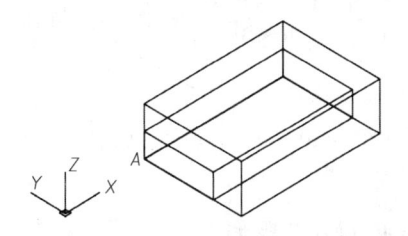

图5-15　将小长方体移动到底板后下方 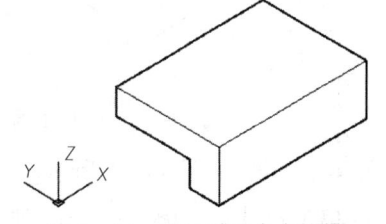　　图5-16　用"差集"命令挖槽

在功能区单击：常用→实体编辑→ ▢ （实体差集）按钮，操作步骤如下：

命令：_subtract 选择要从中减去的实体、曲面和面域…	//启动"差集"命令
选择对象：找到 1 个	//选择大长方体
选择对象：↙	//回车结束选择
选择要减去的实体、曲面和面域…选择对象：找到 1 个	//选择小长方体
选择对象：↙	//回车结束

第6步：创建60×10×16的长方体，采用"并集"命令将两个实体合并为一个实体，如图5-17所示。

第7步：转换坐标系。设置坐标系绕X轴旋转90°，旋转后的坐标系如图5-18所示。

第8步：创建半径为9mm、高为10mm的圆柱体，如图5-18所示。

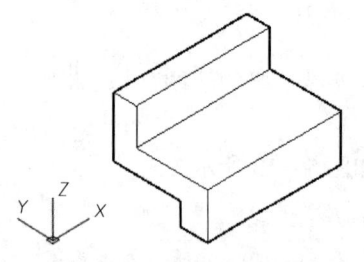

图5-17　创建上部长方体　　　　图5-18　创建圆柱

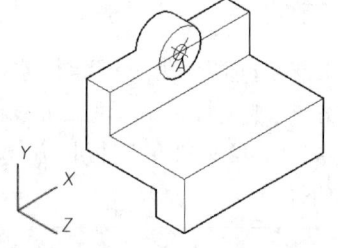

在功能区单击:常用→建模→⬤按钮,操作步骤如下:

```
命令:_cylinder                                    //启动"圆柱体"命令
指定底面中心点或[三点(3P)/两点(2P)/相切、
相切、半径(T)/椭圆(E)]:                           //指定图5-18中A点为圆柱底面中心点
指定底面半径或[直径(D)] <5.0000>:9✓              //输入圆柱体半径值
指定高度或[两点(2P)] <25.0000>:-10✓              //输入圆柱体的高度值
```

第9步:使用"差集"命令从如图5-18所示的几何体中减去圆柱体,如图5-19所示。

第10步:创建多段体。

(1)绘制半径为12mm的平面半圆弧,如图5-20所示。

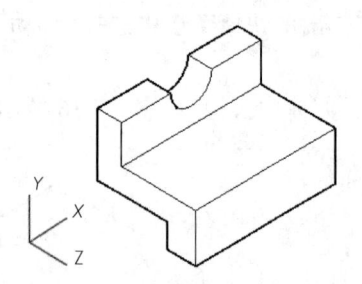

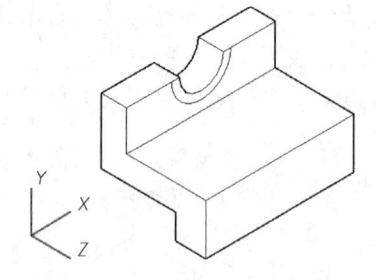

图5-19　用"差集"挖半圆柱　　　　图5-20　创建多段体之画圆弧

(2)创建半圆筒,如图5-21所示。

功能区单击:常用→建模→▱(多段体)按钮,操作步骤如下:

```
命令:_polysolid                                              //启动"多段体"命令
高度=80.0000,宽度=5.0000,对正=居中                          //系统提示
指定起点或[对象(O)/高度(H)/宽度(W)/对正(J)] <对象>:h✓        //设置多段体高度
指定高度 <80.0000>:5✓                                       //输入高度值
高度=5.0000,宽度=5.0000,对正=居中                           //系统提示
指定起点或[对象(O)/高度(H)/宽度(W)/对正(J)] <对象>:w✓        //设置多段体宽度
指定宽度 <5.0000>:6✓                                        //输入宽度值
高度=5.0000,宽度=6.0000,对正=居中                           //系统提示
指定起点或[对象(O)/高度(H)/宽度(W)/对正(J)] <对象>:o✓        //选择对象设置多段体
选择对象:                                                    //选择半圆弧
```

第11步:作并集,完成图形如图5-22所示。

第12步:保存图形文件。

172

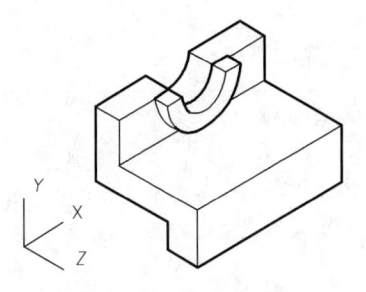

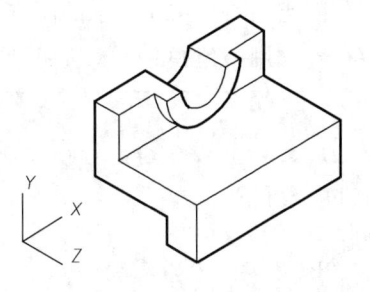

图 5-21 创建多段体　　　　图 5-22 用"并集"完成图形

说明：

在创建各种基本几何体时，应注意根据需要经常变换 UCS。本例中各图均显示了 UCS 的位置供用户参考。

三、知识链接

1. 圆柱体

"圆柱体"命令可以创建以圆或椭圆为底面的实体圆柱体。调用命令的方式如下：

(1) 工具栏：建模→ 按钮。

(2) 下拉菜单：绘图→建模→圆柱体。

(3) 键盘命令：CYLINDER。

(4) 功能区：常用→建模→ 按钮。

以圆为底面创建圆柱体：该方式通过指定圆柱直径及高度创建圆柱体。

以椭圆为底面创建椭圆柱体：该方式通过先创建一椭圆再指定高度的方法创建椭圆柱体。

2. 圆锥体

如图 5-23 所示，"圆锥体"命令可以以圆或椭圆为底面创建实体圆锥体或圆台。默认情况下，圆锥体的底面位于当前 UCS 的 XY 平面上，圆锥体的高度与 Z 轴平行，如图 5-24 所示。调用命令的方式如下：

(1) 工具栏：建模→ 按钮。

(2) 下拉菜单：绘图→建模→圆锥体。

(3) 键盘命令：CONE。

(4) 功能区：常用→建模→ 按钮。

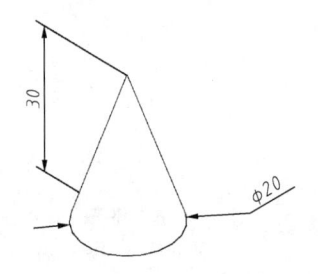

图 5-23 创建圆锥体　　　　图 5-24 圆锥体底面与 XY 平面平行、
　　　　　　　　　　　　　　　　　　高与 Z 轴平行

[**例 5-1**] 创建如图 5-23 所示的圆锥体。

在功能区单击:常用→建模→△按钮,操作步骤如下:

```
命令:_cone                                          //启动"圆锥体"命令
指定底面的中心点或[三点(3P)/两点(2P)/
相切、相切、半径(T)/椭圆(E)]:                      //单击一点作为圆锥底面的中心点
指定底面半径或[直径(D)]:10✓                        //输入半径值
指定高度或[两点(2P)/轴端点(A)/顶面
半径(T)]<40.0000>:30✓                             //输入高度值
```

3．多段体

"多段体"命令可将现有直线、二维多段线、圆弧或圆转换为具有矩形轮廓的实体。多段体可以包含曲线线段,但是默认情况下轮廓始终为矩形。

1) 调用命令的方式

(1) 工具栏:建模→▱ 按钮。

(2) 下拉菜单:绘图→建模→多段体。

(3) 键盘命令:POLYSOLID。

(4) 功能区:常用→建模→▱ 按钮。

2) 启动命令后命令行提示

```
指定起点或[对象(O)/高度(H)/宽度(W)/对正(J)]<对象>:  //指定实体轮廓的起点,按回车指定要
                                                    转换为实体的对象,或输入选项
指定下一点或[圆弧(A)/放弃(U)]:                      //指定实体轮廓的下一点,或输入选项
```

(1) 对象:指定要转换为实体的对象,可以转换直线、圆弧、二维多段线、圆。

(2) 高度:指定实体的高度。

(3) 宽度:指定实体的宽度。

4．球体

"球体"命令可以创建球体。

1) 调用命令的方式

(1) 工具栏:建模→◯ 按钮。

(2) 下拉菜单:绘图→建模→球体。

(3) 键盘命令:SPHERE。

(4) 功能区:常用→建模→◯ 按钮。

2) 启动命令后命令行提示

```
命令:_sphere                                        //启动"球体"命令
指定中心点或[三点(3P)/两点(2P)/切点、切点、半径(T)]:  //指定中心点
指定半径或[直径(D)]<4.2128>:                        //指定半径
指定半径或[直径(D)]<4.2128>:                        //回车结束
```

5. 圆环体

圆环体可以看作是绕圆轮廓线与其共面的直线旋转所形成的实体特征。

1) 调用命令的方式

(1) 工具栏: 建模→ ⊚ 按钮。

(2) 下拉菜单: 绘图→建模→圆环体。

(3) 键盘命令: TOR。

(4) 功能区: 常用→建模→ ⊚ 按钮。

2) 启动命令后命令行提示

```
命令:_torus                                              //启动"圆环体"命令
指定中心点或[三点(3P)/两点(2P)/切点、切点、半径(T)]: //指定中心点、三点、两点或切点切点半径
指定半径或[直径(D)]<4.2730>:                            //指定半径或直径
指定圆管半径或[两点(2P)/直径(D)]:                       //指定圆管半径
```

6. 棱锥体

棱锥体可以看作是以一个多边形面为底面,其余各面有一个公共顶点的具有三角形特征的面所构成的实体。

1) 调用命令的方式

(1) 工具栏: 建模→ ▲ 按钮。

(2) 下拉菜单: 绘图→建模→棱锥体。

(3) 键盘命令: PYRAMID。

(4) 功能区: 常用→建模→ ▲ 按钮。

2) 启动命令后命令行提示

```
命令:_pyramid                                                    //启动"棱锥体"命令
4个侧面  外切                                                    //系统提示
指定底面的中心点或[边(E)/侧面(S)]:                              //指定底面或边长或者侧面个数
指定底面半径或[内接(I)]<6.8483>:                                //指定底面半径或者内接
指定高度或[两点(2P)/轴端点(A)/顶面半径(T)]<10.7046>:           //指定高度等选项
```

任务4 复杂三维实体的创建

知识点

- 通过二维图形创建三维实体。
- 通过布尔运算创建复杂三维实体。

技能点

- 将三维基本体、拉伸实体和旋转实体三种方法结合起来创建复杂的三维模型。
- 能灵活运用布尔运算进行三维绘图。

一、任务描述

本任务介绍如图 5 – 25 所示复杂三维实体的创建方法和步骤,新增命令主要有"拉伸""旋转""三维镜像"。另外本任务中还将介绍"扫掠"和"放样"命令。

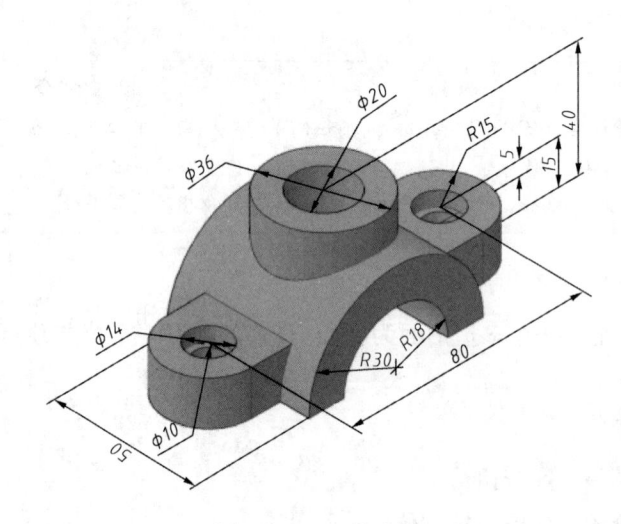

图 5 – 25　三维实体

二、任务实施

第 1 步:将工作空间切换为三维建模空间,设置必要的绘图环境,将观察方向设置为"前视"观察方向,视觉样式选择"二维线框"。(绘制三维实体过程要在"二维线框"视觉样式下操作,观察实体效果时可以选择"隐藏"视觉样式以增强立体感。)

第 2 步:创建 $R30$ 半圆柱。

(1)在 XOY 面上绘制半圆 $R30$,如图 5 – 26(a)所示。

(a)在 XOY 绘制轮廓　　(b)切换观察方向　　(c)拉伸成半圆柱体

图 5 – 26　创建 $R30$ 半圆柱

(2)将图形创建为面域。

在功能区单击:常用→绘图→ (面域)按钮,操作步骤如下:

```
命令:_region                                    //启动"面域"命令
选择对象:找到1个                                 //选择半圆弧
选择对象:找到1个,总计2个                          //选择直线
选择对象:✓                                      //回车,结束对象选择
已提取1个环                                     //系统提示已提取到1个封闭线框
已创建1个面域                                   //系统提示已创建1个面域
```

(3)切换观察方向,在绘图区中单击"视图控件"图标,在快捷菜单中选择"西南等轴测"观察方向,如图5-26(b)所示。

(4)用"拉伸"命令创建 R30 半圆柱。

在功能区单击:常用→建模→ ▊(拉伸)按钮,操作步骤如下:

```
命令:_extrude                                                    //调用"拉伸"命令
当前线框密度:ISOLINES=4,闭合轮廓创建模式=实体                       //系统提示
选择要拉伸的对象或[模式(MO)]:_MO 闭合轮廓创建模式
[实体(SO)/曲面(SU)]<实体>:_SO                                    //选择半圆面域
选择要拉伸的对象或[模式(MO)]:找到1个                                //系统提示
选择要拉伸的对象或[模式(MO)]:✓                                    //结束选择
指定拉伸的高度或[方向(D)/路径(P)/倾斜角(T)
/表达式(E)]<50.0000>:50✓                                        //指定拉伸高度
```

通过以上操作,得到如图5-26(c)所示图形。

第3步:创建底部左右两个U形结构。

(1)切换观察方向为"俯视",在 XOY 面上绘制如图5-27(a)所示图形,将图形创建为面域。

(2)切换观察方向为"西南等轴测",如图5-27(b)所示。

(3)用"拉伸"命令将面域拉伸为实体,拉伸高度15,如图5-27(c)所示。

(4)用"并集"命令将两个实体合并为一个实体,如图5-27(d)所示。

(a)在XOY绘制轮廓 (b)切换观察方向

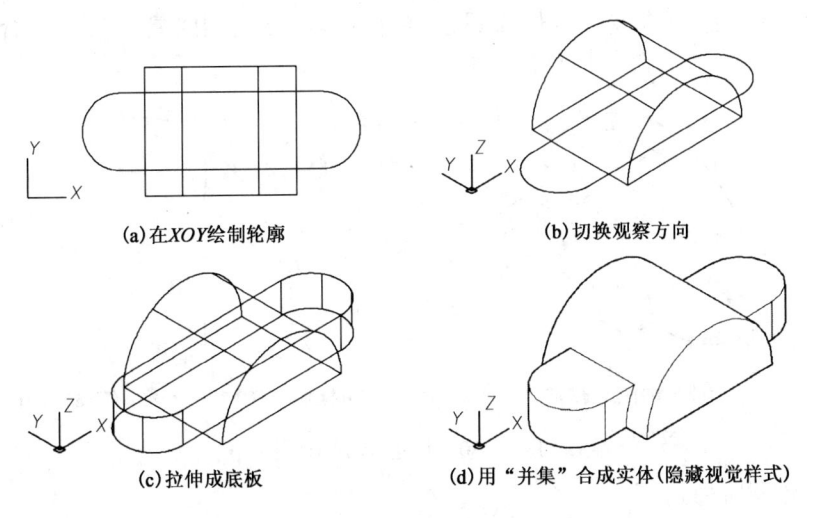

(c)拉伸成底板 (d)用"并集"合成实体(隐藏视觉样式)

图5-27 创建底部左右两个U形结构

第 4 步：创建 φ36 的圆柱。

(1)在 XOY 平面绘制 φ36 的圆,如图 5-28(a)所示。

(2)用"拉伸"命令将该圆拉伸为圆柱,拉伸高度 40,运用"并集"命令,合并实体,如图 5-28(b)所示。

(a)在XOY平面绘制φ36的圆　　　　(b)拉伸并合并为一个实体(隐藏视觉样式)

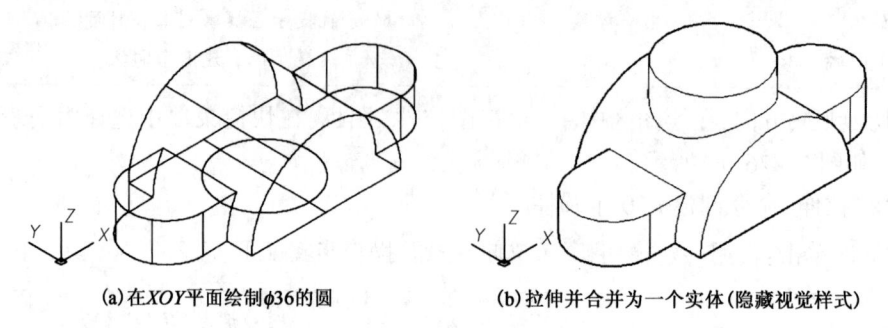

图 5-28　创建 φ36 的圆柱

第 5 步：创建 φ20 的通孔。

同第 4 步一样创建 φ20 的圆柱,用"差集"命令挖通孔,如图 5-29 所示。

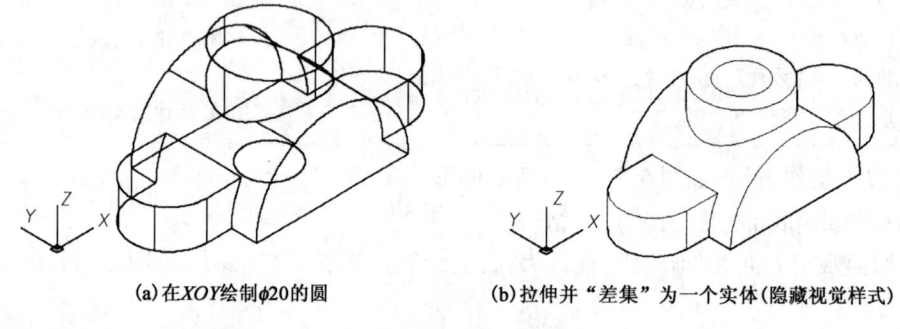

(a)在XOY绘制φ20的圆　　　　(b)拉伸并"差集"为一个实体(隐藏视觉样式)

图 5-29　创建 φ20 的通孔

第 6 步：创建 R18 的通孔。

(1)将 UCS 绕 X 轴旋转 90°,在 XOY 平面绘制 φ36 的圆,如图 5-30(a)所示。

(2)用"拉伸"命令将该圆拉伸为圆柱,拉伸高度 50,运用"差集"命令,合成实体,如图 5-30(b)所示。

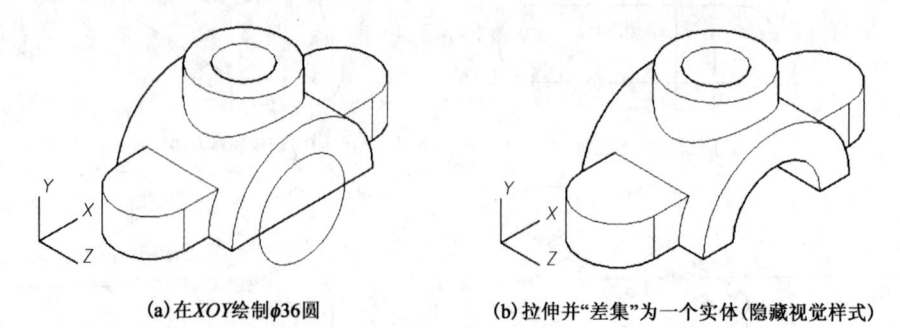

(a)在XOY绘制φ36圆　　　　(b)拉伸并"差集"为一个实体(隐藏视觉样式)

图 5-30　创建 R18 的通孔

第 7 步：创建阶梯孔。

(1)作图 5-31(a)所示的平面图形,并创建成面域。

(2)将如图5-31(a)所示的平面图形旋转。

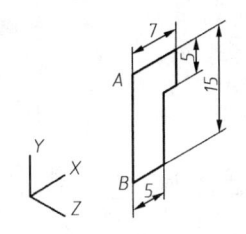

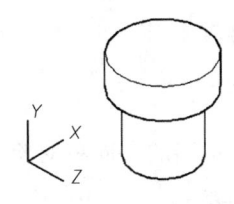

(a)绘制旋转的平面图形
(b)将平面图形旋转为三维实体
(c)将旋转实体移动到合适位置
(d)镜像阶梯孔(隐藏视觉样式)

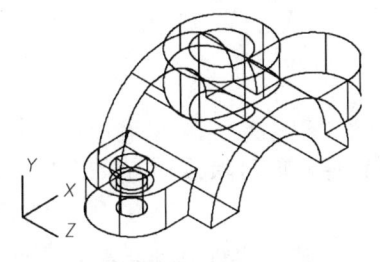

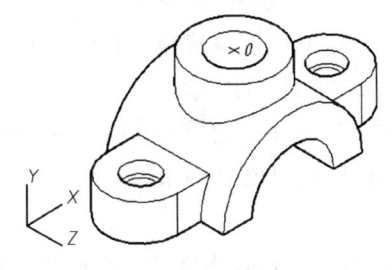

图5-31 创建阶梯孔

功能区单击:常用→建模→ (旋转)按钮,操作步骤如下:

```
命令:_revolve                              //启动"旋转"命令
当前线框密度:ISOLINES = 4                   //系统提示
选择要旋转的对象:                           //选择5-31(a)平面线框
找到1个                                    //系统提示
选择要旋转的对象:✓                         //结束选择
指定轴起点或根据以下选项之一定义轴
[对象(O)/X/Y/Z]<对象>:                     //选取如图5-31(a)所示的点A
指定轴端点:                                //选取如图5-31(a)所示的点B
指定旋转角度或[起点角度(ST)]<360>:✓        //回车确认
```

通过以上操作,得到如图5-31(b)所示图形。

(3)将旋转实体移动到左侧底板U形板圆心位置,如图5-31(c)所示。

(4)调用"三维镜像"命令,得到右侧旋转实体,如图5-31(d)所示。

功能区单击:常用→修改→ 三维镜像,操作步骤如下:

```
命令:_mirror3d                             //启动"三维镜像"命令
选择对象:找到1个                           //选择左侧阶梯孔
选择对象:✓                                //结束选择
指定镜像平面(三点)的第一个点或
[对象(O)/最近的(L)/Z轴(Z)/视图(V)/XY平面(XY)/
YZ平面(YZ)/ZX平面(ZX)/三点(3)]<三点>:YZ    //选择YZ平面为镜像面
指定YZ平面上的点<0,0,0>:                   //选择φ20孔的圆心O,如图5-31所示
是否删除源对象?[是(Y)/否(N)]<否>:✓        //回车确认
```

(5)利用"差集"命令挖去阶梯孔,结果如图5-31(d)所示。
第8步:保存图形文件

三、知识链接

1. 拉伸

拉伸是通过沿指定的方向将对象或平面拉伸出指定距离来创建三维实体或曲面的方法。

1)调用命令的方式

(1)工具栏:建模→按钮 ■。

(2)下拉菜单:绘图→建模→拉伸。

(3)键盘命令:EXTRUDE。

(4)功能区:常用→建模→ ■ 拉伸按钮。

如果拉伸闭合对象,则生成的对象为实体;如果拉伸开放对象,则生成的对象为曲面。

2)其他选项说明

拉伸高度:指定拉伸高度值。在此如果输入负数值,其拉伸对象将沿着 Z 轴负方向拉伸;如果输入正数值,拉伸对象将沿着 Z 轴正方向拉伸。如果所有对象处于同一平面上,则将沿该平面的法线方向拉伸。

方向:通过指定的两点指定拉伸的长度和方向。

路径:选择基于指定曲线对象的拉伸路径。拉伸的路径可以是开放的,也可以是封闭的。

倾斜角:如果为倾斜角指定一个点而不是输入值,则必须拾取第二个点。用于拉伸的倾斜角是两个指定点间的距离。

[例5-2] 沿路径拉伸封闭对象生成实体。

单击:绘图→建模→拉伸,操作步骤如下:

```
命令:_extrude                                          //启动"拉伸"命令
当前线框密度:ISOLINES=4,闭合轮廓创建模式=实体         //系统提示
选择要拉伸的对象或[模式(MO)]:_MO 闭合轮廓创建模式
[实体(SO)/曲面(SU)]<实体>:_SO                         //选择如图5-32所示的小圆
选择要拉伸的对象或[模式(MO)]:找到1个                   //系统提示
选择要拉伸的对象或[模式(MO)]:↵                         //结束选择
指定拉伸的高度或[方向(D)/路径(P)/倾斜角(T)
/表达式(E)]<77.7210>:p↵                                //按路径方式拉伸实体
选择拉伸路径或[倾斜角(T)]:                             //选择如图5-32所示的曲线
```

通过上述操作,得到如图5-33所示的图形。

图5-32 选择拉伸对象及路径   图5-33 拉伸结果

说明:

沿路径拉伸对象时,路径不能与拉伸对象处于同一平面,而应与拉伸对象垂直。

2. 旋转

旋转是通过绕轴旋转二维对象来创建三维实体或曲面的方法。调用命令的方式如下:

(1)工具栏:建模→ 按钮。

(2)下拉菜单:绘图→建模→旋转。

(3)键盘命令:REVOLVE。

(4)功能区:常用→建模→ 旋转按钮。

如果旋转闭合对象,则生成实体;如果旋转开放对象,则生成曲面。一次可以旋转多个对象。具体操作方法见本任务。

3. 扫掠

扫掠是通过路径扫掠二维曲线来创建三维实体或曲面的方法。

1)调用命令的方式

(1)工具栏:建模→ 按钮。

(2)下拉菜单:绘图→建模→扫掠。

(3)键盘命令:SWEEP。

(4)功能区:常用→建模→ 扫掠按钮。

2)启动命令后命令行提示

```
命令:_sweep                                              //启动"扫掠"命令
当前线框密度: ISOLINES=4,闭合轮廓创建模式=实体              //系统提示
选择要扫掠的对象或[模式(MO)]:_MO 闭合轮廓创建模式
[实体(SO)/曲面(SU)]<实体>:_SO                          //选择扫掠对象
选择要扫掠的对象或[模式(MO)]:↙                            //结束选择
选择扫掠路径或[对齐(A)/基点(B)/比例(S)/扭曲(T)]:          //选择扫掠路径
```

4. 放样

放样是通过对包含两条或两条以上横截面曲线的一组曲线进行放样(绘制实体或曲面)来创建三维实体或曲面的方法。调用命令的方式如下:

(1)工具栏:建模→ 按钮。

(2)下拉菜单:绘图→建模→放样。

(3)键盘命令:LOFT。

(4)功能区:常用→建模→ 放样按钮。

[例5-3] 绘制天圆地方实体。

单击:绘图→建模→放样,操作步骤如下:

```
命令:_loft                                               //启动"放样"命令
当前线框密度: ISOLINES=4,闭合轮廓创建模式=实体              //系统提示
```

```
按放样次序选择横截面或[点(PO)/合并多条边(J)/模式(MO)]:
_MO闭合轮廓创建模式[实体(SO)/曲面(SU)]<实体>:_SO         //系统提示
按放样次序选择横截面或[点(PO)/合并多条边(J)
/模式(MO)]:找到 1 个                                      //选择如图 5-34 所示上方小圆
按放样次序选择横截面或[点(PO)/合并多条边(J)
/模式(MO)]:找到 1 个,总计 2 个                            //选择如图 5-34 所示中间圆
按放样次序选择横截面或[点(PO)/合并多条边(J)
/模式(MO)]:指定对角点:找到 1 个,总计 3 个                  //选择如图 5-34 所示下方正方形
按放样次序选择横截面或[点(PO)/合并多条边(J)
/模式(MO)]:↵                                              //结束选择
选中了 3 个横截面
输入选项[导向(G)/路径(P)/仅横截面(C)/设置(S)]<仅横截面>:↵//回车确认
```

通过以上操作,得到如图 5-35 所示图形。

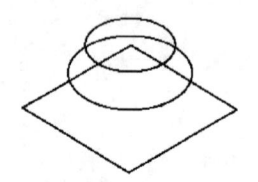

图 5-34　放样横截面　　　图 5-35　天圆地方

5. 三维镜像

三维镜像是运用"三维镜像"命令创建相对于某一平面的镜像对象的操作。调用命令的方式如下:

(1) 下拉菜单:修改→三维操作→三维镜像。

(2) 键盘命令:MIRROR3D。

(3) 功能区:常用→修改→三维镜像按钮。

具体操作方法见本任务。

任务 5　三维实体的编辑

知识点

- 三维图形的编辑。

技能点

- 能熟练运用三维编辑命令。

一、任务描述

本任务介绍如图5-36所示三维实体的绘制及编辑方法和步骤,新增命令主要有"圆角""倒角""三维阵列"。另外本任务中还将介绍"剖切""三维旋转""三维对齐"命令。

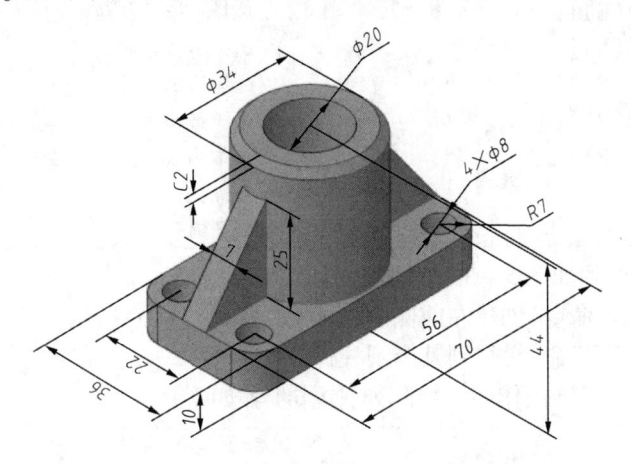

图5-36 三维实体的创建与编辑

二、任务实施

第1步:将工作空间切换为三维建模空间,设置必要的绘图环境,将观察方向设置为"西南等轴测"观察方向,视觉样式选择"二维线框"。

第2步:创建底板。

(1)调用"长方体"命令,创建长方体,如图5-37(a)所示。

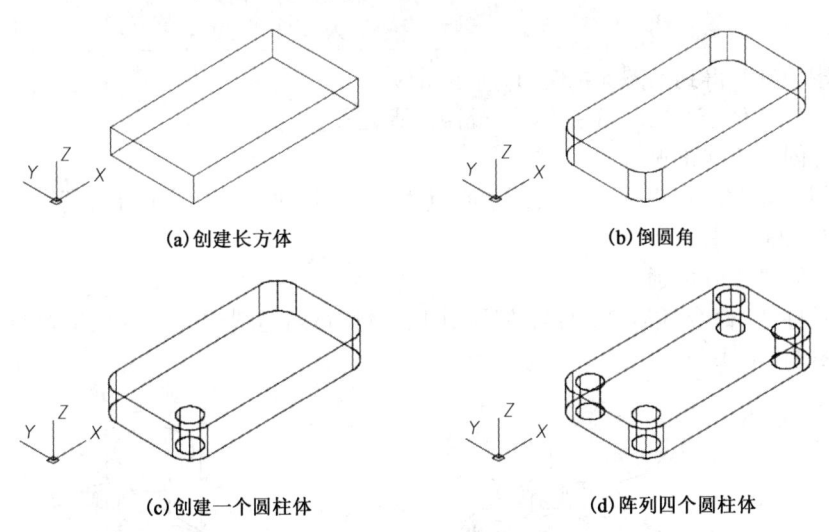

(a)创建长方体　　(b)倒圆角

(c)创建一个圆柱体　　(d)阵列四个圆柱体

图5-37 创建底板

(2)调用"圆角"命令,倒圆角。

功能区单击:实体→实体编辑→ 按钮,操作步骤如下:

命令:_filletedge	//启动"圆角"命令
半径 = 1.0000	//系统提示
选择边或[链(C)/环(L)/半径(R)]:r	//设置半径
输入圆角半径或[表达式(E)]<1.0000>:7✓	//输入圆角半径
选择边或[链(C)/半径(R)]:	//选择第一条棱边
选择边或[链(C)/半径(R)]:	//选择第二条棱边
选择边或[链(C)/半径(R)]:	//选择第三条棱边
选择边或[链(C)/半径(R)]:	//选择第四条棱边
选择边或[链(C)/半径(R)]:✓	//回车确认
已选定 4 个边用于圆角	//系统提示
按 Enter 键接受圆角或[半径(R)]:✓	//回车确认

通过以上操作,得到如图 5-37(b)所示图形。

(3)调用"圆柱体"命令,创建左前侧圆柱体,如图 5-37(c)所示。

(4)调用"三维阵列"命令,得到其余圆柱体。

单击菜单:修改→三维操作→三维阵列,操作步骤如下:

命令:_3darray	//启动"三维阵列"命令
正在初始化…已加载3DARRAY。	//系统提示
选择对象:	//选择如图 5-37(c)所示的小圆柱
找到 1 个	//系统提示
选择对象:✓	//结束选择
输入阵列类型[矩形(R)/环形(P)]<矩形>:r✓	//以矩形方式阵列
输入行数(---)<1>:2✓	//输入阵列行数
输入列数(|||)<1>:2✓	//输入阵列列数
输入层数(…)<1>:1✓	//输入阵列层数
指定行间距(---):22✓	//输入阵列行间距
指定列间距(|||):56✓	//输入阵列列间距

通过以上操作,得到如图 5-37(d)所示图形。

(5)四个圆柱体与长方体作差集,形成四个圆柱孔。

第 3 步:创建 $\phi 34$ 的圆柱。

调用"圆柱体"命令,以底板上表面中心点为圆心创建圆柱体,半径17,高度34,与底板作并集,如图 5-38 所示。

第 4 步:创建 $\phi 20$ 的通孔。

调用"圆柱体"命令,以 $\phi 34$ 的圆柱顶面圆心为圆心创建圆柱体,半径10,高度44,与底板作差集,如图 5-39 所示。

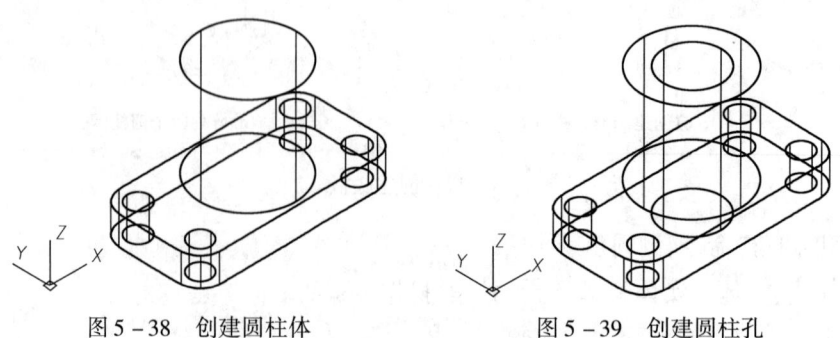

图 5-38 创建圆柱体   图 5-39 创建圆柱孔

第 5 步:倒角。

功能区单击:实体→实体编辑→ ▢ 按钮,操作步骤如下:

```
命令:_chamferedge 距离 1 = 1.0000,距离 2 = 1.0000        //启动"倒角边"命令
选择一条边或[环(L)/距离(D)]:D✓                          //设置距离
指定距离 1 或[表达式(E)]<1.0000>:2✓                     //输入倒角距离
指定距离 2 或[表达式(E)]<1.0000>:2✓                     //输入倒角距离
选择一条边或[环(L)/距离(D)]:                             //选择 φ34 的圆边
选择同一个面上的其他边或[环(L)/距离(D)]:✓               //回车确认
按 Enter 键接受倒角或[距离(D)]:✓                        //回车确认
```

通过以上操作,得到如图 5-40 所示图形。

第 6 步:创建肋板。

(1)距离左上棱边中点底板 4mm 定点 A,然后做直线 AB,B 点为直线与 φ34 圆的交点,如图 5-41(a)所示。

(2)将 UCS 绕 X 轴旋转 90°,作三角形轮廓,高度 25mm,并创建为面域,如图 5-41(b)所示。

(3)用"拉伸"命令将三角形轮廓沿 Z 轴负方向拉伸 8mm,如图 5-41(c)所示。

(4)用"三维镜像"命令作另一侧肋板,如图 5-41(d)所示。

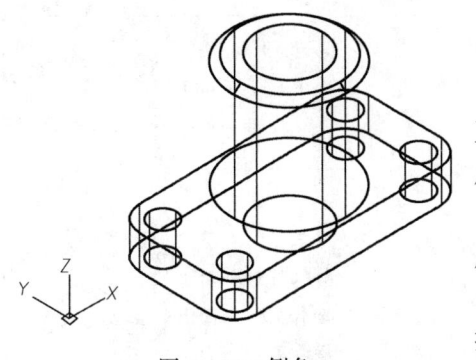

图 5-40 倒角

(5)将肋板与其他部分作并集,完成图形。

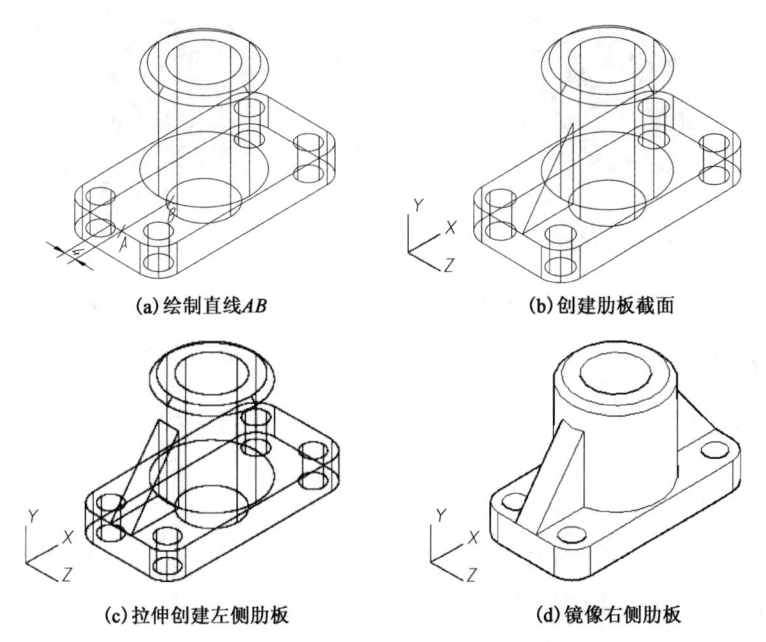

(a)绘制直线 AB (b)创建肋板截面

(c)拉伸创建左侧肋板 (d)镜像右侧肋板

图 5-41 创建肋板

第 7 步:保存图形文件。

三、知识链接

1. 剖切

剖切是通过指定剖切平面对三维实体进行剖切的操作。调用命令的方式如下：

(1)下拉菜单:修改→三维操作→剖切。

(2)键盘命令:SLICE。

(3)功能区:常用→实体编辑→ 剖切按钮。

[例5－4] 对如图5－42所示的三维实体进行剖切。

单击:修改→三维操作→剖切,操作步骤如下:

```
命令:_slice                                          //启动"剖切"命令
选择要剖切的对象:                                     //选中如图5－42所示的实体
找到一个                                             //系统提示
选择要剖切的对象:✓                                    //回车结束选择
指定切面的起点或[平面对象(O)/曲面(S)/Z轴(Z)/
视图(V)/XY(XY)/YZ(YZ)/ZX(ZX)/三点(3)]<三点>:3✓        //用三点方式确定剖切平面
指定平面上的第一个点:                                  //拾取剖切平面上的点1
指定平面上的第二个点:                                  //拾取剖切平面上的点2
指定平面上的第三个点:                                  //拾取剖切平面上的点3
在所需的侧面上指定点或[保留两个侧面(B)]<保留两个侧面>:   //拾取要保留的一侧上的点4
```

在剖切面上进行图案填充,结果如图5－43所示。

图5－42 剖切三维实体　　　图5－43 剖切结果

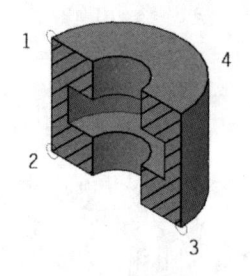

2. 三维旋转

三维旋转是运用"三维旋转"命令将三维对象绕三维轴旋转的操作。调用命令的方式如下:

(1)工具栏:建模→ 按钮。

(2)下拉菜单:修改→三维操作→三维旋转。

(3)键盘命令:3DROTATE 或 3R。

(4)功能区:常用→修改→ 按钮。

[例5－5] 将如图5－44所示的三维实体进行旋转。

单击:建模→ (三维旋转)按钮,操作步骤如下:

```
命令:_3drotate                              //启动命令
UCS 当前的正角方向:ANGDIR = 逆时针 ANGBASE = 0
                                            //系统提示
选择对象:                                   //选择如图5-44所示的沙发
选择对象:✓                                  //回车结束选择
指定基点:                                   //指定沙发左侧面后下角点
拾取旋转轴:                                 //拾取Z轴
指定角的起点或键入角度:-90✓                 //键入旋转角度
```

通过以上操作(旋转过程如图5-45所示),得到如图5-46所示的图形。

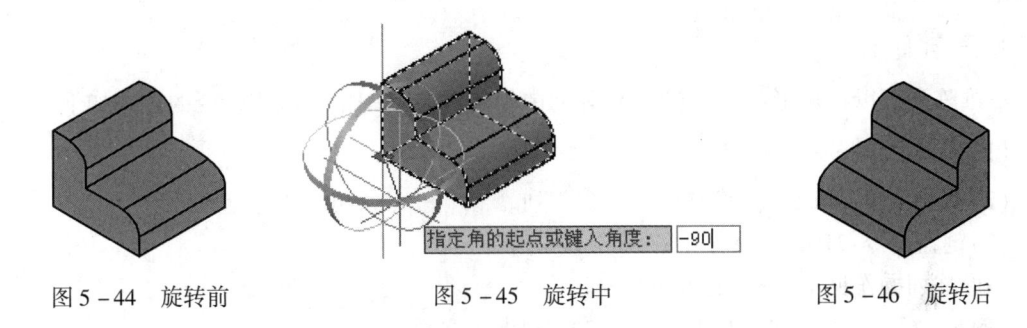

图5-44 旋转前 图5-45 旋转中 图5-46 旋转后

3.三维对齐

在三维绘图中,使用"三维对齐"命令可以指定至多3个点以定义源平面,然后指定至多3个点以定义目标平面,并将源平面对齐到目标平面上。调用命令的方式如下:

(1)工具栏:建模→按钮。

(2)下拉菜单:修改→三维操作→三维对齐。

(3)键盘命令:3DALIGN 或 3A。

(4)功能区:常用→修改→三维对齐按钮。

[例5-6] 将如图5-47所示的两个沙发对齐。

单击:修改→三维操作→三维对齐,操作步骤如下:

```
命令:_3dalign                               //启动"三维对齐"命令
选择对象:找到 1 个                          //选择如图5-47中左边的沙发
选择对象:✓                                  //回车结束对象选择
指定源平面和方向…
指定基点或[复制(c)]:                        //指定左边沙发的顶点1
指定第二个点或[继续(c)]<c>:                 //指定左边沙发的顶点2
指定第三个点或[继续(c)]<c>:                 //指定左边沙发的顶点3
指定目标平面和方向…
指定第一个目标点:                           //指定右边沙发的顶点4
指定第二个目标点或[退出(x)]<x>:             //指定右边沙发的顶点5
指定第三个目标点或[退出(x)]<x>:             //指定右边沙发的顶点6
```

通过以上操作,得到如图5-48所示的图形。

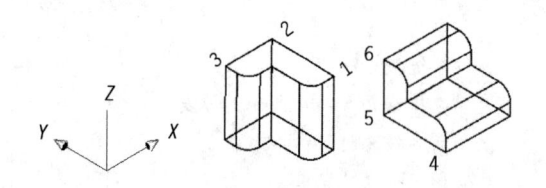

图 5-47 对齐前实体　　　　　　　　　图 5-48 对齐后实体

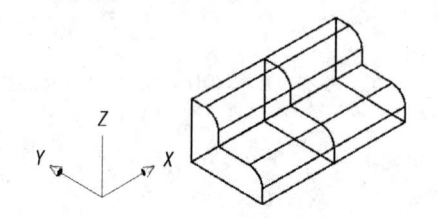

说明：

源目标的某一面要对齐新目标的某一面必须要找三个对应的点,如果点位置不对应,则对齐效果不一样。

4. 三维阵列

三维阵列可以在矩形或环形(圆形)阵列中创建对象的副本。调用命令的方式如下：

(1)工具栏：建模→ ▦ 按钮。
(2)下拉菜单：修改→三维操作→三维阵列。
(3)键盘命令：3DARRAY。

矩形阵列操作见本任务,此处不再赘述。

[**例 5-7**] 将如图 5-49 所示的小圆柱进行环形阵列。

单击：修改→三维操作→三维阵列,操作步骤如下：

命令：_3darray	//启动"三维阵列"命令
正在初始化…已加载3DARRAY。	//系统提示
选择对象：	//选择如图 5-49 所示的小圆柱
找到1个	//系统提示
选择对象：✓	//结束选择
输入阵列类型[矩形(R)/环形(P)]<矩形>：p✓	//用环形方式阵列
输入阵列中的项目数目：6	//输入阵列数目
指定要填充的角度(+=逆时针,-=顺时针)<360>：✓	//选择要填充的角度
旋转阵列对象？[是(Y)/否(N)]<Y>：Y	//旋转阵列对象
指定阵列的中心点：	//将大圆柱上表面的圆心指定为阵列中心的第一点
指定旋转轴上的第二点：	//将大圆柱底面的圆心指定为阵列中心的第二点

通过以上操作,得到如图 5-50 所示的图形。

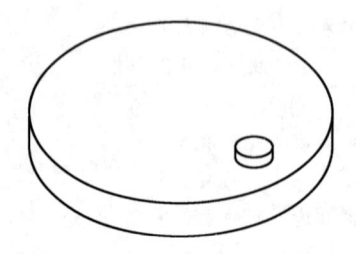

图 5-49 环形阵列前实体　　　　　　　图 5-50 环形阵列后实体

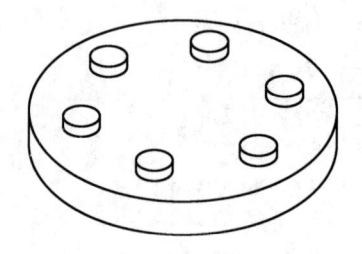

四、思考与练习

灵活运用各种方法创建图 5–51、图 5–52、图 5–53、图 5–54 所示实体。

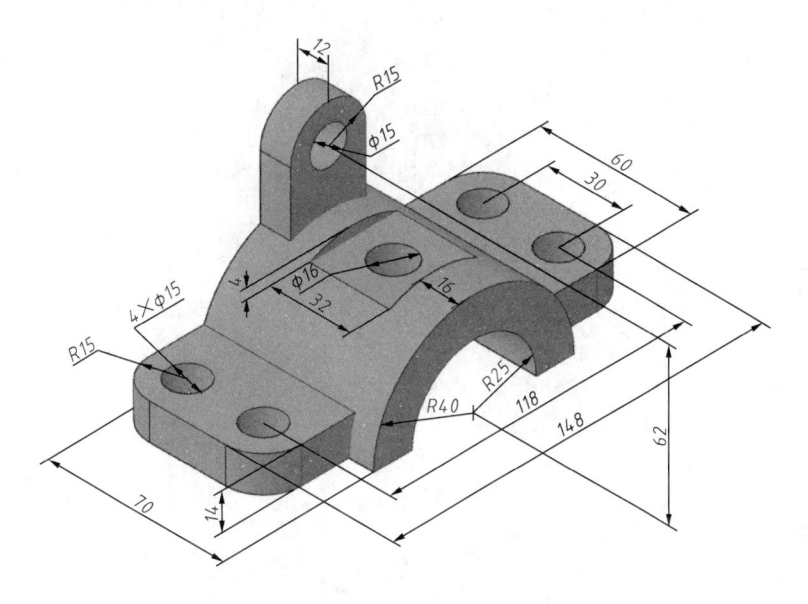

图 5–51　实体(一)

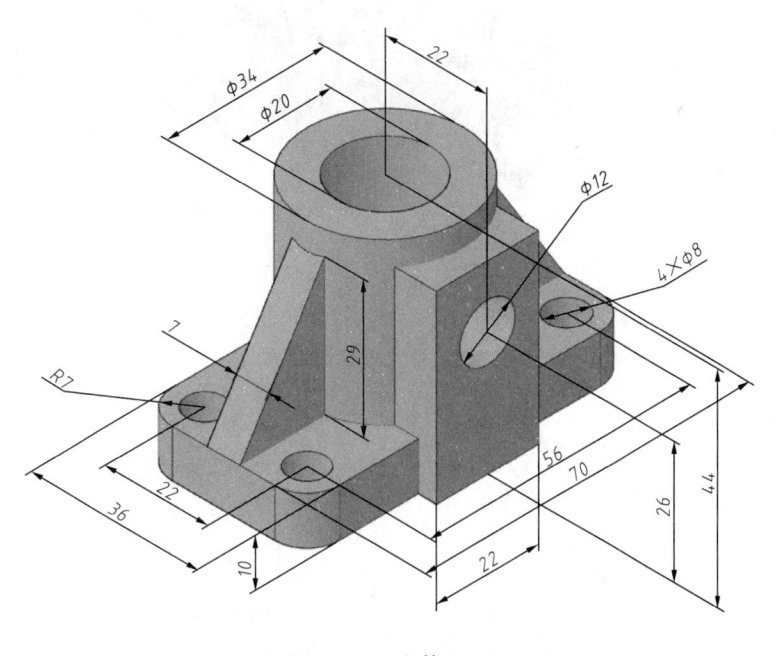

图 5–52　实体(二)

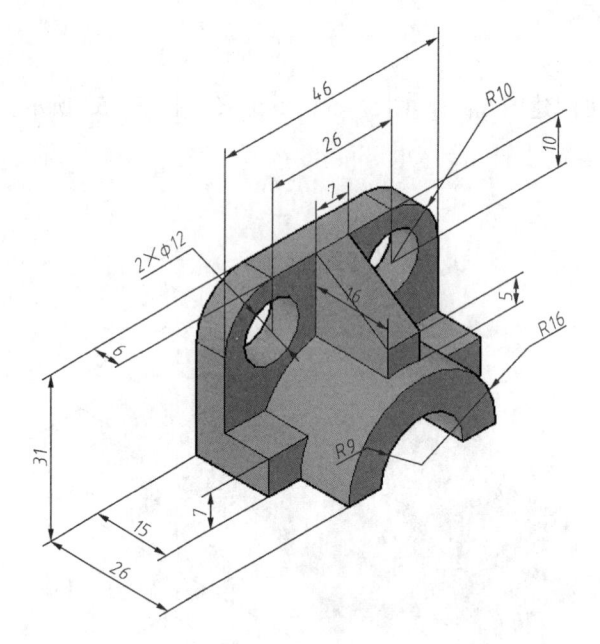

图 5-53 实体(三)

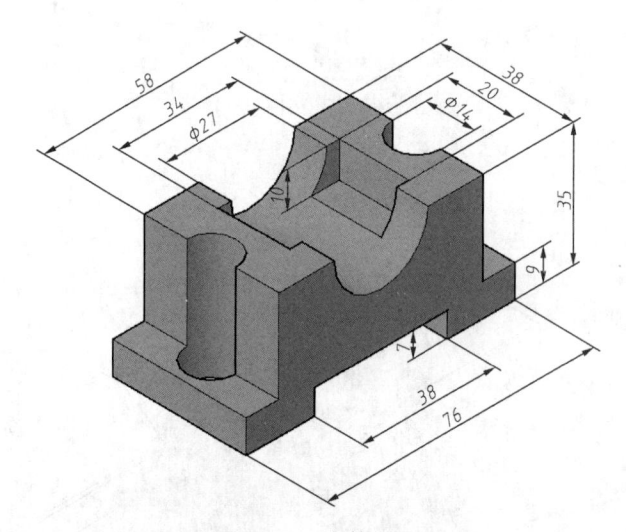

图 5-54 实体(四)

模块六

输出图形

模块导入

"空谈误国,实干兴邦",不管做什么事都要脚踏实地,不但要学得深,还要用得上,并最终落到实处。本模块输出图形是制图的最后一个环节,为保证打印输出的效果统一,要在作图时就统一设置,在打印时也要统一打印的形式,把握好设计的基础和规范。

任务1 模型空间图形的输出

知识点

- 模型空间。

技能点

- 能在模型空间中打印出图。

一、任务描述

本任务介绍在模型空间输出如图6-1所示从动轴零件图的方法。

二、任务实施

第1步:在模型空间绘制从动轴的零件图,如图6-1所示。

第2步:在模型空间中进行打印设置。

(1)单击:标准→打印 🖨 ,启动"打印"命令,弹出如图6-2所示的"打印—模型"对话框。

(2)在"打印机/绘图仪"选项组的"名称"下拉列表中选择打印机,如果计算机上已经安装了打印机,可以选择已安装的打印机,否则可选择由系统提供的一个虚拟的电子打印机"DWG To PDF.pc3",采用此打印机,可以保存为PDF格式文件。

(3)在"图纸尺寸"选项组中选择图纸,本例选择"ISO full bleed A4(297.00×210.00毫米)",这些图纸都是根据打印机的硬件信息列出的。

(4)在"打印区域"选项组的"打印范围"下拉列表中选择"窗口",此时打印对话框消失,系统切换到绘图窗口(模型空间中),依次选择图形的左上角点和右下角点以确定要打印的图纸范围。

(5)去掉"打印比例"选项组的"布满图纸"的选择,在"比例"选项中选择1:1,以保证打印

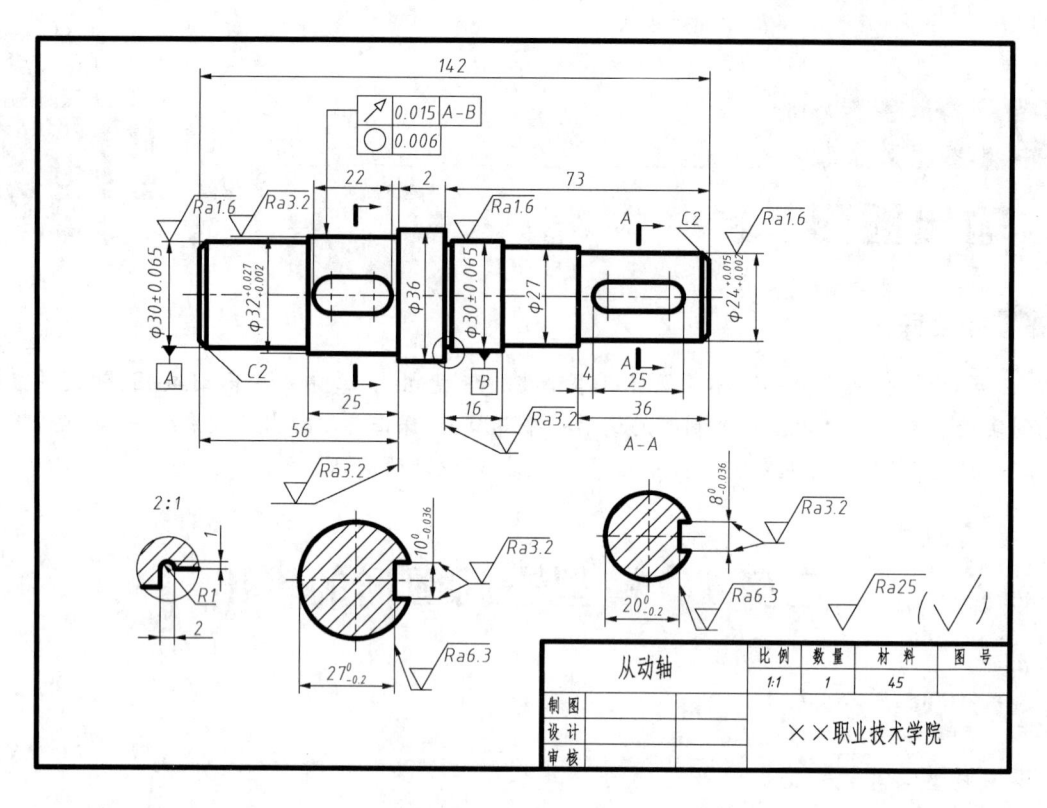

图6-1 从动轴

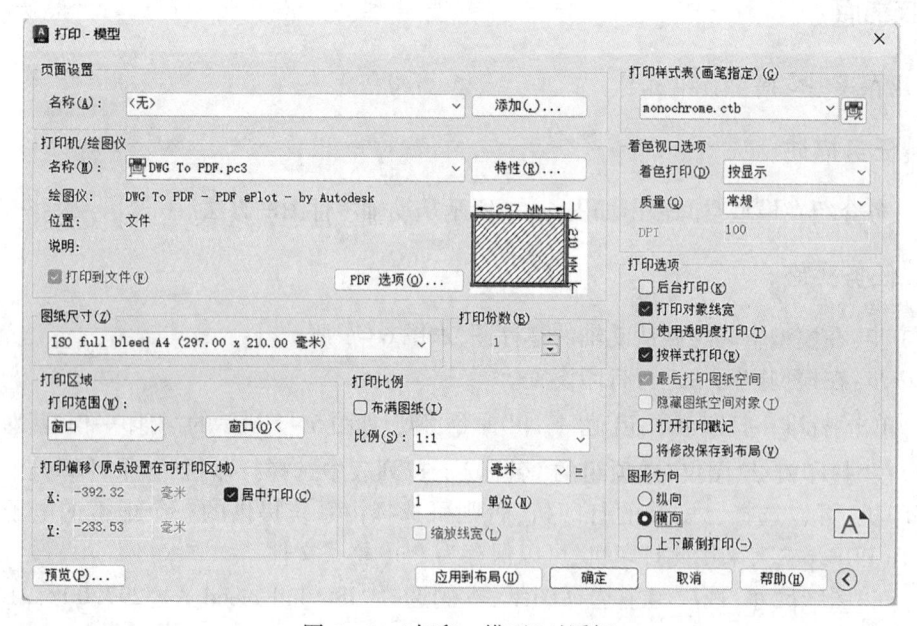

图6-2 "打印—模型"对话框

出来的图纸是1∶1的工程图。

(6)在"打印偏移"选项组中选择"居中打印"。

(7)在"图形方向"选项组中选择"横向"。

(8)打印样式表可选择"monochrome"选项,此打印样式表示将所有颜色的图线都打印成黑色。当图线等的颜色为黑白时,也可以选择"无"。

(9)单击"预览",可以查看打印预览效果。

(10)完成所有设置后单击确定,如果是选择的计算机上已安装的打印机,就可以打印了。如果是选择的虚拟打印机"DWG To PDF. pc3",单击确定,就会打开"浏览打印文件"对话框,将图纸保存到合适位置,如图6-3所示。

图6-3 "浏览打印文件"对话框

说明:

如果单击如图6-2所示对话框"页面设置"选项组的"添加"按钮,将弹出"添加页面设置"对话框,输入一个名字,就可以将这些设置保存到一个页面设置文件中,以后打印时只要在"页面设置"的"名称"下拉列表中选择该文件,就不必再逐一设置了。

三、知识链接

1. 模型空间与图纸空间

1)模型空间

模型空间是建立模型时所处的AutoCAD环境,它可以进行二维图形的绘制、三维实体的造型、全方位地显示图形对象,因此,用户使用AutoCAD首先是在模型空间中工作,当然也可以在模型空间中输出图形。

2)图纸空间

图纸空间是设置和管理视图的AutoCAD环境,在图纸空间可以按模型对象的不同方位显示多个视图,按合适比例在图纸空间中表示出来,还可以定义图纸的大小,生成图框和标题栏。图纸空间是一个二维环境。

图6-4 模型空间与图纸空间转换按钮

3)模型空间与图纸空间的转换

在实际工作中,常需要在模型空间与图纸空间之间进行相互切换,切换方法很简单,单击绘图区域下方的"模型"或"布局"即可,如图6-4所示。

2. 打印

利用"打印"命令可以将图形输出到纸张或其他介质上。

1) 调用命令的方式

(1) 工具栏:标准→ 🖨 按钮。

(2) 下拉菜单:文件→打印。

(3) 键盘命令:PLOT。

(4) 功能区:输出→ 🖨 按钮。

2) 在模型空间中打印出图

本任务中,"从动轴的零件图"就是采用"在模型空间中打印出图"这种方法输出的。

任务2　图纸空间图形的输出

知识点

- 图纸空间。
- 创建布局。

技能点

- 能在图纸空间中布局打印出图。

一、任务描述

在模型空间中打印图纸比较简单,但不支持多视口、多比例视图打印,如果要进行非1∶1比例的出图及缩放标注、文字等,如大型的装配图或建筑图在模型空间中以1∶1比例绘图,但要以1∶20的比例出图,在标注尺寸和文字时就必须放大20倍,在图纸空间中解决这样的问题是很容易的。在图纸空间出图,实际上就是先布局再打印出图。

本任务介绍在图纸空间输出如图6-1所示从动轴零件图的方法。

二、任务实施

第1步:创建布局。

在 AutoCAD 中有多种方法创建布局。利用布局输出图形的最大优点是解决了在同一张图纸上表现同一模型的不同视图的问题,并且允许这些视图的比例各不相同,以及分别控制每个视图的显示图层。在打印之前,通过布局的页面预览能够直观形象地展示该布局的打印效果。创建一个布局的步骤如下:

(1) 新建"视口"图层并作为当前层。

(2) 单击"插入"→"布局"→"创建布局向导"命令,布局向导可引导用户逐步完成新建布局的过程。

(3)在如图6-5所示"创建布局—开始"对话框的"输入新布局的名称"文本框中输入布局名称,单击"下一步"按钮;在打开的"创建布局—打印机"对话框中选择已经安装了的打印机,否则选择虚拟的电子打印机"DWF6 ePlot.pc3",如图6-6所示。

图6-5 "创建布局—开始"对话框

图6-6 "创建布局—打印机"对话框

(4)单击"下一步"按钮,在打开的"创建布局—图纸尺寸"对话框中选择图形单位及图纸尺寸,如图6-7所示。

(5)单击"下一步"按钮,在打开的"创建布局—方向"对话框中选择图纸方向为横向或纵向,如图6-8所示。

(6)单击"下一步"按钮,在打开的"创建布局—标题栏"对话框中指定布局的标题栏,用户也可以选择"无",在布局中再插入自定义的标题栏,如图6-9所示。

(7)单击"下一步"按钮,在打开的"创建布局—定义视口"对话框中确定布局中视口的个数和方式,以及视口中的视图与模型的比例关系,如图6-10所示。

(8)单击"下一步"按钮,在打开的"创建布局—拾取位置"对话框中若单击"选择位置"按钮,系统将切换到绘图区,在布局中通过指定对角两点或两点坐标确定合适的视口大小和位置,如图6-11所示。单击"完成"按钮即可完成布局的创建,如图6-12所示。

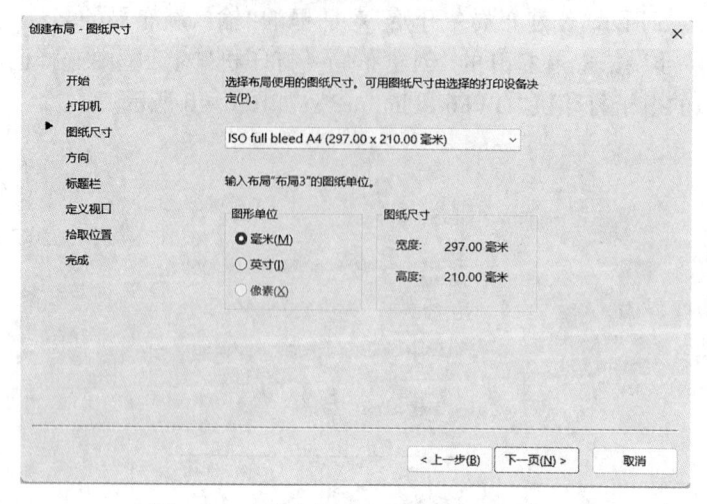

图6-7 "创建布局—图纸尺寸"对话框

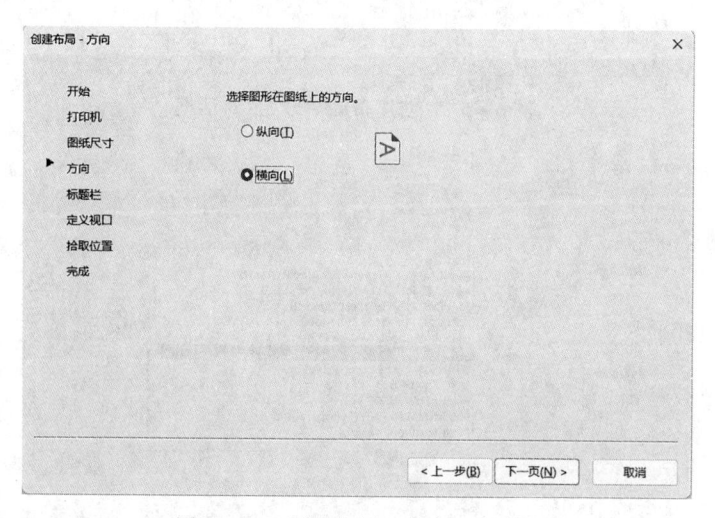

图6-8 "创建布局—方向"对话框

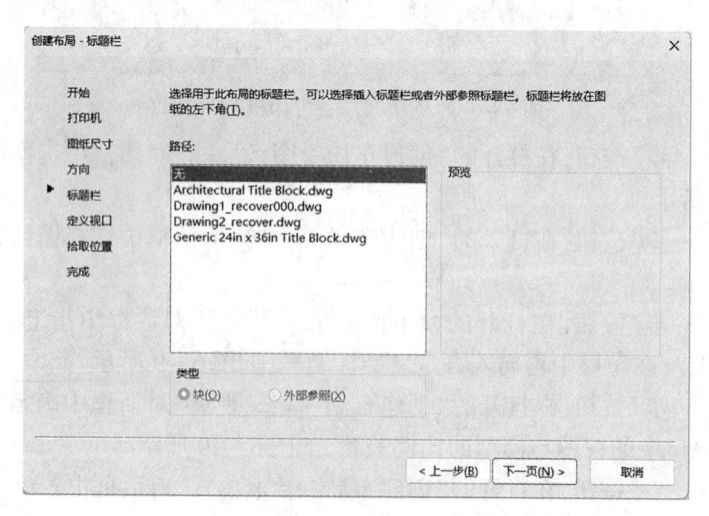

图6-9 "创建布局—标题栏"对话框

图6-10 "创建布局—定义视口"对话框

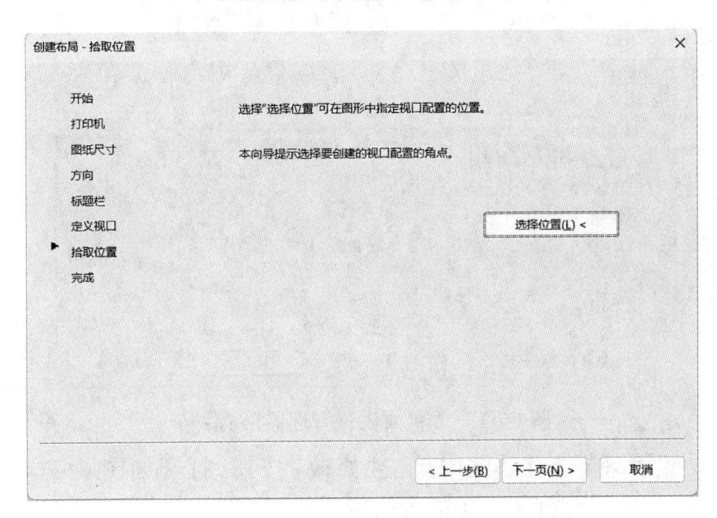

图6-11 "创建布局—拾取位置"对话框

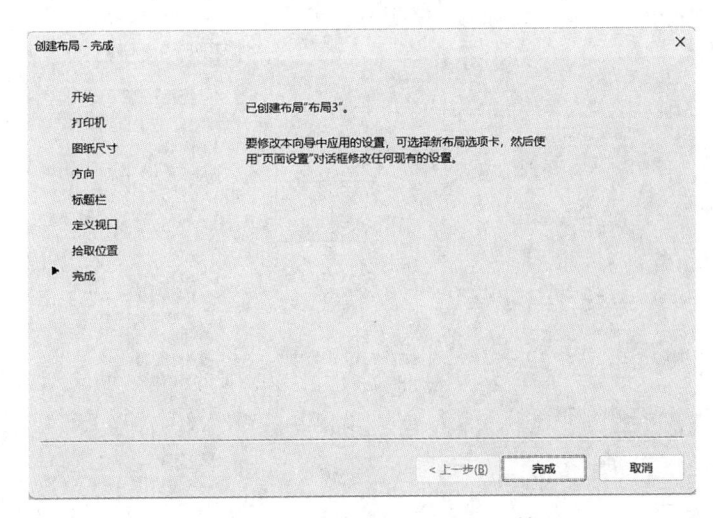

图6-12 "创建布局—完成"对话框

说明：

在同一个布局中可以有多个视口，以显示图形的不同方位及比例大小，利用"视口"，可以向布局中添加单个视口、多边形视口或将对象转换为视口。

第2步：布局打印出图。

在对一个图形创建布局后，其布局的名称、使用的打印机、图纸大小、图纸方向等设置都已经预设好，可使用如下步骤进行打印出图：

(1)选择某个布局后单击"文件"→"页面设置管理器"或在对应的布局名称上右击，在弹出的快捷菜单中选择"页面设置管理器"，弹出如图6－13所示的"页面设置管理器"对话框。

图6－13 "页面设置管理器"对话框

(2)在"页面设置管理器"对话框中单击"修改"按钮，打开如图6－14所示的"页面设置—布局3"对话框，用户可对打印参数进行修改。

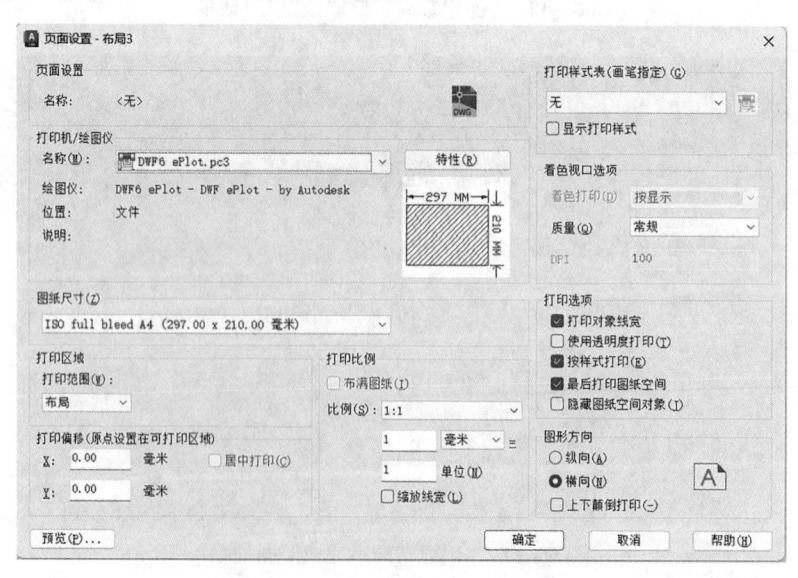

图6－14 "页面设置—布局3"对话框

(3)单击"预览"按钮显示即将要打印的图样,单击"打印"按钮即可开始打印。

说明：

将"视口"图层设置为不打印状态,则打印时将不会出现视口边框。

三、知识链接

一个布局实际就是一个出图方案、一张虚拟的图纸,利用布局可以在图纸空间中方便快捷地创建多张不同方案的图纸。因此,在一个图形文件中模型空间只有一个的情况下,布局可以设置出多个。

参 考 文 献

[1] 鲁改欣,裴玉红,宋晓英.计算机绘图:AutoCAD 2010 实训教程[M].北京:石油工业出版社,2012.

[2] 郝增宝.AutoCAD 2019 中文版基础教程[M].北京:中国青年出版社,2019.

[3] 王翠萍.AutoCAD 2019 从入门到精通[M].北京:中国青年出版社,2019.

[4] 曲晓华,张持重,解继红.AutoCAD 2018 中文版基础教程[M].沈阳:东北大学出版社,2019.

[5] 吴志军.AutoCAD 2018 中文版上机指导[M].沈阳:东北大学出版社,2019.

[6] 吴志军,朱祖武,余焕光.AutoCAD 2012 中文版基础教程[M].沈阳:东北大学出版社,2013.

[7] 刘魁敏.计算机绘图:AutoCAD 2010 中文版[M].北京:机械工业出版社,2011.

[8] 王艳.AutoCAD 2007 机械制图基础教程[M].长沙:国防科技大学出版社,2008.

[9] 林贤浪.AutoCAD 2008 机械制图实用教程[M].西安:西安电子科技大学出版社,2009.

[10] 华红芳,马宏亮,姚民雄.AutoCAD 工程制图实训教程(项目教学)[M].北京:机械工业出版社,2009.

[11] 王灵珠.AutoCAD 2008 机械制图实用教程[M].北京:机械工业出版社,2009.

[12] 汪哲能,王灵珠.AutoCAD 2009 中文版实例教程[M].北京:清华大学出版社,2010.

[13] 张立宪.AutoCAD 2006 机械制图实例教程[M].北京:清华大学出版社,2007.

[14] 胡仁喜,刘昌丽,康士廷.AutoCAD 2010 机械制图快速入门实例教程[M].北京:机械工业出版社,2009.

[15] 邓小红.AutoCAD 2008 项目式实训教程[M].天津:天津大学出版社,2009.

[16] 焦勇.AutoCAD 2007 机械制图入门与实例教程[M].北京:机械工业出版社,2009.

[17] 郑运廷.AutoCAD 2007 中文版应用教程[M].北京:机械工业出版社,2006.

[18] 徐建平.精通 AutoCAD 2007 中文版[M].北京:清华大学出版社,2006.

[19] 徐秀娟.AutoCAD 实用教程[M].北京:北京理工大学出版社,2010.

[20] 刘魁敏.机械制图[M].北京:机械工业出版社,2007.

[21] 马慧,李奉香,曹秀鸽.AutoCAD 2008 工程绘图实用教程[M].北京:高等教育出版社,2009.

[22] 鲁改欣.计算机绘图:AutoCAD 2019 实训教程[M].北京:石油工业出版社,2020.